GOLDMANN
Lesen erleben

Buch

Die heutige Berufswelt bietet uns eine Fülle an Wahlmöglichkeiten. Und dennoch verharren viele in Berufen, die sie nicht glücklich machen. Es ist an uns, etwas dagegen zu tun, so John Williams. Der erfahrene Unternehmensberater und Karrierecoach zeigt, wie man mit dem, was man am liebsten tut, seinen Lebensunterhalt verdienen kann. Arbeit wird zum Spiel, zum Ausleben einer Leidenschaft. In zehn Schritten erfahren Sie, wie Sie Ihre beruflichen Träume verwirklichen können. Der Autor stellt praxiserprobte Methoden vor und begleitet Sie von der Ideenfindung bis zur erfolgreichen Umsetzung Ihrer Pläne. Hier finden Sie alles, was Sie brauchen, um Ihr Berufsleben neu zu gestalten. Beginnen Sie am besten noch heute damit!

Autor

Der erfolgreiche Unternehmensberater John Williams, ehemaliger Senior-Berater von Deloittes, ist heute als unabhängiger Karrierecoach tätig. Früher gehörten Unternehmen wie die BBC, Siemens und andere Großkonzerne zu seinen Kunden. Heute berät er Privatpersonen, die ihre Leidenschaft zum Beruf machen möchten.

John Williams

Mach, was dir gefällt! Und verdien Geld damit

Tipps und Ideen für den ganz persönlichen Traumjob

Aus dem Amerikanischen
von Christina Jacobs

GOLDMANN

Alle Ratschläge in diesem Buch wurden vom Autor und vom Verlag sorgfältig erwogen und geprüft. Eine Garantie kann dennoch nicht übernommen werden. Eine Haftung des Autors beziehungsweise des Verlags und seiner Beauftragten für Personen-, Sach- und Vermögensschäden ist daher ausgeschlossen.

Der Verlag weist ausdrücklich darauf hin, dass bei Links im Buch zum Zeitpunkt der Linksetzung keine illegalen Inhalte auf den verlinkten Seiten erkennbar waren. Auf die aktuelle und zukünftige Gestaltung, die Inhalte oder die Urheberschaft der verlinkten Seiten hat der Verlag keinerlei Einfluss. Deshalb distanziert sich der Verlag hiermit aus- drücklich von allen Inhalten der verlinkten Seiten, die nach der Linksetzung verändert wurden und übernimmt für diese keine Haftung.

Verlagsgruppe Random House FSC® N001967
Das für dieses Buch verwendete FSC®-zertifizierte Papier *Classic 95*
liefert Stora Enso, Finnland.

 Dieses Buch ist auch als E-Book erhältlich.

1. Auflage
Deutsche Erstausgabe Februar 2015 Wilhelm Goldmann Verlag, München,
in der Verlagsgruppe Random House GmbH
© 2015 der deutschsprachigen Ausgabe Wilhelm Goldmann Verlag, München,
in der Verlagsgruppe Random House GmbH
© 2010 John Williams. This translation of Screw work Let's play – How to do what you love
and get paid for it 01 Edition is published by arrangement with
Pearson Education Limited.
Alle Rechte vorbehalten.
Originaltitel: Screw work Let's play – How to do what you love and get paid for it
Originalverlag: Pearson Education Limited
Umschlaggestaltung: Uno Werbeagentur, München
Umschlagmotiv: FinePic®, München
Redaktion: Manuela Knetsch
Satz und Layout: Buch-Werkstatt GmbH, Bad Aibling / Kim Winzen
Druck und Bindung: GGP Media GmbH, Pößneck
CL · Herstellung: IH
Printed in Germany
ISBN 978-3-442-17505-5
www.goldmann-verlag.de

Besuchen Sie den Goldmann Verlag im Netz

Für meinen Vater, Edward Glyn Williams,
der mich fünf Monate lang beim Spielen
unterstützt hat

Inhalt

Erfolgsrezepte Teil 9:

Erfolgsrezepte Teil 10:

Über dieses Buch

Dieses Buch wird Ihnen Schritt für Schritt zeigen, wie Sie fürs Spielen bezahlt werden, indem Sie sich mit den Dingen, die Sie am liebsten tun, Ihren Lebensunterhalt verdienen. Ob Sie sich in Ihrem derzeitigen Job, den Sie nicht mögen, gefangen fühlen oder sich mit Ihrem eigenen Unternehmen quälen, das nie richtig in die Gänge gekommen ist – hier finden Sie sowohl lebensverändernde Konzepte als auch praktische Strategien, die Sie brauchen, um Ihr Berufsleben neu zu gestalten.

Dabei geht es nicht bloß darum, Spaß zu haben und darauf zu hoffen, dass das Geld wie von Zauberhand vom Himmel fällt. Ich werde Ihnen zeigen, wie es Ihnen gelingt, für das bezahlt zu werden, was sich für Sie wie Spielen anfühlt, wie Sie Ihr erstes »Spielhonorar« verdienen und wie sie es dann so erhöhen, dass Sie davon leben können – ja, es vielleicht sogar zu Wohlstand bringen. Und wenn Sie noch gar keine Vorstellung davon haben, was Sie mit Ihrem Leben anfangen sollen, so zeige ich Ihnen zunächst, wie Sie sich in diesem Punkt Klarheit verschaffen.

Ob Sie eine eigene Firma gründen oder als Freiberufler Karriere machen wollen, auf der Suche nach dem ultimativen Job noch mal von vorn anfangen, ein Buch schreiben, berühmt für Ihre Kunst werden oder die Welt verändern wollen, dieses Buch wird Ihnen helfen. Ich kann Ihnen nicht zeigen, wie Sie »schnell reich werden«. Ich habe noch nicht herausgefunden, wie man das bewerkstelligen könnte (lassen Sie es mich wissen, wenn Sie es herausfinden!). Wenn überhaupt, geht es darum, schnell *zufrieden* zu werden. Tatsache ist, wie auch immer Sie sich Ihr Leben wünschen, Sie können jetzt einen Vorgeschmack darauf bekommen, wie Ihr ideales Leben sein wird. Das wird Sie zufriedener machen, und wie Sie feststellen werden, führt Zufriedenheit oft zu Erfolg und Wohlstand.

Eine Erfolgsrezepte-Sammlung in zehn Teilen

Die Erfolgsrezepte dieses Buches, die in zehn Sinnabschnitte untergliedert sind, verraten Ihnen, wie Sie sich fürs Spaßhaben bezahlen lassen können. Dies sind keine Geheimrezepte, die irgendjemand absichtlich vor Ihnen zurückhält, und trotzdem ist es bemerkenswert, wie wenige von uns sie kennen. Wir lernen sicher nichts darüber in der Schule oder im Studium. Manchmal stehen sie im Widerspruch zu allgemein anerkannten Weisheiten, die wir täglich zu hören bekommen, und solange wir nichts von diesen Rezepten wissen, werden wir wahrscheinlich ewig in unbefriedigenden Jobs gefangen sein.

Die Erfolgsrezepte bauen aufeinander auf und begleiten Sie von dem Punkt, an dem Sie überhaupt noch keine Vorstellung davon haben, was für eine Arbeit Ihnen Spaß machen würde, bis zu dem Punkt, an dem Sie mit einer Tätigkeit, die Sie lieben, Ihren Lebensunterhalt verdienen können. Daher empfiehlt es sich, die Kapitel nacheinander zu lesen.

Folgendes werden Sie in den einzelnen Kapiteln entdecken:

Erfolgsrezepte Teil 1: Wie Sie herausfinden, was Sie wirklich wollen

Wenn Sie wissen, dass Sie etwas anderes machen möchten, aber keinen blassen Schimmer haben, was, werden Sie hier endlich Hilfe finden. Und auch wenn Sie bereits drauf und dran sind, das zu tun, was Sie wollen, lassen Sie dieses Kapitel nicht aus, denn es wird Ihnen zeigen, wie wichtig es für den Erfolg ist, sich die richtige Tätigkeit auszusuchen.

Erfolgsrezepte Teil 2: Wie Sie entscheiden, was Sie als Nächstes tun

Wie Sie den »Sweetspot« finden, den idealen Punkt zwischen dem, was Sie gern tun, und dem, wofür die Leute bezahlen werden. Wie Sie entscheiden, welchen Weg Sie gehen, selbst wenn Sie das Gefühl haben, unausweichlich festzustecken – entweder, weil Sie überhaupt nicht wissen, was Sie wollen, oder weil Sie so viele Ideen haben, dass Sie sich nicht entscheiden können. Und natürlich die wissenschaftlich belegte Formel für Zufriedenheit.

Erfolgsrezepte Teil 3: Wie Sie sofort anfangen können

Wie Sie sich aus der Falle endloser Recherche befreien und auf der Stelle mit Ihrem neuen Leben beginnen können. Warum Sie keine ausgefeilten Pläne und auch keine festgesteckten Ziele dazu brauchen. Wie Sie in kleinem Rahmen selbst mit dem größten Projekt starten können, ohne Ihren jetzigen Job aufzugeben.

Erfolgsrezepte Teil 4: Wie es für Sie garantiert ein Erfolg wird

Der Weg zum Ziel, fürs Spaßhaben bezahlt zu werden, kann steinig sein. Dieses Kapitel verrät Ihnen, wie Sie sich ein dickes Fell zulegen und es garantiert schaffen können, egal, was unterwegs passiert.

Erfolgsrezepte Teil 5: So spielen Sie für Profit

Machen Sie sich Sorgen, dass es Sie in die Armut treiben wird, wenn Sie das tun, was Sie wirklich gern tun? Dieses Kapitel zeigt Ihnen, wie Sie Dinge, die Ihnen Spaß machen, auf eine bestimmte Weise tun können, sodass sie für andere einen echten Mehrwert darstellen – weshalb Sie dann auch dafür bezahlt werden.

Erfolgsrezepte Teil 6: Wie Sie das Ruhmspiel spielen – und gewinnen

Wie Sie für das, was Sie tun, bekannt oder sogar berühmt werden, sodass sich Ihnen die Chancen bieten, die Sie sich wünschen. Wie Sie sich die neuesten Social-Media-Systeme zunutze machen können, um ganz ohne oder mit nur geringen Kosten Fuß zu fassen.

Erfolgsrezepte Teil 7: So erzeugen Sie ein unwiderstehliches Angebot

Wie Sie etwas anbieten, das die Leute wirklich wollen, und sich für die beste Methode entscheiden, es zu vermarkten – egal, ob Sie eine Dienstleistung anbieten oder etwas im Internet erstellen, mit dem Sie Geld im Schlaf verdienen.

Erfolgsrezepte Teil 8: So verdienen Sie Ihr erstes Spielhonorar

Wie Sie zum allerersten Mal Geld mit etwas verdienen, das sich für Sie wie ein Spiel anfühlt, ohne Ihren jetzigen Job aufzugeben.

Erfolgsrezepte Teil 9: So werden Sie zum Vollzeit-Player

Wie Sie Ihre ersten Experimente so ausdehnen, dass Sie hauptberuflich davon leben können, sei es durch eine selbstständige Tätigkeit, im Rahmen einer Portfoliokarriere oder durch das, was ich Job 2.0 nenne – den maßgefertigten Job. Wie Sie es anstellen, dass dies vielleicht schneller passiert, als Sie erwarten würden.

Erfolgsrezepte Teil 10: Ihre Spielmethode für ein Leben im Wohlstand

In diesem Kapitel erfahren Sie, wie Sie sich darüber klar werden, worin ein Leben in Wohlstand in Ihren Augen besteht; sind es finanzielle Reichtümer, ist es die Freiheit, die Welt zu bereisen, jede Menge Freizeit oder die Macht, die Welt zu verändern? Lernen Sie die fünf Schlüssel kennen, die Sie brauchen, um dorthin zu gelangen – einschließlich der P.R.I.C.E.-Strategie, die Ihnen hilft, das zu verlangen, was Sie wirklich wert sind.

21 Mythen übers Arbeiten

Ich habe in den letzten fünf Jahren mit Hunderten von Klienten gearbeitet, und immer wieder stoße ich auf die gleichen falschen Vorstellungen, die die Leute davon abhalten, das zu tun, was sie wollen. Oft sind es Vorstellungen, die von einer früheren Generation übernommen wurden, die hinsichtlich ihrer Arbeit weit weniger Wahlmöglichkeiten hatte als wir heute. Ich habe sie zu 21 Mythen zusammengefasst. Sie begegnen ihnen an verschiedenen Stellen in diesem Buch und werden einzeln widerlegt. Sie können auch die komplette Liste am Ende des Buches durchlesen. Wie viele von diesen Mythen halten Sie momentan für wahr? Es kann gut sein, dass es diese Mythen sind, die Sie zurückhalten. Sind Sie bereit, sich neuen Ideen zum Thema Arbeit zu öffnen?

Bei den 21 Mythen habe ich folgendes Bild vor Augen: Stellen Sie sich eine alte Propellermaschine vor, die mit laufendem Motor auf der Startbahn steht. Wenn Sie die Bremsen lösen und die Bremsklötze wegnehmen, wird sich das Flugzeug unweigerlich in Bewegung setzen – aber Sie müssen trotzdem Kerosin im Tank haben, damit es vom Boden abheben kann. Schon wenn es mir gelingt, alle Mythen zum Thema Arbeit aus dem Weg zu räumen, an die Sie glauben, werden Sie sich unweigerlich in die Richtung bewegen, in die Sie wollen. Natürlich werden Sie trotzdem ein wenig Treibstoff hinzugeben müssen, um überhaupt fliegen zu können und dahin zu kommen, wo Sie hinwollen.

Experteninterviews

Um die Ideen in diesem Buch zu untermauern, habe ich zehn erfolgreiche Player interviewt und sie zu den Überzeugungen, Angewohnheiten und Maßnahmen befragt, die sie dorthin gebracht haben, wo sie jetzt sind. Manche von ihnen haben millionenschwere Unternehmen gegründet, geleitet und wieder verkauft. Aber ich habe nicht nur mit wohletablierten Bossen Interviews geführt; ich habe auch Leute interviewt, die noch ganz am Anfang standen und mit ihrem sehr spielerischen Ansatz bereits erste Erfolge verbuchten. Einige der Interviewpartner sind sehr wohlhabend; andere leben von einem relativ bescheidenen Einkommen, wobei ihnen aber gelungen ist, ihr Leben so zu strukturieren, dass Freiheit, Kreativität und Abwechslung im Zentrum stehen. Manche haben es sich zur Aufgabe gemacht, die Welt zu verändern. Sie alle leben im weitesten Sinne des Wortes erfüllte Leben.

Die vollständigen Interviews mit den Playern können Sie in englischer Sprache auf ScrewWorkLetsPlay.com lesen und in einigen Fällen auch hören oder sehen.

Die Website

Überall im Buch und am Ende jedes Kapitels gebe ich Hinweise auf weiterführende Informationen und Hilfsmittel auf der englischsprachigen Begleit-Website ScrewWorkLetsPlay.com. Dort finden Sie Audioaufnahmen, können Arbeitsblätter herunterladen und erhalten aktuelle Informationen zum Buch.

Auf spielerische Art zum Traumberuf

Zum ersten Mal in der Menschheitsgeschichte bietet sich uns die Gelegenheit, unsere Arbeit an unsere Lebensweise anzupassen und nicht umgekehrt ... Wir wären doch verrückt, wenn wir das nicht ausnutzen würden.
Charles Handy, Managementexperte und Autor

Wir haben Glück. In der Geschichte der Arbeit haben wir einen bemerkenswerten Punkt erreicht. Heute ist es möglich, mit so ziemlich allem seinen Lebensunterhalt zu verdienen. Im Ernst: Was auch immer Sie sich vorstellen können, es gibt jemanden auf der Welt, der dies zu seinem Beruf gemacht hat.

Während meiner Recherchen für dieses Buch habe ich hierfür erstaunliche Beispiele kennengelernt, wie Chris Guillebeau, der jedes Land der Erde bereist und von dem Blog lebt, den er unterwegs schreibt; Sam Bompas und Harry Parr, die architektonische Bauwerke aus Götterspeise und inhalierbare Cocktails kreieren; Petra Barran, die im einzigen Schokomobil Großbritanniens von einem Festival zum nächsten reist und Leckereien aus Gourmetschokolade verkauft; Sarah de Nordwall, die als professioneller weiblicher Barde damit Geld verdient, dass sie Gedichte schreibt und diese überall vorträgt – von der Entzugsklinik bis zum House of Lords.

Solche Leute gehören zu einer weltweit wachsenden Spezies, die sich nicht damit zufriedengibt, bloß genug Geld zu verdienen, um die Miete zahlen zu können, sondern die mehr vom Leben erwartet. Sie wollen etwas Einmaliges erschaffen, etwas Wichtiges sagen, neue Erfahrungen machen, Spaß haben, etwas wagen und dabei auch mal das Risiko eingehen, auf die Nase zu fallen – oder ganz groß rauszukommen und das große Geld zu verdienen. Sie wollen Freiheit, Abwechslung, Herausforderung und Spannung. Sie wollen neue Wege gehen und sich jeden Tag weiterentwickeln.

Was wir beobachten, ist nicht weniger als eine »Revolution«, ein komplett neuer Umgang mit dem Begriff Arbeit. Das Wort »Job« hat keine Bedeutung mehr, und selbst »Arbeit« scheint eine schlechte Wortwahl zu sein für den Lebensstil, den diese neue Spezies für sich erschaffen hat. Musiker Derek Sivers, der zum Unternehmer wurde und seine Firma vor einiger Zeit für 22 Millionen Dollar verkaufte, meint: »Das ist keine Arbeit, das ist ein Spiel.«

Unser Vokabular ist veraltet. Einige dieser Leute bezeichnen sich zwar als Unternehmer oder Geschäftsleute, aber das alte Bild vom Typen im gepflegten Anzug, der Managementfloskeln von sich gibt, will nicht mehr so recht passen. Die »Dienstkleidung« des Players kann genauso gut aus Jeans und T-Shirt bestehen oder, bei denen, die im Home-Office arbeiten, der Schlafanzug sein.

Selbst die erfahrenen Aushängeschilder dieser neuen Spezies sind unernster, respektloser, ungezwungener. Sie tun es nicht nur wegen des Geldes, sondern weil sie sich kreativ austoben können. In seinem Buch *Business Stripped Bare* erzählt Richard Branson, wie er in einem Interview von dem Journalisten Bob Schieffer gefragt wird, warum er ins Geschäft eingestiegen sei: »Ich starrte ihn nur an. Mir wurde plötzlich bewusst, dass ich nie daran interessiert gewesen war, ›im Geschäft‹ zu sein. Und, du lieber Himmel, das sagte ich auch und fügte hinzu: ›Ich wollte Dinge erschaffen.‹«

Frühere Generationen hatten kaum Wahlmöglichkeiten, wenn es um ihr Arbeitsleben ging; ein Job für das gesamte Leben war Standard, und die Alternative, eine eigene Firma, bedeutete oft teure Geschäftsräume, ein Team von Mitarbeitern und immense Werbekosten. Die Geschäftswelt war übersät von Torwächtern, die nach Herkunft, Ethnie, Geschlecht oder anhand anderer willkürlicher Parameter darüber entscheiden konnten, wer reindurfte. Heute kann Sie niemand mehr daran hindern, Ihr Arbeitsleben genau so zu gestalten, wie Sie es sich vorstellen.

Das Internet und mobile Technologien haben uns allen die Freiheit geschenkt zu arbeiten, wie, wo und wann wir wollen. Alte Grenzen lösen sich auf: zwischen lokal und global, Mitarbeiter und Unternehmer, Profi und Amateur, Verbraucher und Produzent, Heim und Büro, Arbeit und Spiel. Wir haben heute so viel breiter gefächerte Optionen als nur Angestellter oder Firmeninhaber zu werden. Was bedeutet das alles? Es bedeutet, dass es wirklich keinen Grund mehr gibt, unter einer langweiligen, nicht erfüllenden Arbeit zu leiden.

Wir müssen uns nicht länger vom alten Arbeitsethos antreiben lassen. Wir befinden uns im Zeitalter dessen, was Autor Pat Kane als »Spielethos« (*play ethic*) bezeichnet:

Dies ist ein »Spiel«, wie die großen Philosophen es verstanden: sich selbst als aktiven, kreativen und völlig eigenständigen Menschen zu erfahren. Beim Spielethos geht es darum, mit Überzeugung in jedem Bereich des eigenen Lebens spontan,

*kreativ und mitfühlend zu sein ... Es geht darum, sich selbst,
seine Leidenschaften und seine Begeisterung ins Zentrum der
eigenen Welt zu rücken.*

Pat Kane, Autor von *The Play Ethic: A Manifesto for a
Different Way of Living,* **zitiert nach: www.theplayethic.com**

Hört sich »spielen« für Sie egoistisch an? Tatsächlich ist es das
Gegenteil. Player interessieren sich oftmals genauso für das, was
sie der Welt geben können, wie für das, was sie von ihr bekommen können. Tim Smit verließ das Musikgeschäft, um im Rahmen des Eden Project die »weltweit erste wissenschaftliche Stiftung für Rock 'n' Roll ins Leben zu rufen«. Innocent Drinks, eine
bekanntermaßen verspielt auftretende Marke und in Großbritannien Marktführer auf dem Smoothies-Markt, gibt 10 Prozent seiner Gewinne an die Stiftung The Innocent Foundation.
Damit unterstützt das Unternehmen Projekte, um einigen der
ärmsten Menschen der Welt in den Ländern zu helfen, aus denen
seine Früchte stammen. Und Google, berühmt für seine spielerische Arbeitsumgebung, startete seinen Google-for-Nonpro-
fits-Bereich mit einer Einlage von einer Milliarde Dollar. Ziel
ist es, einige der weltweit dringlichsten Probleme anzugehen,
darunter der Klimawandel, die globale Gesundheit und die Armut.

Sind Sie bereit zu spielen? Vielleicht stecken Sie momentan
in einem Job fest, in dem Sie verkümmern. Oder Sie mühen sich
in einem Unternehmen ab, das nie so richtig in Gang gekommen ist. Sie werden mit großer Wahrscheinlichkeit viel darüber
nachgedacht und sich beim Versuch, einen Weg aus der Mise-
re zu finden, im Kreis gedreht haben. Es ist an der Zeit, dass Sie
all das beenden. Fangen wir mit Ihrer Verwandlung vom arbei-

tenden zum spielenden Menschen an. Dieses Buch wird Ihnen den Weg zeigen. Es wird Ihnen zeigen: wie Sie Spaß haben können und dafür sogar noch bezahlt werden; wie Sie Ihr Leben so gestalten können, dass alles hineinpasst, was Sie ausmacht; wie Sie alle Ihre Interessen aufdecken und ihnen nachgehen können; wie Sie es schaffen, eine neue Welt der Unsicherheit zu begrüßen und auch noch Spaß daran haben; wie Sie mit weit weniger Anstrengung zu Ergebnissen kommen, von denen Sie nie zu träumen gewagt haben; und wie Sie mit dem Warten aufhören und mit all dem eben Erwähnten jetzt sofort anfangen.

Das Zeitalter der Player

*Ich bin der Ansicht, dass das 21. Jahrhundert
das Jahrhundert des Spielens sein wird.*

**Brian Sutton-Smith, ehemaliger Professor für
Erziehungswissenschaften an der University of
Pennsylvania und bekannter Spieltheoretiker**

Der US-Autor Daniel Pink ist ein Vordenker, wenn es um die sich ändernde Welt des Arbeitens geht. In seinem vor einiger Zeit erschienenen Buch *A Whole New Mind (Unsere kreative Zukunft: Warum und wie wir unser Rechtshirnpotenzial entwickeln müssen)* behauptet er, dass wir eine neue Ära erreicht haben, in der ganz andere Fähigkeiten gefragt sind, wenn wir im Spiel bleiben wollen. Im Zuge der industriellen Revolution des 19. Jahrhunderts entstanden riesige Fabriken und effiziente Montagebänder. Ein Fabrikarbeiter musste körperlich stark sein und geschickte Hände haben, um es zu etwas zu bringen. Das 20. Jahrhundert läutete das Informationszeitalter ein, in dem Wissensarbeiter mit analytischen und logischen Fähigkeiten gebraucht wurden. Jetzt, im 21. Jahrhundert, befinden wir uns im Konzeptzeitalter. Die Fähigkeiten, die wir heutzutage brauchen, sind laut Pink das, was man als die Funktionen der rechten Gehirnhälfte bezeichnen könnte, darunter Kreativität, Empathie, Sinnerfassung und das Spielerische. Diejenigen unter uns, die Erfindungsreichtum, Einfühlungsvermögen und das Verständnis für große Zusammenhänge mitbringen – die Player – werden diejenigen sein, die glänzen.

Dies ist keine Veränderung, aus der Sie sich gemütlich ausklinken können. Die logischen Fähigkeiten aus dem Informationszeitalter werden immer noch gebraucht, aber sie allein reichen nicht mehr aus. Arbeit, die sich leicht definieren und reproduzieren lässt, wird man wahrscheinlich entweder automatisieren oder outsourcen. Die neuen Formen der Automatisierung haben heute ähnliche Auswirkungen auf die Büroangestellten, wie sie es auf die Arbeiter der letzten Generation hatten. Um zu überleben, müssen Sie Fähigkeiten entwickeln, in denen Computer nicht besser, schneller oder billiger sind als Sie. Was sich nicht automatisieren lässt, kann vielleicht genauso gut an ebenso fähige, aber billigere Arbeitskräfte in anderen Ländern wie Indien, China und die Philippinen outgesourct werden. Dies geschieht heute bereits im IT-Bereich und in den Bereichen Finanzanalyse, redaktionelle Arbeit, juristische Recherche und Erstellung von Steuererklärungen.

Die industrielle Revolution, die sich auf das protestantische Arbeitsethos gründete, bescherte uns den *Arbeiter*. Die digitale Revolution von heute hat uns den *Player* gegeben. Sie sollten kein Arbeiter sein, der die derzeitige wirtschaftliche Lage als Entschuldigung dafür benutzt, dass er Veränderungen aufschiebt:

keiner, der sagt, dass er sich momentan keine Gedanken über seine Karriere macht, weil gerade eine Rezession im Gange ist (oder weil die Rezession gerade erst vorüber ist oder weil er gehört hat, dass die nächste Rezession im Anmarsch sei ...) und er daher am besten den Ball flach halten, sich nicht vom Fleck rühren und auf Nummer sicher gehen sollte.

Den Kopf in den Sand zu stecken ist das Letzte, was Sie in einer Zeit großer Veränderungen und Unsicherheit tun sollten. Erstens ist dies die Zeit, in der die Wahrscheinlichkeit, dass Sie Ihren Arbeitsplatz verlieren, am größten ist. Wenn Ihr Chef Sie am nächsten Freitag einbestellt und Ihnen erklärt, dass dies Ihr letzter Tag ist, würden Sie dann nicht lieber schon mal darüber nachgedacht haben, was Sie als Nächstes tun sollen, statt am darauffolgenden Montag aus dem Stand von vorn anfangen zu müssen? Zweitens tun sich die spannendsten Chancen in den Zeiten größter Veränderungen auf. In der Geschichte der USA wurden während der Weltwirtschaftskrise mehr Menschen zu Millionären als zu anderen Zeiten.

Dieses Buch wird Ihnen zeigen, wie Sie Ihren neuen Arbeitsbereich austesten können, ohne Ihren bisherigen Job aufgeben zu müssen. Auf diese Weise sind Sie vorbereitet, wenn die Lage sich entspannt – oder wenn Sie sich mutig genug fühlen, den Sprung so oder so zu wagen. Und wenn Sie dieses Buch lesen, weil Sie entlassen worden sind, sollten Sie sich diese Chance, Ihre Arbeit zu überdenken und sich in Richtung Spiel zu bewegen, nicht entgehen lassen.

Spaß zu haben macht sich bezahlt

Ich habe nie Geschäfte gemacht, nur um Geld zu verdienen —
aber ich habe festgestellt, dass das Geld, wenn ich Spaß habe,
von allein kommt.
Sir Richard Branson, Gründer von Virgin

Spaß zu haben ist die Kernidee des Spielens. Und Spaß ist auch in finanzieller Hinsicht sinnvoll. Die reichsten und erfolgreichsten Menschen der Welt, darunter Milliardäre wie Richard Branson, Steve Jobs, Warren Buffett und Oprah Winfrey, sagen, dass sie tun, was sie tun, weil es ihnen Spaß macht. Sie arbeiten bestimmt nicht deswegen weiter, weil sie Geld brauchen.

Hier kommt ein Rat von Steve Jobs, dem ehemaligen CEO von Apple Inc. und der Pixar Animation Studios, den er im Rahmen einer an der Stanford University gehaltenen Abschlussrede gab:

Ein Großteil Ihres Lebens wird von Arbeit bestimmt sein, und die einzige Möglichkeit, wirkliche Erfüllung zu finden, ist das zu tun, wovon Sie glauben, es sei großartige Arbeit. Und die einzige Möglichkeit, großartige Arbeit zu leisten, ist das, was Sie tun, zu lieben. Wenn Sie diese Arbeit noch nicht gefunden haben, suchen Sie weiter. Geben Sie sich nicht mit weniger zufrieden[0].

Wenn Sie zurzeit bei dem Versuch, glücklich zu sein, dem Erfolg und dem Geld hinterherjagen, haben Sie die Dinge vermutlich falsch angepackt. Denn Professor Sonja Lyubomirsky von der University of California hat vor einiger Zeit herausgefunden, dass Zufriedenheit in vielen Fällen zum Erfolg führt und nicht nur ein Ergebnis dessen ist.

Nach Überprüfung von 225 relevanten Arbeiten zu diesem Thema belegen ihre Ergebnisse, dass zufriedenere Menschen kreativer und produktiver sind, sich mit größerer Wahrscheinlichkeit an neue Herausforderungen wagen und sich aus eigenem Antrieb neue Ziele stecken. Sie werden auch mit größerer Wahrscheinlichkeit von anderen Menschen in ähnlichen Positionen gemocht und bekommen daher die besseren Stellen und steigen in höhere Positionen auf. Das Ergebnis all dessen ist, dass zufriedenen Menschen mehr Geld zufließt.

Und wie werden wir zufriedener? Sich die richtige Arbeit auszusuchen ist ein guter Anfang. Nach vorliegenden Ergebnissen sind Menschen, deren Jobs sich durch Selbstständigkeit, Sinn und Abwechslung auszeichnen, wesentlich zufriedener als jene, bei denen das nicht so ist. Hierzu Prof. Lyubomirsky:

> *Was das Arbeitsleben betrifft, so können wir unsere eigenen sogenannten »Aufwärtsspiralen« erzeugen. Je erfolgreicher wir in unserem Job sind, je höher unser Einkommen ist und je besser unser Arbeitsumfeld ist, desto zufriedener werden wir sein. Die gesteigerte Zufriedenheit wird noch mehr Erfolg, noch mehr Geld und ein noch besseres Arbeitsumfeld nach sich ziehen, was wiederum zu noch mehr Zufriedenheit führt und so weiter und so fort.*

Dieses Buch wird Ihnen zeigen, wie Sie diese Aufwärtsspirale in Gang setzen können, indem Sie sich die richtige Arbeit suchen und sich in der Gegenwart ein glücklicheres und angenehmeres Leben bereiten.

Wenn Sie etwas tun, das Sie lieben und gut können, werden Sie nie wieder wirklich arbeiten.

Sir Ken Robinson, britischer Schriftsteller und Experte für Kreativität und Bildung

Um fürs Spielen bezahlt zu werden, muss man sich die richtigen Dinge dafür aussuchen. Und die richtigen Dinge sind die, für die Sie ein natürliches Talent besitzen. Das ist der Schlüssel zum Erfolg. Ihr Ziel muss es sein, in einen »Flow« zu kommen, wie Multiunternehmer Roger Hamilton es nennt. Bauen Sie sich ein Berufsleben um die Dinge herum auf, die Sie gern tun und für die Sie von Natur aus befähigt sind. Doch um dies zu bewerkstelligen, müssen Sie Ihre Wahrnehmung dessen, was ein natürliches Talent ausmacht, weit über die eingeschränkte Vorstellung »übertragbarer Qualifikationen« hinaus ausdehnen.

Es ist wichtig, dass Sie den Unterschied zwischen Talent und Fähigkeit verstehen. Talent zeigt sich früh im Leben. Es fühlt sich gut an, seine Talente einzusetzen, also tun wir das oft. Die Fähigkeit kommt später und ist das Ergebnis des Ausübens eines Talents. Wir sind musikalisch, bevor wir überhaupt ein Instrument in die Hand nehmen. Menschen, die ausgezeichnete Kommunikatoren sind, haben meist von dem Tag an, als sie ihre ersten Worte bilden konnten, jeden angequatscht, der ihnen zugehört hat. Autoren fangen oft früh mit dem Lesen an. Große Verkaufstalente haben schon in der Schule Menschen beeinflusst und mit ihnen verhandelt. Erfolg ist so viel einfacher und macht viel mehr Spaß, wenn wir unsere Arbeit um unsere angeborenen Talente und unsere entwickelten Fähigkeiten herum aufbauen.

Wenn uns das klar ist, warum lassen wir uns dann nicht alle fürs Spaßhaben bezahlen? Zunächst einmal gehen viele Leute schlicht und einfach der falschen Arbeit nach. Die meisten von uns sind bei der Wahl ihrer beruflichen Tätigkeit unangenehme Kompromisse eingegangen, getrieben von den Prinzipien einer früheren Generation, die nicht über die Wahlmöglichkeiten verfügte, wie wir sie heute haben. Wir haben es nie gewagt, bei dem, was wir tun, so wählerisch zu sein, dass wir den Großteil der Zeit im »Flow« verbringen können. Infolgedessen konnten wir auch keine Goldader im massiven grauen Fels aufspüren.

Manche Menschen meinen, es wäre Unsinn, mit *dem* Geld zu verdienen, was einem Spaß macht, weil sie es nie selbst erlebt haben. Das Schulsystem bereitet uns entsprechend vor, indem es uns dazu ermuntert, an unseren Schwächen zu arbeiten. Vergessen Sie's. Arbeiten Sie an Ihren Stärken, *umgehen* Sie Ihre Schwächen.

In einem konventionellen Job kann es natürlich schwierig sein zu sagen, »Ich halte keine Vorträge, ich recherchiere nur« oder: »Ich recherchiere nicht, ich halte nur Vorträge«. Man erwartet von uns, großartige Alleskönner zu sein – kreatives Talent zu besitzen, unser Zeitmanagement im Griff zu haben, im Team arbeiten zu können, fundierte Berichte abzufassen, unsere Ergebnisse vorzutragen und äußerst akkurat zu arbeiten. In Wahrheit kann niemand in all diesen Dingen hervorragend sein, und wer es doch versucht, wird todsicher in der Mittelmäßigkeit enden. Somit wird die Arbeit zur Qual, und wir verlieren aus den Augen, wie talentiert wir wirklich sind.

Wenn Sie schlussendlich aber Ihrer Persönlichkeit und Ihren Stärken *entsprechend* arbeiten und »unpassender« Arbeit, die Sie runterzieht, aus dem Weg gehen, hat das eine Wirkung, als ob

Sie sich in einen Jetstream fallen lassen. Sie werden nicht nur eine stufenweise Verbesserung Ihrer Ergebnisse feststellen, sondern eine dramatische Vervielfachung.

Dies ist ein Grund, warum Menschen sich immer stärker von den verschiedenen Formen der Selbstständigkeit angesprochen fühlen.

Verschaffen Sie sich die Autonomie, nach der Sie sich sehnen

Angesichts der Einschränkungen, die konventionelle Jobs mit sich bringen, überrascht es nicht, dass so viele Menschen sich eine Alternative wünschen. Eine Umfrage von 2006 ergab, dass ein Drittel aller Angestellten ernsthaft über eine Selbstständigkeit nachdachte oder bereits Schritte hinein in die Selbstständigkeit unternommen hatte. Es steht außer Zweifel, dass noch viel mehr davon träumen, etwas in dieser Richtung zu unternehmen, aber einen solchen Schritt niemals wagen würden. Zu viele werden von den Mythen darüber abgeschreckt, was man für eine Selbstständigkeit alles mitbringen muss (wir werden alle diese Mythen an anderer Stelle im Buch widerlegen).

Im Allgemeinen wird davon ausgegangen, dass die selbstverständliche Alternative zum Angestelltendasein eine Firmengründung ist, mit all den damit verbundenen Risiken und Problemthemen wie Geschäftsräume, Personal und Finanzierung. Doch es gibt heute so viele verschiedene Möglichkeiten, ohne Angestelltenstatus Geld zu verdienen: durch Selbstständigkeit, Internetmarketing, passive Einkommensströme, eine Portfoliokarriere, ein Kleinunternehmen. Die Trennlinie zwischen angestellt und selbstständig ist unscharf, und es ist nicht mehr nötig, direkt vom einen Status in den anderen zu springen. Heute können wir unsere Ideen testen, nachweisen, dass sie funktionieren und unser erstes *Spielhonorar* verdienen, bevor wir kündigen – oder wir behalten diese Art Gelderwerb einfach als nette Nebentätigkeit bei.

Wir können sogar einen bescheidenen Job neu erfinden und daraus einen »maßgeschneiderten Job« machen, der der eigenen Persönlichkeit entspricht, der bevorzugten Arbeitsweise und dem von uns favorisierten Arbeitsort.

Welche Form auch immer die Arbeit hat, der Unterschied besteht hauptsächlich in der Einstellung dazu. Es ist eine Veränderung in der Verantwortlichkeit, weg vom passiven Mitarbeiter hin zum aktiven Gestalter; eine Kehrtwende um 180 Grad vom nach außen gerichteten Blick auf jemand anderen, der unsere Arbeit definiert, zum nach innen gerichteten Blick und zum Gestalten des Berufslebens, das wir wirklich wollen. Es ist die Veränderung von der Arbeitskraft zum Player. Dies ist ein neues Jahrhundert, und es ist eine neue Geschäftswelt. Die industrielle Revolution gab uns die Massenproduktion – Mitarbeiter wurden wie austauschbare Komponenten einer Maschine behandelt, es wurden Allerweltsprodukte hergestellt und an einen Massenmarkt undifferenzierter Konsumenten verkauft. Fast 200 Jahre später ändert sich durch die heutige digitale Revolution das Gesicht der Arbeit wieder vollständig, aber dieses Mal geht es um eine Veränderung hin zu Individuen und Kleinunternehmern, die innovative Produkte für Nischenmärkte erzeugen und Fans anlocken, die für Produkte, die sie mögen, untereinander selbst die Werbetrommel rühren. Geschäfte zu machen wird sexy und Unternehmertum ist der neue Rock 'n' Roll.

Die ganze Welt wird Ihr Büro

Dank Laptops, Mobiltelefonen und WLAN haben wir die Tyrannei der Bürozelle hinter uns gelassen. Wenn Sie Ihre Arbeit mitnehmen können, können Sie selbst bestimmen, wo und mit wem Sie arbeiten.

Solchen neuartigen »freilaufenden« Menschen begegnen Sie in Parks, Cafés und sogar neben dem Swimmingpool sitzend. Langweilen Ihre öden Kollegen Sie? Heute können Sie sich mit Gleichgesinnten zu lockeren Arbeitsgruppen zusammentun, etwa über Jelly. In mehr als 100 Städten auf der ganzen Welt treffen sich Leute in Privatwohnungen, Coffeeshops oder Büros zweimal pro Woche zum Arbeiten. Auf der Jelly-Website heißt es: »Wir bieten Ihnen Stühle und Sofas, WLAN-Internetzugang und interessante Menschen, mit denen man sich unterhalten, zusammenarbeiten und seine Ideen austauschen kann. Sie bringen Ihren Laptop mit (oder was auch immer Sie zum Arbeiten brauchen) und Freundlichkeit.«

Wenn Sie sich ein konstanteres Gemeinschaftsgefühl wünschen, können Sie sich als Mitglied für einen der vielen Gemeinschaftsbüroräume eintragen, die überall auf der Welt wie Pilze aus dem Boden schießen und in denen Arbeitsplätze stunden- oder monatsweise vermietet werden. Dieses Buch entstand zu einem großen Teil in *The Hub*, einem Arbeitsplatz für soziale Unternehmer. Inzwischen gibt es Filialen in zwölf Städten auf der ganzen Welt, und sie sind Arbeitsplatz, Begegnungsstätte, Café und Social Community in einem. Die Mitglieder sind Menschen, die Firmen und Organisationen aufbauen wollen, mit denen sie nicht nur Profit machen, sondern, was genauso wichtig ist, etwas bewirken können. Ähnliche Arbeitsräume gibt es für Künstler, Medienschaffende und neu gründende Unternehmer.

Sobald Sie sich vom Zwang eines Büros befreit haben, besteht der nächste Schritt darin, sich zu vergegenwärtigen, dass Sie vielleicht auch bei der Länderwahl freie Hand haben. Wie wäre es, wenn Sie sich dem wachsenden Stamm der »digitalen Nomaden« anschließen?

Fallbeispiel

Management Consultant Lea Woodward und ihr Partner, der Grafikdesigner Jonathan Woodward, arbeiteten beide bis zum Umfallen als Angestellte in Unternehmen, als sie beschlossen, etwas ganz anderes auszuprobieren.

Sie machten sich selbstständig als freiberuflicher Grafikdesigner und Business Coach. Es dämmerte ihnen, dass sie ihre Tätigkeiten an jedem Ort der Welt ausüben konnten und sich dort für dasselbe oder ein niedrigeres Einkommen einen höheren Lebensstandard leisten konnten. Also beschlossen sie nach sechs Monaten, Großbritannien den Rücken zu kehren und sich eine neue Heimat zu suchen.

Lea und Jonathan waren zwei Jahre unterwegs und arbeiteten von Panama, dann von Buenos Aires, Grenada, Toronto, wieder von Grenada, von Dubai, Thailand, Südafrika, Hongkong und Italien aus.

Lea ist zur Geburt ihres ersten Kindes nach Großbritannien zurückgekehrt, aber das Paar hat vor, zusammen mit dem Baby das Land in einigen Monaten wieder zu verlassen.

Die beiden unterstützen andere digitale Nomaden mit ihrem populären Blog locationindependent.com und haben vor Kurzem einen neuen Blog mit dem Namen locationindependentparents.com gestartet.

Jetzt, wo die ganze Welt Ihr Büro ist, können Sie leben und arbeiten, wo auch immer Sie wollen. Und wo möchten Sie gern hin?

Von der Arbeitskraft zum Player

Wenn Sie sich selbst eher als »Player« bezeichnen und nicht als »Arbeitskraft«, weiten Sie damit sofort Ihre Vorstellung davon aus, wer Sie sind und zu was Sie vielleicht fähig wären. Es bedeutet, dass Sie sich intensiv mit Ihrem eigenen Potenzial befassen, dass Sie aktiv sind und nicht passiv.
Pat Kane, ThePlayEthic.com

Wir erleben gerade eine neue Generation von Menschen mit einer völlig anderen Einstellung zur Arbeit. Sie sind keine Arbeitskräfte, sondern Player. Was genau bedeutet das? Nachfolgend finden Sie die neun Merkmale der Player, und dieses Buch wird Ihnen helfen, sie zu verstehen und sie sich anzueignen.

1. Für Player stehen Kreativität, Spaß und Erfüllung an erster Stelle

Die Arbeitskraft sieht die Arbeit als Pflicht. Wir Player rücken das, worauf es uns wirklich ankommt, in das Zentrum unserer

Welt, und wir füllen unser Leben mit allem, was wir besonders aufregend, angenehm, anspruchsvoll, lohnenswert und erfüllend finden. Wir wollen dabei jeden Aspekt unseres Selbst einbringen. Wir wollen den ganzen Tag spielen und dafür bezahlt werden. Das ultimative Karriereziel des Players ist es, »dafür bezahlt zu werden, dass ich ich bin«.

2. Player haben viele Facetten

Arbeitskräfte nehmen eine eingeschränkte Version von sich selbst mit ins Büro und setzen im Umfeld der Firma eine Maske auf. Player bringen alles von sich ein. Player sind keine eindimensionalen Wesen (kein Mensch ist das). Player sind Musiker, die auch Internetunternehmer sind, Reisende, die auch Blogger sind, Berater, die auch Songwriter sind, Comedians, die auch Psychotherapeuten sind, Vermögensverwalter, die auch Filmemacher sind. Wir sind alle »Jongleure«, wie uns der Autor Ian Sanders nennt, und managen verschiedene Stränge und Projekte.

3. Player reagieren auf die Welt um sie herum

Die Arbeitskraft ist der Ansicht, dass Spielen Zeitverschwendung sei. Doch Spielen bedeutet nicht, dass man den ganzen Tag lang in der Ecke sitzt und seinen Tagträumen nachhängt, es bedeutet auch nicht, dass man für den Rest seines Lebens am Strand sitzt und Cocktails schlürft (davon träumt die Arbeitskraft, nicht der Player). Sehen Sie sich an, was Kinder tun, wenn sie spielen – sie interagieren mit der materiellen Welt um sie herum, testen sie aus, experimentieren mit ihr, und sie interagieren auch mit anderen und lernen etwas über Beziehungen. Spielen heißt erkunden und reagieren.

Wer *im Spiel* ist, beteiligt sich aktiv an der Welt.

Daher trifft es nicht zu, dass ein Player die reale Welt ignoriert – ganz im Gegenteil. Wir gehen stärker auf sie ein als die Arbeitskraft, die einfach das erledigt, was von ihr verlangt wird, oder der Firmeninhaber, der immer der Strategie zum Geldverdienen folgt, die die Experten gerade empfehlen. Player machen aus ihrem Leben ein Labor und lernen aus ihren eigenen Erfahrungen.

4. Player reagieren auf ihre innere Welt

Die Arbeitskraft lässt sich von äußeren Erwartungen und Werten leiten. Wir Player erkennen, was in uns passiert, akzeptieren es, würdigen es und benutzen es – lange, bevor andere überhaupt Notiz davon nehmen. Der Musiker, Musikproduzent und Künstler Brian Eno meinte vor einiger Zeit, einen Großteil seines Lebens habe ihn folgende Frage beschäftigt: »Was mag ich *wirklich?*« Indem er es herausfand und seiner Neigung gegen alle Widerstände von außen folgte, ist er zu einem Vordenker geworden, der ein ganzes Musikgenre erschuf (heute bekannt unter dem Namen »Ambient«). Später arbeitete er mit einigen der erfolgreichsten Bands der Welt zusammen, darunter U2 und Coldplay.

5. Player sind Individualisten

Arbeitskräfte halten sich an die Konventionen ihrer Branche oder ihres Spezialgebiets.

Wir Player bringen alle unsere Interessen ein, egal, wie kurios oder verschiedenartig diese scheinen mögen – was manchmal zu Missverständnissen führt oder dazu, dass andere sich über uns lustig machen. Und später trumpfen wir mit bahnbrechenden kreativen Arbeiten und Geschäftsideen auf, die zur Überwindung alter Konventionen führen. Player verändern das Spiel für alle anderen mit.

Die wirklich großen Fortschritte dieser Generation werden von denen erzielt werden, die außergewöhnliche Verbindungen knüpfen können; und so etwas gelingt nur einem Geist, der zu spielen versteht.

Nagle Jackson, Theaterintendant und preisgekrönter Dramatiker

Player wissen nicht, wann es Zeit ist aufzuhören. Wir befassen uns obsessiv mit Dingen, von denen andere kaum Notiz nehmen. Wir beschreiten Wege, die uns durch scheinbar unzusammenhängende Themen führen, und enden manchmal in einem kontroversen Bereich der Kunst, Politik oder Religion. In unserem uneingeschränkten Forscherdrang stoßen wir in Tabubereiche vor. Wir haben ein größeres Sichtfeld als die meisten, sehen eher das Ganze.

Wir sind politische Wesen, emotionale Wesen, sexuelle Wesen, und wir wissen, wie wir all das, was wir sind, mit der größtmöglichen Wirkung einsetzen können.

6. Player hören nie auf zu forschen und hören nie auf zu lernen

Wenn Kinder spielen, haben sie oft keinen festgelegten Spielverlauf im Sinn: Sie gehen einfach dorthin, wo es sie in diesem Moment hinzieht. Das Spielen bildet ihre Weiterentwicklung als Mensch ab. Das Spielen von morgen wird nie genauso sein wie das heutige Spielen. Und dann erreichen sie das Erwachsenenalter, und die meisten hören einfach auf zu spielen. Die Arbeitskräfte nehmen an Standardschulungen ihres Unternehmens teil und erlernen einige neue Fähigkeiten für ihren Job, aber sie durchlaufen nie wieder jenen Prozess, in welchem sie ihrer Weiterentwicklung dorthin folgen, wo auch immer sie sie hinführt. Player dagegen bleiben immer neugierig und sind begierig darauf, neue Dinge zu lernen. Wir sind immer noch bereit zu experimentieren und folgen unserem inneren Drang, unseren Horizont zu erweitern. Wir sind Teil eines lebenslangen Prozesses des Lernens und Erforschens. Viele von uns sind »Scanner«, so nennt Berufscoach Barbara Sher uns, die wir ständig auf der Suche nach der nächsten neuen Sache sind. Wir gehen dahin, wo wir uns instinktiv hingezogen fühlen, anstatt konventionellen Regeln für Erfolg und Wohlstand zu folgen. Und dieser Weg führt uns zu wahrer Originalität. In einer Zeit der Informationsüberflutung verstärken wir das Signal, nicht das Rauschen.

7. Player sind nicht naiv

Player sind keine verträumten New-Age-Anhänger. Wir spielen mit dem Kapitalismus, wir nehmen wahr, was unser Markt braucht, und wir betrachten das Anbieten eines Mehrwerts und das Geldverdienen als Teil des Spiels. Player verstehen, dass Geld das Spiel am Laufen hält. Und Player verdienen oft *mehr* Geld als Arbeitskräfte, weil wir das, was wir tun, lieben (und diese Leidenschaft wirkt ansteckend); wir sind Vordenker, die auf originelle Lösungen kommen; wir konzentrieren uns darauf, echte Werte zu erschaffen (und sind nicht nur auf schnelles Geld aus); und wir lösen reale Probleme.

8. Player surfen auf den großen Wellen, in denen andere untergehen

Wir müssen heute aufgeschlossen, flexibel und verspielt sein, da wir an der Schwelle zu einer massiven Veränderung stehen. Wir leiden noch immer unter den Nachwehen des Beinahe-Zusammenbruchs des Bankensystems. Gleichzeitig nähert sich eine Flutwelle von Osten, da Länder wie China und Indien in puncto Wachstum geradezu explodieren. Manche sagen, wir erleben das Ende der Ära der wirtschaftlichen Herrschaft Nordamerikas und Europas.

Da die nächste Outsourcing-Welle jede berufliche Tätigkeit wegspülen wird, die sich leicht definieren und nachahmen lässt, sind wir am sichersten dran, wenn wir nach Kreativität streben, denn sie bezieht sich auf die einheimische Kultur und das eigene Umfeld. Mehr denn je ist alles im Spiel, und nur die Player werden überleben.

9. Player verstehen, dass Spielen nicht mühelos ist

Selbstverständlich gehört immer Arbeit dazu, wenn man ein erfolgreiches Leben für sich schaffen will? Nun, ich habe ein Problem mit dem Wort »Arbeit«. Es hat zig Bedeutungen. Eine davon bezieht sich auf eine bezahlte Beschäftigung und ist verbunden mit der alten, zweigeteilten Art zu leben, bei der man zum einen die Dinge tut, für die man bezahlt wird, und zum anderen – in den wenigen Momenten außerhalb der Arbeitszeit – die Dinge, die man wirklich genießt. Daher brauchen wir neues Vokabular.

Doch »Arbeit« hat noch eine andere Bedeutung, und zwar einfach im Sinne von »Anstrengung«, was immer noch von großer Relevanz ist. Schließlich gibt es kein Spiel ohne Mühen: Sehen Sie sich nur mal ein Rugbyspiel an oder ein Konzert der Band U2 live auf der Bühne oder ein Kind beim Bau einer Sandburg. Selbst das Spielen eines Videospiels verlangt Aufmerksamkeit, Konzentration und Durchhaltevermögen.

Player engagieren sich für eine Sache, die größer ist als das, was »Arbeit« umfasst. Sie bauen Unternehmen um ihre Leidenschaft herum auf, sie gehen kreativen und künstlerischen Experimenten nach, sie starten ihre eigenen sozialen Bewegungen; sie erkunden die Welt, was sie genießen und was sie tun können. Sie suchen für sich nach der umfassendsten Ausdrucksform. Sie sind so leidenschaftlich in dem, was sie tun, dass sie nicht aufhören können, darüber zu sprechen. Arbeit und Freizeit verschmelzen zu einer Einheit. Es ist alles eine Art Spiel.

Ein Rat von den Jägern und Sammlern

So fortschrittlich die moderne Gesellschaft auch sein mag, wir könnten dennoch etwas von den Jäger-und-Sammler-Völkern lernen, die es in entlegenen Gegenden der Welt noch gibt. Peter Gray ist Professor für Psychologie am Boston College und hat sich mit den Forschungsarbeiten zu den Kulturen der Jäger und Sammler beschäftigt. Seine Schlussfolgerung ist, dass diese die Arbeit, anders als wir, nicht als Pflicht verstehen. Auf psychologytoday.com schreibt er, dass die Arbeit der Jäger und Sammler schlicht eine Erweiterung kindlichen Spielens ist:

Kinder spielen Jagen, Sammeln, Hütten bauen, Werkzeuge machen, Essen zubereiten, sich gegen Raubtiere verteidigen, Kinderkriegen, Kleinkinder versorgen, Kranke behandeln, Handel treiben und so weiter und so fort; und nach und nach, wenn ihr Spiel immer ausgereifter wird, werden die Aktivitäten immer produktiver. Aus dem Spiel wird Arbeit, aber diese hört nicht auf, Spiel zu sein. Es kann sein, dass sie jetzt sogar noch mehr Spaß macht als zuvor, da die produktive Qualität dem ganzen Stamm hilft und von allen wertgeschätzt wird.

Und das Arbeiten geschieht immer freiwillig:

Sie vermeiden es bewusst, sich gegenseitig vorzuschreiben, wie sie sich zu verhalten haben, und zwar sowohl bei der Arbeit als auch in allen anderen Kontexten. [Trotzdem] kommt es langfristig offensichtlich selten, wenn überhaupt, vor, dass sich jemand drückt. Es ist spannend, auf die Jagd zu gehen oder sich mit den anderen zu versammeln, und es wäre langweilig, tagein, tagaus im Lager zu bleiben. Aufgrund der Tatsache, dass sie an jedem beliebigen Tag freiwillig und selbstbestimmt ist, bleibt die Arbeit im Bereich des Spiels.

Und, stellen Sie sich vor, diese Menschen sind auch weniger Stunden beschäftigt als wir:

Forschungsarbeiten legen nahe, dass Jäger und Sammler im Durchschnitt zwischen 20 und 40 Stunden die Woche arbeiten, abhängig davon, was genau man zur Arbeit zählt. Außer-

*dem richten sie sich beim Arbeiten nicht nach der Uhr; sie ar-
beiten dann, wenn es Zeit für eine bestimmte Aufgabe ist und
wenn sie Lust dazu haben.*

*Es ist schon erstaunlich, wenn man so darüber nachdenkt.
Seit Beginn der Landwirtschaft vor 10 000 Jahren und später
der Industrie haben wir unzählige arbeitssparende Geräte entwickelt, aber weniger ist die Arbeit dadurch nicht geworden.
Heute verbringen die meisten Menschen mehr Zeit mit Arbeit
als früher die Jäger und Sammler, und unsere Arbeit ist, im
Durchschnitt, weniger spielerisch.*

Vergessen Sie Ihren Karriereplan

*Wir müssen bereit sein, das Leben hinter uns zu lassen,
das wir geplant haben, um Platz zu haben für das Leben,
das dahinter auf uns wartet.*
Joseph Campbell, Mythologe, Autor und Dozent

Die Welt verändert sich sehr schnell. Ein Fünfjahresplan für Ihre
Karriere oder Ihr Unternehmen dürfte in weniger als einem Jahr
schon wieder überholt sein. Der Vorsitzende des Google-Verwaltungsrats, Eric Schmidt, gab kürzlich zu, dass man für das Unternehmen, obwohl es eine klare Mission gebe, »keinen Fünfjahresplan habe, auch keinen Zweijahresplan und auch keinen
Einjahresplan«. Und trotzdem machte Google im Jahr 2013 einen Gewinn von fast 13 Milliarden Dollar. Diese Regel gilt selbst
dann, wenn Sie noch ganz am Anfang stehen; das Unterneh-

men, mit dem Sie starten, ist selten das, mit dem Sie am Ende Erfolg haben.

Die alte Angewohnheit, sich sehr weite Ziele zu stecken und in der Gegenwart dann reichlich Kompromisse einzugehen, um sie zu erreichen, macht immer weniger Sinn. Richten Sie Ihre Aufmerksamkeit wieder auf die Gegenwart, und umarmen Sie das Leben als ewige Beta-Version (»Life in Perpetual Beta«), wie Jungfilmerin Melissa Pierce es nennt. Ihr Dokumentarfilm beleuchtet den kulturellen Wandel, den das technologische Zeitalter mit sich bringt, da die Menschen heute weniger durchgeplante und leidenschaftlichere Leben führen können. Und sie lebte nach ihrer Botschaft, indem sie sich erst im Zuge der Filmproduktion die nötigen Fähigkeiten aneignete und in ihrem Blog Inhalte mit anderen teilte.

Es sind nicht Ihre langfristigen Ziele, die Sie glücklich machen werden. Selbst reich zu sein ist keine Garantie für Zufriedenheit. Studien belegen, dass Lotteriegewinner einen kurzfristigen Glücksschub erleben und sich dann wieder ungefähr auf dem Zufriedenheitslevel einpendeln, das sie vorher hatten. Es kommt darauf an, was für ein Leben Sie sich heute aussuchen. Wenn Sie mit dem Spielen anfangen, besteht Ihr Ziel darin, die positive Erfahrung zu erzeugen, die Sie in Ihrem Leben haben wollen, und zwar sofort (auch wenn es am Anfang noch Einschränkungen gibt).

Und ironischerweise wird die Verfolgung Ihrer wahren Interessen, wenn Sie es richtig anstellen, Sie reicher machen, als die Jagd nach Geld das jemals könnte. Sie können bei einer Sache nicht wirklich hervorragend sein, wenn Sie nicht mit dem Herzen dabei sind. Wenn Sie also reich werden wollen, suchen Sie sich etwas aus, das sich eher wie Spielen anfühlt und nicht wie

Arbeiten. Wirtschaftlich gesehen macht das Sinn; Sie können nicht mit jemandem konkurrieren, der liebt, was er tut.

Meine Geschichte: »Ich will nie wieder einen festen Job haben«

Vor vielen Jahren, als ich eine Stelle als Programmierer hatte, wusste ich, dass ich etwas anderes wollte, aber ich wusste nicht, was es war. Mir wurde klar, dass ich es nur dann herausfinden konnte, wenn ich mir einen Augenblick lang vorstellte, alles haben zu können, was ich wollte.

Und was ich wollte, war: nicht zu arbeiten.

Ich wollte nicht den ganzen Tag lang auf dem Sofa sitzen und nichts tun, ich wollte spielen – ich wollte irgendetwas Kreatives machen, etwas, das mir Spaß machte, und trotzdem dafür bezahlt werden. Damals schien das noch ein unrealistischer Wunsch zu sein, doch kurz nachdem ich zu dieser Erkenntnis gekommen war, bekam ich genau das, was ich wollte. In der Firma wurde verkündet, dass es die Möglichkeit eines freiwilligen Ausscheidens gebe, und ich ergriff sie. Ich erhielt eine Abfindung von mehreren Monatsgehältern, um das zu tun, was ich wollte.

Einige meiner ausgeschiedenen Kollegen kauften sich Sportwagen. Ich nicht. Ich spielte. Ich komponierte Musikstücke, probierte es als Autor und schuf eine Installation in einem experimentellen Museum. Diese Zeit des Spielens führte mich zum aufregendsten und abwechslungsreichsten Job in meiner beruflichen Laufbahn. Doch es war immer noch ein Job.

Später, als ich mich als Stand-up-Comedian versuchte, nahm ich folgende Sequenz in mein Repertoire auf:

Ich habe Angst, im falschen Job zu sein. Tatsächlich habe ich Angst, dass ich in überhaupt keinen Job passe. Das mit dem Geld geht in Ordnung, aber mit dem Arbeiten habe ich Probleme.

Ich denke, mein Leben ist einfach zu voll, als dass noch ein Job reinpassen würde. Ich bin zu sehr damit beschäftigt, Dinge zu tun, die richtig Spaß machen, und dabei steht mir die Arbeit einfach im Weg.

Mein Berufsziel besteht darin, einfach dafür bezahlt zu werden, dass ich ich bin, mein Leben zu leben; ich bin sehr beschäftigt, ich investiere viel Zeit, ich sollte dafür entlohnt werden.

Positionsbeschreibung ... John Williams sein.

Dann würde ich morgens aufwachen und mein Chef würde hereinkommen und sagen: »Gut gemacht, John, das war wieder eine tolle Woche, hier ist deine Lohntüte.«

In Wahrheit ist es genau das, was ich anstrebe: in der Lage zu sein, das zu tun, was ich tun will; den ganzen Tag zu spielen und dafür bezahlt zu werden – dafür bezahlt zu werden, dass ich ich bin.

Natürlich sind nicht alle Jobs schrecklich: Ich hatte einige gute – Softwareentwickler für Special Effects, Spezialist für Internetmedien, Senior Managing Consultant für eine international tätige Consultingfirma – doch egal in welchem Job, ich hatte immer das Gefühl, dass mein Leben an mir vorbeizog, während ich in einem tristen Großraumbüro vor einem Computer versauerte.

Im Jahr 2003 trat ich schließlich die Flucht nach vorn an und erklärte öffentlich: »Ich will nie wieder einen festen Job haben.« Heute habe ich eine Portfoliokarriere, die Mentoring zum Thema Berufswahl und Business umfasst, die Leitung von Kreativ-Workshops für Unternehmen, Tätigkeiten als Textredakteur und Blogger, Internetmarketing und das Ausrichten einer einmal pro Monat in London stattfindenden Veranstaltung für kreative Köpfe mit dem Titel »Scanners Night«. Ich bestimme selbst, wann ich arbeite, suche mir meine Mitarbeiter selber aus und arbeite abwechselnd zu Hause, im Garten, im Café und einem Gemeinschaftsbüro für Unternehmer.

Auf dem Weg dorthin habe ich einige interessante Experimente durchgeführt: Ich tauschte ein Angebot für eine Vollzeitanstellung gegen einen Vertrag ein, bei dem ich fürs gleiche Geld drei Tage die Woche arbeitete. Ich verdiente als Consultant so viel, dass ich nur drei Monate im Jahr arbeiten musste. Ich unternahm Geschäftsreisen in die USA, nach Japan, Südafrika und in viele Teile Europas (und brach dabei oft die alte Regel, dass man den Ort, an dem man arbeitet, nie kennenlernt), und ich hatte das Vergnügen, kreative Projekte zu realisieren: So wurde meine experimentelle Musik auf der ganzen Welt im Radio gespielt und tauchte in den Fernsehnachrichten auf.

Ich weiß immer noch nicht, was ich mal werden will, wenn ich erwachsen bin. Doch ich habe festgestellt: Je mehr ich mich auf das konzentriere, was mir Spaß macht, desto erfolgreicher bin ich, auch wenn sich nicht sofort zeigt, wie ich damit Geld verdienen kann. Ich bin kein Millionär, aber ich habe viel darüber gelernt, was in meinem eigenen Berufsleben und in dem meiner Kunden funktioniert – und ich weiß auch, was die Menschen zurückhält. Meine Mission, fürs Spielen bezahlt zu werden, ist noch nicht erfüllt. Es ist ein Projekt, das niemals beendet sein wird. Aber ich hoffe, ich kann Sie davon überzeugen, dieses Projekt anzugehen.

Sprechen wir über den Tod

Es mag komisch erscheinen, in einem Buch zum Thema Spielen über den Tod zu sprechen, doch tatsächlich ist der Tod Dreh- und Angelpunkt des Ganzen. Nachfolgend berichte ich über ein einschneidendes Ereignis in meinem Leben, das Ihnen demonstrieren wird, warum das so ist.

Als ich fünf Monate alt war, setzten meine Eltern meinen Bruder und mich ins Auto, um mich irgendwelchen Verwandten vorzuführen. Wenige Minuten von unserem Haus entfernt stießen wir frontal mit einem jungen, betrunkenen Fahrer zusammen, der die Kontrolle über sein Auto verloren hatte und auf der falschen Straßenseite fuhr.

Meine Eltern erlitten beide schwere Verletzungen. Meine Mutter erholte sich vollständig. Mein Vater starb zehn Tage später im Krankenhaus an den Komplikationen, die seine Verletzungen nach sich gezogen hatten. Er war 34.

Dass ich meinen Vater verlor, noch bevor ich alt genug war ihn kennenzulernen, hat mein ganzes Leben geprägt. Es machte mir auf schmerzhafte Weise mehr als deutlich, dass das Leben jeden Moment zu Ende sein kann. Mit dieser nackten Tatsache im Hinterkopf beantworten Sie bitte folgende Frage: Wollen Sie wirklich noch einige Jahre mit unbefriedigender Arbeit verbringen in der Hoffnung, dass Sie das, was Sie gern tun, auch immer noch später machen können?

Und das hier ist die wahre Botschaft dieses Buches:

Verschwenden Sie keine weitere Minute Ihres Lebens.

Worum soll es in Ihrem Leben wirklich gehen? Was wünschen Sie sich? Dieses Buch wird Ihnen zeigen, wie Sie sofort mit der Verwirklichung Ihrer Wünsche beginnen können. Wenn Sie nicht wissen, was Sie wollen, ist es Ihre Aufgabe, dies herauszufinden. Dieses Buch wird Ihnen sagen, wie das geht. Es ist nicht so wichtig, dass Sie bei Ihrer Arbeit eine Mission erfüllen. Viel wichtiger ist, dass Sie sich für Ihre Arbeit engagieren.

Sie werden Ihr Heil im *Spielen* finden. Wenn Sie sich zu 100 Prozent für das richtige Projekt engagieren, werden Sie ganz leicht andere Leute um sich scharen, die von den gleichen Zielen angespornt werden. Und wenn Sie es im schlimmsten Fall nicht allein schaffen, die Arbeit zu Ende zu bringen, werden andere die Zügel aufnehmen.

Machen Sie das, worauf es ankommt. Fangen Sie an zu spielen. Fangen Sie jetzt damit an.

Der ehemalige CEO von Apple, Steve Jobs, kam zu einer ähnlichen Schlussfolgerung:

Als ich 17 war, las ich ein Zitat, das ungefähr folgendermaßen lautete: »Wenn du jeden Tag so lebst, als wäre es dein letzter, dann wirst du irgendwann mit großer Wahrscheinlichkeit recht haben.« Das hinterließ einen bleibenden Eindruck bei mir, und seit dieser Zeit, das sind inzwischen 33 Jahre, habe ich jeden Morgen in den Spiegel gesehen und mir die Frage gestellt: »Wenn heute der letzte Tag meines Lebens wäre, würde ich dann das tun, was ich für heute plane?«

Und immer wenn die Antwort mehrere Tage hintereinander Nein lautete, wusste ich, dass ich etwas verändern musste.

Mir ins Gedächtnis zu rufen, dass ich bald tot sein werde, war das wichtigste Werkzeug, dem ich je begegnet bin, weil es mir geholfen hat, in meinem Leben große Entscheidungen zu treffen. Denn fast alles – all die von außen an einen herangetragenen Erwartungen, all der Stolz, all die Angst vor Peinlichkeiten oder vorm Versagen – all diese Dinge verschwinden angesichts des Todes einfach und lassen nur das übrig, was wirklich wichtig ist. Sich ins Gedächtnis zu rufen, dass man sterben wird, ist die beste mir bekannte Methode, um sich von dem Irrglauben zu befreien, dass man etwas zu verlieren hätte. Man ist vollkommen nackt. Es gibt keinen Grund, nicht seinem Herzen zu folgen.

Steve Jobs, ehemaliger CEO der Apple Inc. und der
Pixar Animation Studios

Der erste Schritt auf Ihrem Weg dahin, fürs Spielen bezahlt zu werden, besteht darin herauszubekommen, was Sie wirklich wollen. Das nächste Kapitel wird Ihnen zeigen, wie Sie herausfinden, was das ist.

Auf der Website ScrewWorkLetsPlay.com

- können Sie Interviews mit zehn erfolgreichen Playern lesen oder hören.
- finden Sie weitere Informationen und Links zu den Websites der in diesem Kapitel aufgeführten Personen.
- können Sie mit einer globalen Gemeinschaft von Playern Kontakt aufnehmen.

Wie Sie herausfinden, was Sie wirklich wollen

Zu viel des Guten kann herrlich sein.

Mae West, amerikanische Schauspielerin und Schriftstellerin, 1893–1980

Der allererste Schritt, wie man fürs Spielen bezahlt wird, besteht darin herauszufinden, was sich für Sie wie Spielen anfühlt. Was das ist, werden Sie in diesem Kapitel erfahren. Und ich werde Ihnen zeigen, dass Sie, egal, wie unmöglich Ihre Ideen gerade scheinen mögen, immer das haben können, was Sie wirklich und wahrhaftig wollen.

Wenn Ihnen Ihre Arbeit bereits Spaß macht und Sie sich einfach mehr Erfolg wünschen, könnten Sie versucht sein, dieses Kapitel zu überspringen. Tun Sie das nicht! Wenn Sie mit Ihrer Arbeit bisher nie so recht Erfolg hatten, kann das daran liegen, dass das, was Sie tun, noch nicht ganz das Richtige ist. Dieses Kapitel wird Ihnen helfen, Ihren Kurs zu korrigieren, sodass Sie sich auf das konzentrieren, was für Sie am angenehmsten und einfachsten ist, und auf diese Weise mit dem gleichen Aufwand viel bessere Ergebnisse erzielen.

Aus Liebe zu Schokolade

Petra Barrans Choc Star ist Großbritanniens einziges reisendes Schokomobil: ein umgebauter Eiswagen, der Köstlichkeiten aus edler Schokolade anbietet. Das Choc-Star-Schokomobil fährt auf Märkte, zu Musikfestivals und zu privaten Partys, sehr zur Freude der Kunden. Doch wie kam Petra Barran auf diese Idee?

Zu den wichtigsten Dingen in meinem Leben gehören seit jeher die Leidenschaft zu reisen, die Freude am Kennenlernen neuer Menschen und die Liebe zum Essen. Und ich habe mein ganzes Leben nach einer Möglichkeit gesucht, daraus etwas zu machen, für das es sich lohnt, morgens aufzustehen, und mit dem ich meinen Lebensunterhalt verdienen kann – also etwas, wovon ich leben kann und was meinem Leben einen Sinn gibt.

Ich habe viele verschiedene Dinge ausprobiert. Als ich mit dem Studium fertig war, dachte ich: »Ich werde Casting Director.« Ich arbeitete für verschiedene Casting Directors in London, auf der Suche nach Darstellern für Fernsehwerbespots und Pop-Videos, und es gehörte zu meinen Aufgaben, fremde Menschen auf der Straße anzusprechen und zu sagen: »Sie wären genau der Richtige für diese Rolle.« Ich liebte den Job, aber mich trieb auch das Reisefieber. Ich wollte einfach raus und die Welt erkunden. Also beschloss ich, »in See zu stechen«. Überall auf der Welt arbeitete ich auf Luxusyachten und kümmerte mich um sehr reiche Menschen. Ich mixte ihnen Cocktails und machte ihre Betten und servierte ihnen ihr Abendessen. Und das war fantastisch, aber das Leben an Bord war für mich etwas zu streng geregelt.

Während ich unterwegs war, stellte ich fest, dass es mich, egal, wo ich war, immer zu Schokoladenläden hinzog. Ob in den USA oder in Spanien oder in Frankreich oder in Israel, ich lungerte immer in Schokoladenläden herum und beobachtete alle Leute dort bei ihrer Arbeit. Irgendwann fasste ich den Entschluss, dass es genug war und ich damit aufhören musste, auf Booten zu arbeiten.

Mit dem Wunsch, beruflich etwas mit Schokolade zu machen und dabei mobil zu bleiben und neue Menschen kennenzulernen, kehrte ich schließlich nach London zurück. Ich würde ein Schokoladengeschäft eröffnen. Ich beschloss, dass ich mir einfach einen Wagen zulegen, diesen zu einem Schokomobil umbauen und damit um die Welt fahren würde.

Mehr über die Choc-Star-Story können Sie nachlesen auf chocstar.co.uk.

Beginnen Sie am richtigen Ort

Bei dem Versuch zu entscheiden, was wir wirklich wollen, kann uns die altmodische Vorstellung, dass Arbeit etwas ist, das wir tun müssen, und nicht etwas, das wir tun wollen, nur allzu schnell in die Quere kommen. Wir gehen unnötige Kompromisse ein und beschränken unsere Optionen von Anfang an. Wenn wir verzweifelt versuchen, unserer derzeitigen Arbeit zu entfliehen, kann es passieren, dass wir am Ende nach einer beliebigen Sache suchen, die besser zu sein scheint als das, was wir im Augenblick machen. Doch das ist so, als würden wir uns fragen: »Was wäre nicht ganz so schlimm wie das, was ich gerade tue?« Wenn Sie Ihren Lebensunterhalt mit Spielen verdienen wollen, ist das der falsche Weg.

Hier ist eine viel bessere Frage, die Sie sich stellen sollten: »Wie würde eine Arbeit, die sich für mich wie ein Spiel anfühlt, aussehen?« Um sie zu beantworten, müssen Sie sich vorstellen, Sie könnten alles haben, was es auf der Welt gibt. Im Ernst: alles. Lassen Sie alle Sachlichkeit nur für einen Moment beiseite, und erlauben Sie sich zu träumen. Wenn Sie bei dem Versuch herauszufinden, was Sie als Nächstes tun sollen, nicht weiterkommen, liegt das garantiert daran, dass es Ihnen nicht gelungen ist, die Fragen »Was will ich?« und »Was scheint für mich derzeit möglich?« zu trennen. Konzentrieren Sie sich für den Augenblick auf die erste Frage, und wir finden später heraus, wie Sie Ihre Wünsche umsetzen oder zumindest möglichst nah an eine Umsetzung herankommen können. Für Ihren Erfolg ist es entscheidend, dass Sie sich gestatten, Dinge zu wollen, bei denen Sie momentan noch keine Ahnung haben, wie Sie sie erreichen.

Wenn Sie Ihre Optionen nur auf das beschränken, was möglich oder vernünftig scheint, lassen Sie das, was Sie wirklich wollen, außen vor, und zurück bleibt nur ein Kompromiss.
**Robert Fritz, Komponist, Filmemacher
und Organisationsberater**

Eines der wertvollsten Dinge, die Sie je tun können, ist herauszufinden, was Sie gern tun und was nicht. Und es kann auch eines der schwierigsten Dinge sein. Ob Sie es glauben oder nicht, nachdem Sie es herausgefunden haben, kann es relativ einfach erscheinen, tatsächlich dorthin zu gelangen, wo man hinwill! Man muss dafür lediglich eine Liste abarbeiten: jemanden anrufen, eine E-Mail schreiben, irgendwo hingehen und die Arbeit erledigen. Wenn Sie auf ein Hindernis treffen, wird irgendjemand Ihnen sagen können, wie Sie es umgehen können.

Wenn Sie wissen, was Sie am besten können, sich in puncto Berufsleben dann auf diese Sache konzentrieren und dabei möglichst viele von den Dingen auslassen, die Sie nicht mögen, werden Sie erstaunt sein, wie schnell Sie Fortschritte machen. Ihre Arbeit wird Ihnen wie ein Spiel vorkommen, durch Ihre Leidenschaft werden sich jeden Tag neue Möglichkeiten zum Spielen ergeben, und Ihre Mitbewerber werden Sie kaum interessieren.

Führen Sie Ihre Geheimwaffe ein: Ihre Spielanleitung

Warten Sie nicht darauf, dass Sie die Einsicht, was Sie mit Ihrem Leben anfangen sollen, wie ein Blitz trifft. Sie sollten verstehen, dass Entscheidungen wie diese meistens eher erarbeitet als einfach so getroffen werden. Bauen Sie sich Ihren Weg zum Spielen Stein für Stein auf.

Besorgen Sie sich ein Notizbuch, um darin Ihre Gedanken auf Ihrem Weg von der Arbeitskraft zum Player festzuhalten. Nehmen Sie es überall mit hin. Schreiben Sie alles auf, was Ihnen einfällt – was Sie mögen, was Sie nicht mögen, schreiben Sie über Menschen, deren Arbeit oder Lebensstil Sie nacheifern möchten, über Menschen, die Ihnen als Kontaktperson in den Sinn kommen, über Projekte, die Sie ausprobieren möchten. Das ist ab jetzt Ihre *Spielanleitung*. Besorgen Sie sich für diesen Zweck ein hübsch gestaltetes Buch mit leeren Seiten: eins, das Sie jedes Mal inspiriert, wenn Sie es ansehen. Befreien Sie sich von der Tyrannei linierten Papiers und kaufen Sie sich ein Buch mit Blankoseiten. Diese gestatten Ihnen auch Abbildungen, Skizzen und Kritzeleien (Sie sind nicht in der Schule, und niemand wird Ihre Handschrift kritisieren, wenn sie nicht ordentlich ist). Beschriften Sie Ihre Spielanleitung, und fügen Sie Ihre Telefonnummer hinzu für den Fall, dass das Buch verloren geht; es ist ein wichtiges Dokument.

Bewahren Sie diese Notizen separat von Ihren anderen Gedanken auf – vermischen Sie sie nicht mit Ihrem Tagebuch, Ihren kreativen Arbeiten oder Ihrem »Waschzettel«. Sie müssen in der Lage sein, das Buch schnell durchzublättern und etwas zu finden, was Sie zuvor geschrieben haben.

Dies bringt uns zum ersten von 21 Mythen, die Sie am Weiterkommen hindern.

MYTHOS 1

Wenn es wichtig ist, werden Sie sich daran erinnern

Glauben Sie das nicht! Selbst wenn es wahr wäre, warum sollten Sie Ihr Gehirn mit Sachen vollstopfen, an die Sie sich erinnern sollen, wo Sie doch Raum zum Nachdenken brauchen? Wenn Sie Ideen aufschreiben, sobald sie Ihnen in den Sinn kommen, und dabei nicht von sich verlangen, sofort »die Antwort« zu finden, werden Sie feststellen, dass sich wichtige Erkenntnisse von selbst aus Ihren Notizen ergeben werden.

Richard Branson organisiert seine mehr als 200 Unternehmen mithilfe einfacher, schwarz eingebundener Bücher; »Ich kann das nicht verstehen, wenn ich sehe, dass Leute sich Sachen nicht aufschreiben. Man weiß doch, dass man sich nicht alles merken kann«, meint er. Sein Rat ist, »immer ein kleines Notizbuch in der Gesäßtasche mit sich zu führen ... Stellen Sie sicher, dass Sie dort Ihre Ideen, Kontakte, Vorschläge, Probleme eintragen ... Ihr Leben wird viel besser organisiert sein, wenn Sie es dabeihaben. Ohne diese Blätter hätte ich die Virgin Group niemals zu einem so großen Konzern ausbauen können.« Über die Jahre hat er mehr als 100 solcher Notizbücher vollgeschrieben.

»Ich hätte da noch eine Frage ...«, oder: Wie Inspektor Columbo Ihnen dabei helfen kann herauszufinden, was Sie wirklich wollen

Ich liebe die Krimiserie *Columbo*. Eine TV-Sendung, die sich wegen ihres langsamen Tempos und dem liebenswerten Charme perfekt zum Entspannen eignet. Die Serie läuft seit mehr als 30 Jahren, aber die klassischen Folgen stammen aus den 1970er-Jahren.

Inspektor Columbo, gespielt von Peter Falk, arbeitet beim Morddezernat des Los Angeles Police Department. In jeder Folge wird gleich zu Anfang die Mordszene gezeigt. Der Zuschauer rätselt daher nicht, sondern weiß, wer der Mörder ist. Das Vergnügen besteht darin, Columbo dabei zu beobachten, wie er seine Beute in die Falle lockt und beweist, dass sie schuldig ist.

Columbo weiß in der ersten Szene, wer der Mörder ist, gibt dies dem Verdächtigen gegenüber aber nicht preis. Sein Talent besteht darin, harmlos zu erscheinen, wodurch er sich erfundene Alibi-Geschichten des Mörders erspart und so lange in aller Ruhe Beweisschnipsel sammeln kann, bis er weiß, was wirklich passiert ist. Nicht das kleinste Detail entgeht ihm: kein einzelnes Wort, kein Fussel, kein Geräusch auf einer Aufnahme. Er schreibt alles in sein Notizbuch. Columbo ärgert es, wenn er Details nicht erklären kann, und er lockt seinen Verdächtigen aus der Reserve mit dem berühmten Satz: »Ich hätte da noch eine Frage ...«

Wenn Sie auf der Suche sind und herausfinden wollen, was Sie mit Ihrem Leben anfangen möchten, können Sie von Columbo viel lernen. Es ist an der Zeit, den Fall »Fehlende Leidenschaft« als Inspektor zu übernehmen. Ihr Widersacher ist die kritische Stimme in Ihnen bzw. Ihr innerer »Topdog« (siehe »Erfolgsrezepte Teil 4: Wie es für Sie garantiert ein Erfolg wird«, S. 145).

Stellen Sie sich selbst unter Beobachtung. Kein Hinweis sollte unbemerkt bleiben. Welchen Teil der Zeitung lesen Sie zuerst? Welche Abteilung einer Buchhandlung zieht Sie an? Welche Fernsehsendungen sehen Sie am liebsten? Was lesen Sie in Ihrer Freizeit? Was haben Sie als Kind gern gemacht? Was für eine Art von Umgebung inspiriert Sie? Mit welchen Menschen kommen Sie normalerweise am besten klar? Welche Alltagsstruktur passt zu Ihnen? Was ist Ihr Modus Operandi – d. h., auf welche Art und Weise arbeiten Sie? All diese Informationen können Ihnen auf Ihrem Weg hin zum Spielen helfen.

Die Beweise liegen klar auf der Hand. Folgen Sie jedem Hinweis; folgen Sie Ihren Gefühlen. Das ist es, was auch die an früherer Stelle in diesem Kapitel erwähnte Petra Barran gemacht hat: Sie folgte ihren Gefühlen, lebte sie aus und beobachtete dann ihre Reaktionen darauf. Barran wusste, dass sie das Reisen und Essen liebte und gern neue Menschen kennenlernte. Als sie merkte, dass Schokoladenläden sie anzogen, fand das letzte Puzzleteil seinen Platz.

Nehmen Sie Ihre Spielanleitung überall mit hin und notieren Sie jeden Hinweis darauf, welche Arbeit Ihnen gefällt und welche nicht. Halten Sie Ausschau danach, was in Ihnen Begeisterung auslöst. Denken Sie aber daran, dass damit oft auch eine ordentliche Portion Angst verbunden ist! Hierzu an anderer Stelle mehr. Wenn Sie in eine Sackgasse geraten, bitten Sie Freunde um Hilfe oder lassen Sie sich von einem Karrierecoach beraten.

(Übrigens: Ich denke, dass Sie aus allem, was Sie gern tun, Nutzen für Ihre berufliche Tätigkeit ziehen können, selbst, wenn Sie gern auf dem Sofa liegen und sich im Fernsehen Wiederholungen ansehen!)

MYTHOS 2

Die Antwort auf meine Jobsuche findet sich in irgendeiner magischen neuen Sache, die ich vorher nie ausprobiert habe

Wenn Sie momentan in einem Job feststecken, könnten Sie geneigt sein zu glauben, es gäbe da draußen irgendeine Arbeit, die Sie zuvor nie ausprobiert haben und die die magische Lösung für Ihr Dilemma darstellt. Tatsache ist: Wenn Sie etwas wirklich gern tun, tun Sie es wahrscheinlich in irgendeinem Bereich Ihres Lebens bereits. Vermutlich sehen Sie es aber einfach nicht als Arbeit an. Beginnen Sie, alles, was Ihnen Spaß macht, aufzuschreiben, und Sie werden dann später sehen, wie Sie damit Geld verdienen können.

Hören Sie auf, sich den Kopf darüber zu zerbrechen, was Sie mit dem Rest Ihres Lebens anfangen sollen

Die gute Nachricht ist: Sie brauchen nicht zu wissen, was Sie mit dem Rest Ihres Lebens anfangen sollen. Sich diese Art von Frage zu stellen führt wahrscheinlich sogar eher dazu, dass Sie nicht weiterkommen. Sie können im Augenblick unmöglich wissen, was Sie in zehn Jahren wollen, denn dann werden Sie nicht mehr dieselbe Person sein. Ihr nächster Schritt wird Sie in Richtungen führen, die Sie nie hätten voraussagen können, und neue Seiten an Ihnen enthüllen, derer Sie sich heute noch nicht einmal bewusst sind.

Stellen wir etwas kurzfristigere Überlegungen an. Es folgt eine Übung, die Ihnen helfen wird, der Erkenntnis, was Sie wirklich tun wollen, ein ganzes Stück näher zu kommen.

Ein Jahr Pause

Was würden Sie gern mit einem freien Jahr anfangen? Sagen wir die nächsten zwölf Monate. Hört sich das reizvoll an? Okay, ich erteile Ihnen hiermit die Erlaubnis dazu. Erledigt.

Ja, ich weiß, Sie haben einige praktische Fragen, zum Beispiel, wovon Sie leben sollen, aber träumen wir einfach ein wenig. Stellen Sie sich vor, ich hätte Ihnen soeben ein Jahresgehalt übergeben, damit Sie kein Geld zu verdienen brauchen. Denken Sie für einen Augenblick darüber nach – der kommende Freitag wird der letzte Arbeitstag im Rahmen Ihrer aktuellen Tätigkeit sein. Und was werden Sie nun in diesem wertvollen Jahr der vollkommenen Freiheit anfangen? Ein Jahr lang am Strand sitzen und nichts tun? Oder wissen Sie bereits, dass es Sie schon nach den ersten Wochen reizen würde, etwas anderes zu machen? Wenn ja, was wäre das? Was genau werden Sie in den übrigen elf Monaten tun?

Vielleicht befassen Sie sich mit einigen Projekten, die Sie schon seit Langem angehen wollten: ein Buch schreiben; ein Album aufnehmen; Ihr eigenes Unternehmen gründen; einen Blog schreiben; ein Fach studieren, das Sie fasziniert; die Welt bereisen; Ihr Haus renovieren; in die professionelle Fotografie einsteigen; Ihre eigene Ausstellung organisieren; öffentliche Vorträge halten; ins Fernsehen gehen; Seite an Seite mit einem Ihrer Helden arbeiten; etwas in der Welt zum Besseren verändern.

Oder vielleicht nehmen Sie sich, da Sie jetzt frei von Arbeit sind, auch die Zeit, einige Dinge in Ihrem Privatleben anzugehen: von der chronischen Nörgelei wegzukommen, herauszufinden, was Sie wirklich glücklich macht, an einer erfüllten Beziehung zu arbeiten oder Ihre zerbrochene Familie wieder zusammenzubringen? Was auch immer es sein mag, am kommenden Freitag um 17 Uhr sind Sie endlich frei.

Was werden Sie tun?

Meine Klienten hatten unterschiedliche Pläne: Philip würde eine »geniale Erfinderwerkstatt aufbauen«; Sally würde »an Sachen herumpfriemeln, Dinge basteln und Zeit damit verbringen, andere zu inspirieren«; Neil würde Integrale Philosophie studieren; Juliette würde mit dem Segelboot den Atlantik überqueren und einen Blog darüber schreiben; und Emma würde mit einem Hund am Meer leben und ihrer Liebe zur Blumenfotografie nachgehen.

Schreiben Sie es auf. Schlagen Sie eine leere Seite in Ihrer Spielanleitung auf (oder schnappen Sie sich irgendein Stück

Papier, das greifbar ist – seien Sie nicht wählerisch), und schreiben Sie all die Dinge auf, die Sie in Ihrem Spieljahr gern tun würden. Wenn irgendetwas mehr Geld kostet, als Ihr verfügbares Jahresgehalt hergibt, dann gewähre ich Ihnen ein unbegrenztes Budget für jede Erfahrung, die Sie machen wollen. Hier geht es nicht darum, neue, funkelnde Dinge zu kaufen, sondern darum, dass den Erfahrungen, die Sie machen wollen, nichts im Weg steht – ein Round-the-World-Ticket, Geld, um sich das Schloss zu kaufen, das Sie renovieren wollen: All das ist jetzt möglich.

Natürlich kann es sein, dass Sie am Anfang Ihres Jahres der vollkommenen Freiheit einfach einen langen Urlaub machen oder sich mit Ihren Freunden verabreden möchten. Schreiben Sie auch das auf, aber fangen Sie anschließend an zu überlegen, was Sie nach ein paar Monaten des Chillens und Auffrischens von Freundschaften tun könnten.

Brauchen Sie ein wenig mehr Inspiration?

Sind Sie sich immer noch im Unklaren darüber, was für Projekte Sie in Ihrem Spieljahr angehen würden? Hier sind fünf Fragen zum Nachdenken, die Ihnen helfen, Ihren kreativen Motor in Gang zu bringen.

Im Rückblick auf Ihr Berufsleben:
Wann waren Sie am zufriedensten?

Schreiben Sie alle Momente auf, die Ihnen in den Sinn kommen. Das kann etwas gewesen sein, das nicht im Mittelpunkt Ihrer Arbeit stand, aber das Sie trotzdem sehr genossen haben:

die Organisation der Weihnachtsfeier, die Teilnahme am Fußballturnier Ihrer Büroliga. Schreiben Sie es auf, dann überlegen Sie, was es war, was Ihnen dabei so viel Vergnügen bereitet hat. Sie könnten sich dazu entschließen, ein solches Element in Ihr freies Jahr einzubringen.

Wer ist Ihr Karrierevorbild?

Gibt es jemanden, dessen Leben oder Werk Sie wirklich bewundern? Wer ist es? Es könnte jemand Berühmtes sein, eine historische Persönlichkeit, jemand, den Sie kennen, oder sogar eine fiktive Gestalt. Was an dieser Person bewundern Sie am meisten? Ist es die Branche, in der sie tätig ist, sind es ihre Resultate, oder ist es ihre Einstellung, die Eindruck auf Sie macht? Durch welches Projekt oder welche Leistung zeichnet sie sich Ihrer Ansicht nach aus? Notieren Sie dies alles in Ihrer Spielanleitung. Wenn Ihnen mehrere Personen in den Sinn kommen, schreiben Sie zu allen etwas auf.

Eines meiner Karrierevorbilder ist der Musiker, Produzent, Künstler und kreative Kopf Brian Eno. Er führte mal ein Jahr lang Tagebuch und veröffentlichte es als Buch. In der Einleitung schrieb er: »Ich habe ein wunderbares Leben. Ich mache so ziemlich genau das, was ich will, und das einzige echte Problem, das sich dabei ergeben hat, ist herauszufinden, was das ist.« Seine berufliche Laufbahn ist enorm breit gefächert. Er ist sehr erfolgreich und genießt in seinen Kreisen hohes Ansehen. Dennoch kennt die Mehrheit der britischen Bevölkerung ihn kaum, sodass er unbehelligt die Straße entlanglaufen kann. Das hört sich für mich wie das ideale Arbeitsleben an. Wie sieht Ihres aus? Welche Elemente aus dem Leben Ihrer Idole würden Sie gern in Ihr freies Jahr aufnehmen?

Wen beneiden Sie?

Wen beneiden Sie um sein Berufsleben? Um welchen Aspekt ihrer Arbeit beneiden Sie diese Person am meisten? Wenn ich Klienten bei ihren Karrieren oder Unternehmen helfe, bin ich sehr selten neidisch auf sie. Die beiden Male, wo es ganz offensichtlich doch so war, betraf es Personen, die in führende Kreativagenturen wechselten. Es sind hochkarätige Organisationen, in die man nur schwer hineinkommt. Ein Klient backte für das Unternehmen einen Kuchen und schrieb seinen Lebenslauf mit Zuckerguss darauf, nur um zum Vorstellungsgespräch eingeladen zu werden. (Was funktionierte.)

Neid ist eine nützliche Sache. Er sagt mir, dass es etwas gibt, was ich noch nicht habe. In diesem Fall fand ich heraus, dass ich mehr von meiner Liebe zum Design in meine Arbeit einbringen musste. Dies tat ich, indem ich zusammen mit großartigen Designern an der Markenentwicklung verschiedener Unternehmen arbeitete und einen einfachen Blog mit aktuellen Designs zusammenstellte, nur so zum Spaß.

Manchmal bringt Neid etwas zum Vorschein, zu dem Sie auf keine andere Art Zugang haben. Auf die Frage, was ihre Idealvorstellung von Arbeit ist, werden viele Leute mit Verwirrung reagieren. Fragen Sie aber, wen sie um seinen Job/seine Tätigkeit/seinen Lebensstil am meisten beneiden, werden Sie einige brauchbare Informationen erhalten. Solange Sie nicht mit der Vorstellung, Sie hätten nicht die Macht, das zu bekommen, was Sie wollen, am Neid festhalten, können Sie sich seiner bedienen.

Neid impliziert, dass Sie etwas wollen, das sich außerhalb Ihrer Reichweite befindet. Es ist sinnvoll, Neid anzuerkennen, wenn Sie das, was Sie daran hindert zu bekommen, was Sie wollen, aus dem Weg schaffen können. Dazu müssen Sie sich vorstellen, Sie würden die von Ihnen beneidete Person engagieren, damit sie Ihnen Schritt für Schritt beibringt, wie Sie das Gewünschte erreichen. Was denken Sie, was für einen Rat sie Ihnen geben würde? Was würde sie brauchen, um es Ihnen zu vermitteln? Vielleicht müssten Sie einige ihrer Ressourcen und Kontakte anzapfen. Stünde Ihnen all dies zur Verfügung, welches Projekt würden Sie jetzt in Angriff nehmen? Schreiben Sie es auf.

Was können Sie nur schwer sein lassen?

Was machen Sie mit Leidenschaft? Bei welchen hastig eingeschobenen Dingen ertappen Sie sich in gestohlenen Momenten? Was können Sie nur schwer sein lassen, wenn Sie eigentlich mit Ihrer Arbeit weitermachen sollten? Schreiben Sie alles auf. Welche dieser Dinge würden Sie in Ihrem freien Jahr öfter tun? (Jetzt stellen Sie sich vor, Sie könnten dafür bezahlt werden, dass Sie diese Dinge tun – Lindsey Mountford machte genau von dieser Möglichkeit Gebrauch, indem sie sich dafür bezahlen ließ, auf Facebook herumzuspielen und sich YouTube-Videos anzusehen – mehr über ihre Geschichte erfahren Sie im nächsten Kapitel.)

Welche(s) Projekt(e) würden Sie in Angriff nehmen, wenn Sie wüssten, dass Sie nicht scheitern können?

Einen Roman schreiben? Rockstar werden? Das Matterhorn erklimmen? Ein Heilmittel für Krebs finden? Die Regierung stürzen? Schreiben Sie Ihre Antwort auf. Bauen Sie eine Version davon in Ihr freies Jahr ein. Egal, wie fantastisch Ihr Traum ist, es wird eine Möglichkeit geben, eine Kostprobe davon zu bekommen.

Haben Sie zu viele Dinge zu erledigen, als dass ein Jahr dafür ausreichen würde?

An diesem Punkt kann es sein, dass Sie sich Ihre Notizen ansehen und angesichts der Anzahl der Dinge, die Sie tun wollen, erschrecken!

MYTHOS 3

Ich sollte eine Sache finden können, die mich interessiert, und dann dabei bleiben

Die traditionelle Welt des Arbeitslebens versucht alles, was wir sind, in eine flache Schachtel zu stopfen und ihr ein einzelnes Etikett zu verpassen: Programmierer, Buchhalter, Designer, Autor. Wir alle sind weit mehr, als ein Etikett erfassen kann – wir sind »Schrägstriche«: Programmierer/sozialkritischer Aktivist; Buchhalter/Business Coach; Innenarchitekt/TV-Star/Musiker; Autor/Redner/Elternteil … und so weiter. Wenn Sie sich von Grund auf ein Berufsleben aufbauen, besteht keine Notwendigkeit mehr, dass Sie irgendeinen Teil von sich verstecken. Als Player können Sie alle Ihre Facetten in Ihre Arbeit einbringen und im Ergebnis umso wertvoller sein.

Ihre Interessen werden sich im Laufe der Zeit natürlich ändern, weiterentwickeln und ausweiten. Wenn dies geschieht, können

Sie Ihre Arbeit so umstellen, dass es wieder »passt«. Das, was Sie derzeit tun, kann früher spannend und anspruchsvoll gewesen sein, ist heute vielleicht aber langweilig. Das ist normal. Die spannendsten Projekte und Aufgaben sind immer jene am Rande unserer Möglichkeiten; sobald wir sie gemeistert haben, verlieren sie ihren Glanz, und wir sind bereit für die nächste Aufgabe.

Wir alle haben unterschiedliche Zeitrahmen, in denen sich unsere Arbeit entwickelt. Was ist Ihr Tempo? Sind Sie zufrieden damit, wenn Sie bei einem Thema in die Tiefe gehen und sich mehrere Jahre lang spezialisieren können, bevor Sie sich mit etwas anderem befassen? Oder sind Sie schnell gelangweilt und müssen immer wieder zu neuen Themen wechseln, damit Ihr Interesse nicht erlahmt? Wenn Sie zu der Gruppe gehören, die häufig zu etwas Neuem wechselt, sind Sie das, was der US-amerikanische Karriereguru Barbara Sher einen »Scanner« nennt.

Sind Sie ein Scanner?

- Interessieren Sie sich für viele verschiedene, scheinbar unzusammenhängende Dinge?
- Sind Sie jede Woche von etwas anderem fasziniert?
- Erfüllt Sie die Vorstellung, sich sehr lange auf ein Thema, eine Fähigkeit oder eine Arbeit konzentrieren zu müssen, mit Schrecken?
- Fangen Sie mit vielen Projekten an, gehen aber zu etwas Neuem über, bevor Sie sie beendet haben?

Wenn Sie mehr als eine der Fragen mit Ja beantwortet haben, sind Sie mit ziemlicher Sicherheit ein Scanner. Ein Scanner ist jemand, der gern neue Dinge lernt und erkundet, aber schnell gelangweilt ist. Für Scanner geht es eher um die Themenvielfalt als um die Tiefe. Wir wollen über eine Sache gerade so viel erfahren, dass wir ihre interessantesten Aspekte verstehen, und dann zu etwas Neuem übergehen.

Scanner werden manchmal auch als Renaissance-Männer/-Frauen bezeichnet, genau wie es der berühmteste Scanner von allen war: Leonardo da Vinci. Leonardo war Wissenschaftler, Mathematiker, Konstrukteur, Erfinder, Anatom, Maler, Bildhauer, Architekt, Botaniker, Musiker und Autor, und oft führte er angefangene Projekte nicht zu Ende. Wenn sich das gerade so anhört, als würde man Sie beschreiben, dann befinden Sie sich in guter Gesellschaft.

Unternehmer sind oft Scanner; sie nutzen ihre Begeisterung dazu, Dinge in Gang zu bringen.

»Erst hänge ich mich total in die Projekte rein, und dann langweilen sie mich«

Zusammen mit ihrer Schwester Audrey betreibt Sophie Boss das Unternehmen Beyond Chocolate. Sie hilft Frauen, sich aus dem Teufelskreis aus Diäthalten und Überfressen zu befreien und endlich ohne Reue das Essen zu genießen, während sie gleichzeitig abnehmen. Sophie gründete das Unternehmen, nachdem es ihr viele Jahre nicht gelungen war, einen Job zu finden, an dem sie dauerhaft Interesse hatte:

Ich gehörte schon als Kind zu den Menschen, denen es Spaß machte, neue Dinge zu lernen. Ich beschäftigte mich eine

Weile leidenschaftlich mit ihnen, und dann langweilten sie mich. Stricken, Nähen, Fotografieren, Kochen – ich probierte alles Mögliche aus. Ich befasste mich eine Zeit lang wirklich intensiv mit einer Sache, und sobald ich sie beherrschte, verlor ich das Interesse und ging zu etwas anderem über. Bei meinen Jobs machte ich das genauso. Nach dem Studium bekam ich eine Stelle im Management eines renommierten Einzelhandelsunternehmens. Ich war wirklich erfolgreich, kletterte bis an die Spitze und dachte: »Das ist der langweiligste Job, den ich je hatte.« Ich verließ das Unternehmen und verkaufte Werbeplätze. Auch darin wurde ich ziemlich gut. Das war während der Hochkonjunktur Ende der 1980er-Jahre, daher verdiente ich viel Geld, aber ich fand die Tätigkeit entsetzlich öde und schaute mich nach etwas anderem um, das mich reizen würde. Also beschloss ich, eine neue Ausbildung zu machen und Lehrerin zu werden. Davon war ich eine Weile absolut begeistert. Ich liebte die Aufregung, die ein neues Projekt mit sich brachte. Ich war voller Begeisterung, und dann, ein, zwei Jahre später, langweilte ich mich, weil sich die Aufregung wieder gelegt hatte. Ich wusste nichts über Scanner, und ich wusste auch nicht, dass so etwas in Ordnung war. Was ich mir tatsächlich einredete, war: »Keine Arbeit wird mich je zufriedenstellen.«

Erst nachdem sie mit ihrer Schwester Audrey ein eigenes Unternehmen gegründet hatte, änderte sich Ihre Einstellung zur Arbeit und ihre Motivation blieb erhalten:

> *Jetzt, da ich ein eigenes Unternehmen habe, kann ich tun und lassen, was ich will. Ich führe das Unternehmen in Richtungen, die mich reizen. Wir entwickeln ständig neue Projekte, und sobald wir sie abgeschlossen haben, denken wir uns neue aus!*
>
> **Mehr über Beyond Chocolate auf** *beyondchocolate.co.uk.*

Ob Sie nun ein Scanner sind oder sich gern länger und intensiver mit einem Thema befassen – wichtig ist, dass Sie Ihr Leben so gestalten, dass es zu Ihnen passt. Wenn Sie sich gern spezialisieren, kann es sein, dass Sie in Ihrem freien Jahr intensive Studien betreiben. Wenn Sie ein Scanner sind, wird es darum gehen, dass Sie sich ein Projekt (oder mehrere Projekte) aussuchen, bei dem Sie nicht das Interesse verlieren. Das Projekt sollte facettenreich sein, Sie sollten viel Neues dabei lernen können. Es sollte Ihnen ermöglichen, Ihre Fähigkeiten dazu zu nutzen, neue Ideen zu entwickeln, ohne alles ganz allein umsetzen zu müssen. Scanner sind großartige Journalisten, Comedians, Consultants, Redner, Forscher und Erfinder – großartig in jedem Bereich, der ihre schnelle Auffassungsgabe maximiert, ihre Fähigkeit, kreative Verbindungen zu knüpfen, das Entdeckte zu kommunizieren und zu etwas Neuem überzugehen. Sie sollten sich Leute suchen, die sich um die Durchführung kümmern, etwa um die Aufbereitung, die Projektplanung oder die Finanzen.

Und wenn Sie die Vorstellung stresst, dass Sie für all das nur ein freies Jahr zur Verfügung haben, finden Sie im nächsten Abschnitt eine Übung, die Ihnen helfen wird.

Willkommen in dieser und anderen Welten

Ich habe einen Onkel, der Astrophysiker ist und in großen Observatorien auf der ganzen Welt arbeitet. Ich telefonierte einmal an Weihnachten mit ihm und überlegte, worüber ich mich mit diesem hochintelligenten, aber sehr introvertierten Mann unterhalten könnte. Als mir die Smalltalk-Themen ausgingen, fragte ich: »Und was gibt es Neues in der Physik?« Er schwieg eine ganze Weile, und nachdem er seine Gedanken gesammelt hatte, sagte er in einem bedächtigen, schwermütigen Tonfall: »Nun ... derzeit besteht starkes Interesse an den Wurmlöchern zwischen den parallelen Universen.« »Moment mal, noch mal zum Mitschreiben«, sagte ich, »verstehe ich das richtig, dass du sagst, es gäbe Paralleluniversen?« »Ja, das ist derzeit die Meinung der Fachleute«, gab er ruhig zurück.

Aus irgendeinem Grund hatte diese ziemlich unglaubliche Information es nicht auf die Titelseiten der Tageszeitungen geschafft.

Einige Experten in der Quantenphysik gehen so weit zu behaupten, dass jedes Mal, wenn eine Entscheidung getroffen wird, das Universum in zwei Teile geteilt wird – in einem Teil wird die erste Entscheidung umgesetzt und im anderen ihre Alternative. Wir wissen noch nicht, wie wir uns zwischen diesen Welten bewegen sollen, doch bis mein Onkel das Problem gelöst hat, ist dieses Konzept sehr sinnvoll. Denn jetzt haben Sie nicht nur ein freies Jahr, sondern Ihr freies Jahr hat unendlich viele Variationen.

Nehmen wir nur mal die ersten sieben davon. Gehen Sie also davon aus, Sie könnten sieben ganz unterschiedliche freie Jahre erleben. Schreiben Sie auf, was Sie in jedem dieser Jahre tun werden. In Universum eins könnten Sie Unternehmer sein und reich werden; in Universum zwei reisen Sie vielleicht nach Indien, um sich auf spiritueller Ebene weiterzuentwickeln; in Universum drei könnten Sie sich in Vollzeit um den Nachwuchs kümmern; in Universum vier wird aus Ihnen ein sozialkritischer Aktivist; in Universum fünf sind Sie hauptberuflich als Künstler tätig – und noch immer sind zwei übrig. Halten Sie alle Variationen in Ihrer Spielanleitung fest.

Aber ist all das nicht total unrealistisch? Ein bisschen. Doch Sie können viel öfter als gedacht bekommen, was Sie wollen. Und wenn Sie nicht wenigstens wissen, was Sie wollen, welche Chance haben Sie dann, es zu bekommen? Und selbst wenn Sie nicht genau das haben können, was Sie wollen, kommen Sie doch viel näher heran, weil Sie wissen, was es ist.

Und hier die gute Nachricht:
Sie können haben, was Sie wirklich wollen

Die Sache ist die: Egal, wie verrückt Ihr Traum ist, sich fürs Spielen bezahlen zu lassen – Sie können immer den Part bekommen, den Sie wirklich wollen. Selbst wenn Sie nicht genau das realisieren können, was Sie sich im Geiste ausmalen, werden Sie den Part bekommen können, den Sie am aufregendsten finden. Voraussetzung dafür ist, dass Sie eine gewisse Flexibilität dahingehend besitzen, wie Sie an ihn herankommen.

Die entscheidende Frage, die sich die meisten Menschen nie stellen, lautet: Welche Erfahrung wollen Sie in Ihrer Vorstellung von einer für Sie idealen Arbeit machen? Mag sein, dass viele Menschen den gleichen Traum haben – zum Beispiel, ein Rockstar zu sein –, aber die Gründe dafür werden variieren. Welchen Part wollen Sie wirklich übernehmen? Welcher Aspekt des Lebens als Rockstar ist Ihnen wichtig? Für die einen ist es der, vor Publikum aufzutreten und im Zentrum der Aufmerksamkeit zu stehen; für die anderen ist es der Reichtum; für wieder andere ist es der Aspekt der Kreativität oder der Status, bekannt zu sein und respektiert zu werden, oder das Rebellendasein oder das Touren mit einer Band durchs ganze Land oder die Kontrolle über das eigene Leben. (Und für manche, nehme ich an, sind es der Sex und die Drogen, aber diese Gründe lasse ich mal außen vor.)

Wenn Sie erst wissen, welche Erfahrung Sie wirklich machen wollen, können Sie sicher sein, dass Sie sie auch machen werden, solange Sie den Traum verfolgen. Und was noch wichtiger ist: Auch wenn Sie beschließen, Ihren ursprünglichen Traum *nicht* weiterzuverfolgen, so gibt es viele Möglichkeiten, den Part zu bekommen, den Sie sich am meisten wünschen.

Stellen Sie sich einen Anwalt vor, der davon träumt, Rockstar zu sein. Er erkennt, dass ihm an der Anwaltstätigkeit die verlässliche Bezahlung gefällt, also fasst er den Entschluss, nicht alles für den Ruhm als Rockstar aufs Spiel zu setzen. Stattdessen besorgt er sich eine Stelle in der Rechtsabteilung einer Plattenfirma, denn das scheint eine gute Alternative zu sein. Das Problem ist, dass seine Arbeitserfahrung im Wesentlichen die gleiche ist; das, was er tagein, tagaus tut, hat sich nicht geändert. Er sitzt noch immer in einem Büro und arbeitet den lieben langen Tag Verträge aus, doch heute kommt hin und wieder Madonna an seinem Schreibtisch vorbei. Wenn die Erfahrung, die er machen will, darin besteht, vor Publikum aufzutreten, würde es ihn vielleicht viel mehr befriedigen, wenn er im Fernsehen eine Nische als Rechtsexperte finden oder auf großen Konferenzen Reden halten würde.

Zurück zu Ihnen. Schreiben Sie in Ihre Spielanleitung die Erfahrung hinein, die Sie in Gedanken an Ihren Traumjob machen wollen. Was ist der Kern Ihrer Vorstellung dessen, was Ihnen am wichtigsten ist? Welches ist der aufregendste Part? Seien Sie ganz ehrlich mit sich und machen Sie sich keine Gedanken darüber, was alle anderen vielleicht denken – wenn Sie weltberühmt oder reich werden wollen, oder wenn Sie erkennen, dass das Brüten über 30 Seiten Geschäftszahlen für Sie die spannendste Sache der Welt ist, lassen Sie nicht zu, dass die Meinung einer anderen Person darüber, was angeblich egoistisch oder oberflächlich oder komisch oder langweilig ist, Ihnen dazwischenkommt. Schreiben Sie es einfach auf.

MYTHOS 4

Das, was ich machen will, ist erst nach einer langen, teuren Ausbildung möglich

Ein häufiger Stolperstein besteht darin, dass Sie für das, was Sie machen wollen, erst eine lange und teure Ausbildung brauchen. Wenn man diese nicht absolvieren will oder sie sich nicht leisten kann, fällt einem mit etwas Kreativität meistens noch eine andere Möglichkeit ein, an die Erfahrung zu kommen, die man machen will. Verschaffen Sie sich Klarheit darüber, welcher Part Sie am meisten reizt, und suchen Sie nach einer anderen Möglichkeit, diesen ohne eine lange Ausbildung zu bekommen.

Wir fahren uns fest, wenn wir denken, dass es nur diesen einen Traum für uns gibt. Eigentlich ist der Traum nur der Wegweiser zu einer Erfahrung, von der Sie sich mehr wünschen. Er ist ein Indikator dafür, was Sie für Ihre nächste Entwicklungsstufe brauchen. Und diese Entwicklung ist ein natürlicher Teil des Menschseins, der sich unser ganzes Leben hindurch fortsetzt, wenn wir ihn nicht blockieren. Vielleicht stellen Sie irgendwann in Ihrem Leben fest, dass es Sie reizen würde, ein Team zu leiten oder an die Spitze der Unternehmensleiter zu klettern. Und nachdem Sie diese Erfahrung gemacht haben, reizt es Sie möglicherweise, selbstständig zu arbeiten. Jede Erfahrung baut auf der vorigen auf, und es ist unmöglich, im Voraus zu sagen, wo die nächste Sie hinführt. Wenn Sie das, was Sie derzeit reizt, ignorieren, werden Sie es nicht herausfinden.

Manches von dem, was Sie in diesen Übungen notiert haben, mag Sie überraschen; es mag zum jetzigen Zeitpunkt etwas beliebig scheinen. Vertrauen Sie einfach darauf, dass Sie sich, sobald Sie einen Weg gefunden haben, wie Sie die Erfahrung machen können, die Sie als Nächstes machen wollen, weiter in Richtung einer befriedigenderen Arbeit bewegen und sich als Mensch immer weiter entwickeln. Alle lebenden Organismen haben denselben Drang zu wachsen und sich zu entfalten: Ein Baum schöpft sein genetisches Potenzial voll aus und wächst so lange, wie er ausreichend Platz und Nahrung hat.

Musiker müssen Musik machen, Maler müssen malen, Dichter müssen schreiben, wenn sie letztlich mit sich im Reinen sein wollen. Was ein Mensch sein kann, das muss er auch sein.
Abraham Maslow, amerikanischer Psychologe, 1908–1970

Wenn Sie wirklich im Spiel sind, wenn Sie dem Weg folgen, der sich vor Ihnen auftut und der Ihnen Engagement, Ausdrucksmöglichkeiten, Aufregung und Neugier auf die Welt bietet, dann ist Ihre Arbeit einfach ein natürlicher Ausdruck dessen, was Sie sind und was Sie sein werden. Dies ist der einschneidende Wandel vom Leben als Arbeitskraft hin zum Leben als Player. Die Arbeit wird zu einer Möglichkeit, Ihrem Selbst größtmöglichen Ausdruck zu verleihen. Auf der tiefsten Ebene ist sie, wie der Autor David Deida es formuliert, ein Kanal, um der Welt Ihre Liebe zu geben.

Wenn Sie also fragen: »Kann ich bei meiner Arbeit wirklich das bekommen, was ich will?«, dann lautet die Antwort, dass Sie das natürlich können, denn jeder kann sich in Richtung des größtmöglichen Ausdrucks seines Selbst bewegen; jeder kann beschließen, der Welt durch seine Arbeit seine Liebe zu geben. Die einzige Person, die Sie daran hindert, sind Sie selbst. Öffnen Sie Ihren Geist, und Sie werden sehen, dass es immer einen Weg gibt, wie Sie die Erfahrung machen können, nach der Sie sich bei Ihrer Arbeit sehnen. Sie werden später noch erfahren, wie Sie sie garantiert machen können.

Führen Sie einen Spielmittwoch ein

Hier kommt eine Übung, die Ihnen helfen wird, sich Ihr Leben als Player im Detail vorzustellen und schon jetzt eine Kostprobe davon zu bekommen.

Werfen wir einen näheren Blick auf Ihr Spieljahr. Spulen Sie drei Monate vor und stellen Sie sich vor, Sie wären schon mittendrin in Ihrem Jahr der Freiheit. Sie führen das Leben, das

Sie sich immer gewünscht haben, und Sie genießen es redlich. Es ist Mittwoch und dazu noch ein besonders toller Mittwoch. Wie sieht er aus? Wo leben Sie? Wann stehen Sie auf? Was machen Sie als Erstes? Um wie viel Uhr beginnen Sie mit Ihren Tagesaktivitäten?

Wohin gehen Sie, um diese auszuüben? Was genau tun Sie? Zusammen mit wem? Was passiert den restlichen Tag über? Um wie viel Uhr machen Sie Schluss? Was machen Sie hinterher? Schreiben Sie alles in Ihre Spielanleitung hinein.

Natürlich werden Sie sich in der Realität wahrscheinlich nicht ein ganzes Jahr freinehmen können, aber Sie können damit anfangen, einiges von dieser Idealerfahrung jetzt sofort in Ihr Leben einzubauen. Mittwoch ist ein großartiger Tag für solche Experimente. Auf halber Strecke bis zum Wochenende ist es innerhalb der Arbeitswoche der ideale Zeitpunkt, um ein wenig zu spielen.

Machen Sie den Mittwoch zu einem Tag, an dem Sie Ihrem idealen Leben jede Woche ein Stückchen näher kommen. Nehmen Sie sich gleich am Morgen oder am Nachmittag, wenn die Möglichkeit dazu besteht, oder sonst am Abend nach der Arbeit etwas Zeit. Halten Sie das in Ihrem Terminkalender fest, um sich jede Woche daran zu erinnern. Selbst wenn Sie von Ihrem Tag nur einige Minuten abzwacken können – tun Sie es. Wenn Sie ein Dichter sein wollen, nehmen Sie sich, falls Sie mit öffentlichen Verkehrsmitteln zur Arbeit kommen, einen Gedichtband zum Lesen mit und ein Notizbuch, um sich Notizen zu machen. Wenn Sie unbedingt in den Aktienhandel einsteigen wollen, nehmen Sie sich ein wenig Zeit, um die Börsennachrichten oder ein Buch über den Aktienmarkt zu lesen. Suchen Sie anschließend nach Möglichkeiten, wie Sie im Laufe der folgenden Wochen noch mehr Zeit erübrigen können, damit Sie Ihrem Ideal noch ein Stückchen näher kommen. Warum gehen Sie nicht gleich aufs Ganze, nehmen sich einen Tag frei und versuchen an diesem Tag Ihren Vorstellungen entsprechend zu leben? Wenn Sie von einem Leben am Meer träumen, machen Sie einen Ausflug an die Küste und verbringen Sie den Tag damit, so zu leben wie ein Einheimischer. Es ist wissenschaftlich bewiesen, dass Übungen, in denen Einzelne ihren idealen Tag planen und dann konkret gestalten, zur Zufriedenheit beitragen. Es lohnt sich also, diese Übung zu machen!

Im nächsten Kapitel erfahren Sie, wie Sie über die nächsten Schritte entscheiden, um Ihre Vorstellung von einem freien Jahr tatsächlich realisieren zu können.

Machen Sie ein Spiel daraus

Mit diesen Zutaten gelingen die Erfolgsrezepte:

- Denken Sie unvoreingenommen über das nach, was Sie wirklich und wahrhaftig wollen; stellen Sie sich vor, wie Ihr Spieljahr sein wird, und schreiben Sie es auf.
- Warten Sie nicht auf Inspiration; arbeiten Sie aktiv an Ihrer Entscheidung: Sobald Sie etwas von dem herausfinden, was zu Ihrer Arbeit gehören soll und was nicht, schreiben Sie es auf.
- Werden Sie sich darüber klar, welche Erfahrung Sie wirklich machen wollen. Es gibt immer eine Möglichkeit, sie zu machen.

Was Sie jetzt haben sollten:

- 😊 eine genaue Vorstellung davon, wie Ihr ideales Berufsleben aussehen soll;

- 😊 eine gewisse Vorstellung davon, welche Erfahrung Sie auf der nächsten Stufe Ihres Berufslebens machen wollen.

Nehmen Sie sich zehn Minuten Zeit fürs Spielen:

- 😊 Schlagen Sie Ihren Terminkalender auf und schreiben Sie hinein, wann Sie losgehen und sich eine Spielanleitung kaufen.

- 😊 Notieren Sie den Spielmittwoch in Ihrem Kalender als wiederkehrenden Termin, an dem Sie ein klein wenig von Ihrem freien Jahr ausleben.

- 😊 Leben Sie ein klein wenig von Ihrem Spieljahr jetzt gleich aus; geben Sie sich selbst eine kleine Kostprobe davon, wie Ihr Spieljahr aussehen würde. Vielleicht müssen Sie extrem um die Ecke denken, um das zu bewerkstelligen. Würden Sie dann zum Beispiel in Japan leben, was momentan unmöglich scheint, besorgen Sie sich als Lektüre einen Roman, der in diesem Land spielt; sehen Sie sich Spielfilme und Dokumentarfilme über dieses Land an; essen Sie japanische Speisen; hören Sie sich japanische Musik an; tragen Sie sich für einen Japanischkurs ein oder gehen Sie zu einem Sprachaustauschabend. Das soll kein Ersatz für Ihren Japanaufenthalt sein, gibt Ihnen aber einen Vorgeschmack darauf; es regt Ihre Kreativität an und wird Sie hoffentlich in eine fröhliche und positive Stimmung versetzen – was die bestmögliche Verfassung ist, um wirkliche Veränderungen in Ihrem Leben vorzunehmen. Im nächsten Kapitel sehen wir uns an, wie Sie noch etwas näher an eine echte Ein-Jahr-Auszeit-Erfahrung herankommen können.

Exklusive Extras auf ScrewWorkLetsPlay.com:
weitere Informationen für Scanner sowie Details zu monatlich stattfindenden Workshops;
Interview mit Petra Barran, die über Choc Star spricht, und mit Sophie Boss, die von Beyond Chocolate erzählt;
Zugang zu kompetenten Coaches für individuelle Hilfe.

Wie Sie entscheiden,
was Sie als Nächstes tun

Wo sich die Bedürfnisse der Welt mit deinen Talenten
kreuzen, da liegt deine Berufung.
Aristoteles 348–322 v. Chr.

Sie sollten inzwischen einige Ideen haben, was Sie mit Ihrer Zeit
anfangen würden, wenn Sie komplett frei wären. Sie haben sich
angesehen, welche Dinge Sie gern tun und welche Erfahrungen
Sie machen möchten. Doch wie lässt sich all dies in eine mögliche Richtung für Ihre Arbeit lenken? Und woher wissen Sie,
welchen Faden Sie aufnehmen sollen? Dieses Kapitel wird Ihnen helfen, eine Richtung einzuschlagen, mit der Sie sich dann
intensiver befassen. Hier kommt eine tolle Geschichte über eine
solche Berufsentscheidung.

Paul McCartney, Wickelmaschinenbediener

Im Jahr 1961 musste Paul McCartney eine Entscheidung treffen: Entweder würde er seine sichere Stelle als Bediener einer Wickelmaschine in einer Liverpooler Fabrik behalten oder mit den Beatles seine Träume verfolgen. Er erzählt, was damals passierte:

Ich begann bei Massey and Coggins, einer Wickelmaschinenfabrik, zu arbeiten. Mein Vater hatte mich aufgefordert, mir einen Job zu suchen. Ich hatte darauf erwidert: »Ich habe einen Job, ich bin in einer Band.« Aber nachdem wir einige Wochen lang mit der Band nichts zuwege gebracht hatten, meinte er: »Nein, du musst dir einen richtigen Job suchen.« Er warf mich praktisch aus dem Haus. Also ging ich zum Arbeitsamt und sagte: »Haben Sie eine Arbeit für mich? Geben Sie mir einfach irgendetwas.« Und der erste Job bestand darin, bei Massey and Coggins den Hof zu fegen. Ich nahm den Job.

Ich ging also hin, und der Personalchef meinte: »Wir können nicht zulassen, dass Sie den Hof fegen, Sie wären für eine Stelle im Management geeignet.« Ich fing auf der Produktionsebene mit der Ausbildung an. Und natürlich war ich nicht sehr gut für die Produktion geeignet — ich war kein besonders guter Wickelmaschinenbediener.

Eines Tages kreuzten John und George in jenem Hof auf, den ich hätte fegen sollen, und erzählten mir, dass wir einen Gig im Cavern hätten. Ich sagte: »Das geht nicht. Ich habe einen festen Job, bei dem ich 7,14 Britische Pfund pro Woche verdiene. Ich bekomme hier eine Ausbildung. Das ist ziemlich gut, mehr kann ich nicht erwarten.« Und es war mir ziemlich ernst damit.

Aber dann dachte ich: »Zum Teufel damit. Ich halte das hier nicht aus.« Ich türmte über die Mauer und ließ mich bei Massey and Coggins nie wieder blicken. Ziemlich clevere Entscheidung, wenn man bedenkt, wie sich die Dinge entwickelt haben.

Paul McCartney, in *The Beatles Anthology*

Es braucht Mut, sich zu trauen, das zu tun, was Sie wirklich tun wollen. Und es kann sein, dass Sie einige der populären Mythen übers Arbeiten, wie den folgenden alten Klassiker, infrage stellen müssen.

MYTHOS 5

Es ist egoistisch, das zu tun, was Sie gern tun

Zu den destruktivsten Mythen im Leben gehört der, dass es egoistisch sei, wenn Sie tun, was Sie gern tun, und sich von den Dingen fernhalten, die Sie nicht gern tun. Doch denken Sie daran, dass wir gern die Dinge tun, in denen wir gut sind. Und uns reizen die Dinge, die für die nächste Stufe in unserer Entwicklung als Mensch am wichtigsten sind.

Wenn Sie zögern, von Ihrem einmaligen Talente-Mix Gebrauch zu machen, hintergehen Sie damit im Grunde Ihre Firma, Ihre Kunden und sogar die gesamte Menschheit. Das ist egoistisch. Und jeder verliert dabei; die Welt wird Ihretwegen ärmer. Was wäre passiert, wenn Paul McCartney ein eher unmotivierter Wickelmaschinenbediener geblieben wäre und seine Rolle bei den Beatles als maßlosen Unsinn abgeschrieben hätte? Wer kann schon sagen, ob Sie nicht die gleichen schwindelerregenden Höhen erreichen wie Paul? Aber darauf kommt es nicht an. Es ist besser für alle, wenn Sie das tun, was Sie wirklich gut können und gern tun, anstatt ein weiteres Beispiel für Mittelmäßigkeit abzugeben.

Denken Sie daran: Es geht nicht nur um Sie. Wenn Sie ein verhinderter Künstler sind, wenn sie etwas geschrieben haben, es aber nie jemandem zeigen, oder wenn Sie eine Idee haben, wie Sie Ihre Branche optimieren können, aber der Ansicht sind, Sie wären nicht qualifiziert für derlei Vorschläge, passiert es leicht, dass Sie sich in Ihre eigenen inneren Kämpfe verstricken. Doch es geht nicht nur um Sie. Jedem entgeht etwas, wenn Sie zögern. Mag sein, dass Ihre ersten schriftlichen Elaborate keine großen Würfe sind, aber sie werden die Grundlage für Ihr nächstes Werk sein. Und selbst wenn nichts anderes daraus erwächst – indem Sie sich trauen etwas zu tun, was Ihnen am Herzen liegt, inspirieren Sie andere, das zu tun, was ihnen am Herzen liegt.

Wenn Sie an einer Arbeit festhalten, die nicht zu Ihnen passt, so ist das schädlich für Ihre Zufriedenheit. Ihr Selbstwertgefühl hängt davon ab, dass Sie sich fähig fühlen, und wenn Sie nur negatives Feedback für Ihre Arbeit bekommen, wird sich dieses Gefühl nicht einstellen. Es ist wichtig, dass Sie so bald wie möglich damit beginnen, sich in Richtung einer Sache zu bewegen, die besser zu Ihnen passt.

Woher wissen Sie, in was Sie Ihre Zeit beim Spielen investieren sollen? Zunächst einmal ist das Spielen in einem Bereich, der Sie reizt, egal, was Sie dabei potenziell verdienen können – das Spielen an sich also –, eine lohnenswerte Beschäftigung, zumindest für eine Weile.

Warum? Weil es Spaß macht (und Spaß ist gut für Sie); es versetzt Sie in Bewegung; es hilft Ihnen herauszufinden, was Sie mögen (und was Sie nicht mögen), was Sie gut können (und was Sie nicht so gut können); durch das Spielen entwickeln Sie neue Fähigkeiten, und es treten neue Aspekte Ihrer Persönlichkeit zum Vorschein, die Ihrem Leben eine ganz andere Richtung geben können. Wenn Sie bei der Frage, was für eine Art von Arbeit Sie als Nächstes angehen sollen, lange nicht weitergekommen sind und es sich erlauben können, hier eine Weile zu experimentieren, dann lohnt es sich, irgendetwas auszuwählen, das Ihnen wirklich Spaß macht, und damit einige Wochen lang herumzuspielen.

Aber wie stellen Sie sicher, dass Sie irgendwann Geld damit verdienen können und sich nicht nur in die Armut hineinspielen? Der Schlüssel liegt darin, dass ein Teil Ihres Spiels ein Bedürfnis befriedigen muss, das die Leute haben. Im Übrigen zeigen neuere psychologische Studien, dass die zufriedensten Menschen der Welt ihre natürlichen Stärken in den Dienst ihrer Mitmenschen stellen.

Die Glücksgleichung

Sie wollen wissen, wie die Zauberformel für ein glückliches und erfülltes Leben lautet? Hier kommt sie:

Freude + Engagement + Sinn = Zufriedenheit.

Freude ist die Erfahrung von positiven Gefühlen, die durch Spaß an Aktivitäten und Beziehungen entstehen: ein tolles Essen, Rad fahren, ein Picknick im Park mit jemandem, den Sie lieben. Und Freude ist auch die Fähigkeit, solche Erfahrungen überhaupt erst zu bemerken und genießen zu können. Allein wenn Sie sich an ein positives Erlebnis vom Tag zuvor erinnern, macht Sie das nachweislich glücklicher.

Engagement ist die Erfahrung, sich in etwas zu verlieren, das Sie so erfüllend finden, dass Sie dabei die Zeit vergessen und die Stunden wie im Flug vergehen. Dann sind Sie im Spiel, vertieft in jene Aktivitäten, die Sie sich für Ihr freies Jahr vorgestellt haben.

Sinn ist der Einsatz der eigenen Stärken für einen höheren Zweck; einen Beitrag zu etwas zu leisten, das jenseits der Grenzen Ihres eigenen Lebens liegt.

Um glücklich und zufrieden mit Ihrem Leben zu sein, brauchen Sie alle drei Elemente. Wir glauben oft irrtümlicherweise, dass Freude alles ist, was man braucht, um glücklich zu sein, doch tatsächlich neigen die guten Gefühle aus angenehmen Erlebnissen dazu, nicht sehr lange anzuhalten. Wenn das Erlebnis vorüber ist, ebben auch die guten Gefühle schnell wieder ab. Doch wenn Sie sich in den Dienst anderer stellen und Ihren Mitmenschen etwas Gutes tun, beschert Ihnen das gute Gefühle, die auch über das Ereignis hinaus anhalten.

Wenn Sie in etwas eintauchen, das sich wie spielen anfühlt, ist es wahrscheinlich, dass Sie sowohl Freude als auch Engagement erleben. Das dritte Element besteht darin, dass Sie Ihr Spiel dazu verwenden, anderen zu helfen. Wenn Sie fürs Spielen bezahlt werden wollen, wird eine Verbindung zu den Bedürfnissen Ihrer Mitmenschen sicherstellen, dass Sie sich nicht in die Armut hineinspielen.

Hier kommt das Entscheidende: Sobald wir anfangen darüber zu reden, dass wir anderen helfen wollen, tauchen eine Menge »Man sollte«-Themen auf, und wir fangen an uns vorzuhalten, dass wir eigentlich ehrenamtlich im Altenheim Tee ausschenken oder im tiefsten Afrika in einer Lehmhütte leben sollten. Wir tappen in die Gutmensch-Falle. Wenn Sie solche Dinge gern tun, tun Sie sie; ansonsten sollten Sie eine andere Möglichkeit finden, Menschen zu unterstützen. Und vergessen Sie nicht: Sie sollten Spaß dabei haben.

Ich meine damit, dass Sie das tun sollten, was Sie wirklich gern tun *und* gleichzeitig nach einer Möglichkeit suchen sollten, dadurch auch Ihren Mitmenschen zu helfen. Nachstehend finden Sie eine einfache Übung, mit der sich ein Weg dorthin finden lässt. Es könnte sein, dass Ihr Arbeitsschwerpunkt sich dadurch komplett verändert.

Finden Sie Ihren Moment

Es gibt bereits Momente in Ihrem Leben, in denen Sie Ihre natürlichen Stärken nutzen, um anderen zu helfen. Erinnern Sie sich an einen herausragenden Fall aus jüngerer Zeit, als Sie bei Ihrer Arbeit einen großartigen Moment hatten: einen, bei dem Sie etwas getan haben, von dem Sie wissen, dass Sie es wirklich gut können, etwas, das Sie wirklich genossen und das eine positive Wirkung hatte. Was genau taten Sie in diesem Moment? Was machte ihn für Sie so schön?

Ihr Moment kann unterschiedliche Formen annehmen – vielleicht haben Sie eine neue Idee, die dazu beiträgt, dass ein komplettes Projekt besser läuft; vielleicht erzählen Sie mitten in einer Präsentation einen klasse Witz; vielleicht sagen Sie zu einem Mitarbeiter etwas Ermutigendes, wenn er es am dringendsten braucht; vielleicht handeln Sie bei einem Kauf einen Riesenrabatt aus; vielleicht lassen Sie jemandem genau die richtige Information zukommen; vielleicht nehmen Sie Veränderungen an einem Prozess oder System vor, die sich positiv auswirken; vielleicht finden Sie eine clevere Lösung, wie Sie einen Job automatisieren können; vielleicht entdecken Sie den Fehler im Plan, bevor dessen Umsetzung beginnt. Halten Sie nach etwas Ausschau, das Ihnen viel Freude bereitet hat – nicht nur aufgrund des Ergebnisses (zum Beispiel ein Schulterklopfen vom Chef oder vom Kunden) –, sondern schon während der Ausführung.

Es kann sein, dass dieser Moment nicht Bestandteil Ihrer Stellenbeschreibung ist und auch nicht zu Ihren Hauptaufgaben gehört – wie die Optimierung Ihres PCs zur maximalen Leistungsausbeute oder das Formulieren einer witzigen E-Mail zum Geburtstag eines Kollegen. Wenn Ihr aktueller Job so weit von Ihren Zielen entfernt ist, dass Ihnen kein einziger derartiger Moment einfällt, dann suchen Sie in Ihrem Privatleben nach Momenten, in denen Sie etwas mit Bravour meistern, in denen Sie Ihr Tun genießen und es für andere von Wert ist. Oftmals hat die Sache selbst Sie sehr wenig Zeit gekostet – auch wenn eine große Menge an Erfahrung und Vorbereitung zu ihr führte.

Das ist Ihr *magischer Moment*. Notieren Sie ihn in Ihrer Spielanleitung. Erinnern Sie sich an zwei oder drei weitere Momente, die besonders waren, und schreiben Sie diese auch auf. Erkennen Sie ein verbindendes Element, das diese Momente so besonders für Sie macht? Wenn ja, notieren Sie, was es ist. Wenn nein, machen Sie sich keine Sorgen.

Hier kommt ein Gedankenspiel: Wie oft setzen Sie Ihren magischen Moment derzeit bei Ihrer Arbeit um? Einmal am Tag? Einmal pro Woche? Einmal im Monat? Setzen Sie ihn nur in Ihrer Freizeit um? Stellen Sie sich vor, Sie würden Ihren magischen Moment doppelt so häufig umsetzen. Wie viel wertvoller wären Sie für Ihren Arbeitgeber oder Ihr Unternehmen? Vielleicht würden Sie feststellen, dass Sie doppelt so wertvoll sind. Jetzt stellen Sie sich vor, Sie würden diesen Moment so ausweiten, dass Ihr gesamtes Berufsleben sich darum dreht und der Schwerpunkt Ihrer Arbeitswoche auf solchen Momenten liegt. Wie viel Spaß würde das machen? Wie wertvoll wären Sie? Können Sie sich vorstellen, dass es möglich wäre, für diesen immensen Wert bezahlt zu werden?

So erleben Sie den Flow – eine Einführung in die Wohlstandsdynamik

Ihr magischer Moment, das sind Sie, wenn Sie am besten sind; es ist eine Flow-Erfahrung, also das völlige Aufgehen in einer Tätigkeit. Es bedeutet, die Dinge zu tun, die Sie von Natur aus gut können und gern tun. Um fürs Spielen bezahlt zu werden, müssen Sie so viel Zeit wie möglich im Flow sein. Die Erstellung eines Persönlichkeitsprofils kann Ihnen ausgezeichnet dabei helfen. Wenn wir uns alle ganz genau kennen und wissen würden, was wir mögen und was wir nicht mögen, würden wir keine Systeme zur Erstellung von Persönlichkeitsprofilen brauchen: Wir würden genau wissen, was für eine Arbeit jeder von uns tun sollte. In der realen Welt können wir aber von etwas profitieren, das uns unsere besten Eigenschaften und die Arbeitsformen aufzeigt, die zu uns passen oder nicht passen.

Mein Lieblingssystem zur Erstellung eines Persönlichkeitsprofils (insbesondere für jeden, der selbstständig ist oder sein möchte) ist die sogenannte Wohlstandsdynamik (Wealth Dynamics).

Die Wohlstandsdynamik ist ein effektives System zur Persönlichkeitsprofilierung und eine von Multiunternehmer Roger Hamilton begründete Philosophie des Unternehmertums. Hamilton ist Inhaber und Geschäftsführer erfolgreicher Unternehmen im Verlagswesen, Immobilienbereich, Eventmanagement, im Bereich Weiterbildung und im Franchising.

Die Wohlstandsdynamik sagt Ihnen nicht, welche Arbeit Sie machen oder welches Unternehmen Sie betreiben sollten. Sie zeigt Ihnen vielmehr, welchen Part Sie in einem Unternehmen oder Projekt übernehmen sollten. Das ist Ihr »Weg des geringsten Widerstands«.

Wenn Sie sich daran halten, fühlt sich die Arbeit für Sie wie spielen an und Sie werden es schneller und mit weit weniger Anstrengung zu Erfolg, Wohlstand und Einfluss bringen.

Sie wollen wissen, welches Ihr Wohlstandsprofil ist? Es gibt acht Profile und jedes davon hat seinen eigenen Weg des geringsten Widerstands. Lesen Sie die folgenden Beschreibungen durch, um herauszufinden, welches Profil Ihnen entspricht. Wenn Sie auf Nummer sicher gehen wollen, können Sie einen Onlinetest machen.

Der Schöpfer

Stärken: Hat das große Ganze im Blick; initiiert Projekte und gründet Unternehmen; kreiert Produkte; lässt sich neue Ideen einfallen; betreibt Brainstorming; erfindet Dinge; führt Neuerungen durch. Schöpfer kommen zu Wohlstand, indem sie Produkte kreieren und Unternehmen gründen, die andere an den Mann bringen und managen.

Schwächen: Nicht so gut darin, sich auf ein Projekt zu konzentrieren und es bis zum Schluss zu verfolgen; Finanz- und Teammanagement; Verwaltungsarbeit.

Der Star

Stärken: Hebt sich von der Masse ab; steht im Rampenlicht; präsentiert und performt. Auch gut darin, das Beste aus Produkten, Unternehmen oder dem Umfeld herauszuholen – Innenarchitekt, Grafikdesigner, Marketing- oder Markenexperte. Oft auch geschickt darin, das Beste aus Menschen herauszuholen – als Coach, Motivationsredner oder Personal Stylist. Stars kommen zu Wohlstand, indem sie eine Marke erschaffen.

Schwächen: Neigt dazu, mehr Wert auf das Image zu legen als auf die Ausführung; gibt schnell Geld aus.

Der Unterstützer

Stärken: Besitzt soziale Kompetenzen und kann Beziehungen aufbauen; spricht mit neuen Mitarbeitern, motiviert Teams, hilft anderen dabei, Großes zu leisten, ohne selbst im Rampenlicht stehen zu müssen; nimmt die wilden Ideen eines Schöpfers und verwandelt diese in Projekte und Aktionspläne. Unterstützer kommen zu Wohlstand, indem sie einen unternehmerischen Schöpfer oder ein Team zu Hochleistungen führen.

Schwächen: Bilanzen; technische Details; mag es nicht, an den Schreibtisch gekettet zu sein. Kommuniziert lieber von Angesicht zu Angesicht als per E-Mail oder übers Internet.

Der Strippenzieher

Stärken: Kommunikation, Einflussreichtum und Verhandlungsgeschick; erkennt Verbindungen am Markt; gewiefter Geschäftemacher; betreibt Socialising; hat ein gutes Gespür für Timing. Telefoniert gern und ist gern unterwegs. Praktisch veranlagt und bodenständig. Kommt dadurch zu Wohlstand, dass er Deals zwischen anderen Menschen aushandelt.

Schwächen: Nicht gut darin, sich an einen Plan zu halten; bei neuen Ideen Änderungen vorzunehmen.

Der Händler

Stärken: Kauft günstig ein und verkauft zum höheren Preis, egal, ob es um ein Schnäppchen auf dem Flohmarkt oder den Aktienhandel an der Börse geht. Extrovertierte Händler sind gut darin, hart zu verhandeln. Introvertierte Händler arbeiten lieber auf Basis von Analysen. Händler haben schon ihr ganzes Leben lang Handel betrieben – haben um Rabatte gefeilscht oder es mit einem Marktstand probiert. Sie reisen oft gern und lieben Fremdsprachen, das Importieren und Exportieren von Waren reizt sie. Sie haben ein sehr gutes Gespür für Timing, sind aufmerksam, geerdet und beherrschen Multitasking.

Schwächen: Neigt dazu, sich zu verzetteln.

Der Sammler

Stärken: Ist detailorientiert; hält sich an Systeme und Verfahren; arbeitet zuverlässig, akkurat und termingerecht; geht auf Nummer sicher; erkennt, was in einem Projekt vielleicht schiefgehen könnte. Kommt zu Wohlstand durch eine langfristige Strategie; sammelt Aktien, Immobilien und andere Vermögenswerte. Oder gibt einem Team Halt, indem er dafür sorgt, dass alles in Ordnung ist und dass das, was getan werden muss, rechtzeitig erledigt wird.

Schwächen: Neigt dazu, Dinge hinauszuzögern; lässt sich von

Details ablenken; ist vielleicht eher pessimistisch als optimistisch; lässt sich Zeit, bevor er handelt.

Der Lord

Stärken: Ist organisiert und detailorientiert; analysiert jede Situation; liebt Recherchen; erkennt Unterschiede, die anderen entgehen; ist in der Lage, jedes Detail aufzuführen. Der Wohlstand des Lords ergibt sich aus dem Flow – dem Cashflow aus der Vermietung von Anlagegütern oder, im Fall der Google-Gründer, aus dem Informationsfluss. Lords haben eine Vorliebe für automatisierte Geschäftsprozesse, bei denen ihre Anwesenheit nie vonnöten ist.

Schwächen: Hält sich nicht mit gesellschaftlichen Feinheiten auf; ist oft mit übermäßigem Organisieren beschäftigt; kann sich in Daten verlieren; hat oft keinen Blick für das große Ganze. Lords handeln langsam und mit Bedacht, was die Menschen um sie herum frustrieren kann.

Der Mechaniker

Stärken: Findet heraus, wie man eine Sache besser machen kann; nimmt spontane Ideen und Prozesse (oft von Schöpfern) und verwandelt diese in wiederholbare Systeme oder Produkte; ist schnell in der Lage, eine Feinabstimmung vorzunehmen, Dinge zu vereinfachen, zu replizieren und zu verbessern; ein Perfektionist und detailorientiert.

Während Schöpfer sehr gut darin sind, Dinge zum Laufen zu bringen, sind Mechaniker sehr gut darin, sie zu beenden. Ihr Wohlstand beruht auf den Systemen und Prozessen, die sie erschaffen – Beispiele sind der Ikea-Gründer Ingvar Kamprad und der Amazon-Gründer Jeff Bezos.

Schwächen: Sein Kommunikationsstil kann zu Reibungen führen; kann spröde und distanziert wirken; ist oft sehr strukturiert
und unflexibel; da für ihn Perfektion im Zentrum steht, kann es
sein, dass er sich nur zögerlich auf Veränderungen einlässt; neigt
dazu, sich in Details zu verstricken.

Was für ein Profil haben Sie?

Sie sollten sich in wenigstens einem der Profile wiedererkannt
haben. Welchem Wohlstandsprofil Sie tatsächlich entsprechen,
können Sie in einem Onlinetest herausfinden. Weitere Informationen hierzu erhalten Sie auf ScrewWorkLetsPlay.com/WD.

Hoffentlich konnten die vorangestellten Erläuterungen Ihnen zeigen, dass die Quelle Ihres Werts viel, viel mehr umfasst
als nur die übertragbaren Qualifikationen, die Sie in Ihrem letzten Job erworben haben. Vielleicht besteht Ihr besonderes Talent
darin, andere Menschen zu inspirieren oder zu ermutigen, Ver-
handlungen zu führen, Fehler aufzudecken, Menschen zusammenzubringen, Dingen den Feinschliff zu geben, Abläufe zu automatisieren und Brainstorming zu betreiben. Ganz wichtig ist,
dass Sie nicht versuchen, ein Allrounder zu sein. Arbeiten Sie an
Ihren Stärken, *umgehen* Sie Ihre Schwächen.

Ihre Mission muss das Flow-Erleben sein: damit anzufangen,
mehr von den Dingen zu tun, für die Sie ein natürliches Talent
besitzen – das sind auch die Dinge, die Ihnen am meisten Spaß
machen. Dinge, bei denen Sie kein Flow-Erleben haben, sollten
Sie delegieren, outsourcen oder Ihre Fähigkeiten anbieten im
Austausch gegen Fähigkeiten von anderen, über die Sie selbst
nicht verfügen. Wenige Menschen trauen sich das zu, und daher erleben die meisten von uns nie, wie es ist, im Flow zu sein.
Wir drängen vorwärts und rackern uns ab und erzielen bei der

Arbeit mittelmäßige Ergebnisse. Stellen Sie sich vor, dass Sie nur die Dinge tun, die Sie sehr gut können, und mit anderen zusammenarbeiten, die sehr gut in den Dingen sind, die Sie hassen: Wie viel effektiver wäre das wohl?

Beachten Sie, dass ein riesengroßer Unterschied zwischen dem besteht, was Sie tun *können,* und dem, wofür Sie eine natürliche Begabung besitzen. Bauen Sie sich ein Leben um das herum auf, wofür Sie wirklich Talent besitzen, und Sie werden um ein Vielfaches erfolgreicher sein, als wenn Sie Ihre Arbeit auf dem aufbauen, was Sie mittelmäßig gut können.

Schreiben Sie in Ihre Spielanleitung, welches Ihrer Ansicht nach Ihr Profil sein könnte und welche Stärken in der vorstehenden Liste Sie bei sich wiedererkennen. Schreiben Sie auch eine Sache auf, die Sie derzeit bei der Arbeit tun, bei der Sie ganz klar das Gefühl haben, *nicht im Flow* zu sein, etwas, bei dem Sie sich wirklich aufreiben. Wie könnten Sie diese Aktivität auf ein Minimum reduzieren oder komplett aus Ihrer Arbeit eliminieren?

Mike Southon, der Unternehmer mit den Bierdeckel-Ideen

Multiunternehmer Mike Southon ist Gründer von 17 Start-up-Unternehmen und Koautor der Buchreihe *The Beermat Entrepreneur.* Heute ist er als Mentor für andere Unternehmer tätig und hält überall auf der Welt Vorträge. Er ist Experte für das Thema Wohlstandsdynamik.

Ich fragte ihn, wie man es schafft, fürs Spielen bezahlt zu werden.

Wenn Sie sich mit einem Gegenpol zusammentun, jemandem, der ganz andere Fähigkeiten besitzt als Sie, ist die Chance viel größer, dass Sie in der Lage sein werden zu »spielen«. Chris West, mit dem zusammen ich die »Beermat«-Bücher geschrieben habe, und ich, zum Beispiel, unterscheiden uns in jeder Hinsicht; wir ergänzen uns. Alles, worin ich gut bin, kann er schlecht, und umgekehrt. Ich habe ein »Star«-Profil, er dagegen ist ein »Mechaniker« — das bedeutet, dass ich von Natur aus extrovertiert bin, während er eher introvertiert ist. Zwar haben wir beide eine sehr ausgeprägte Intuition, aber ich bin besser darin, das Gesamtbild zu sehen, wohingegen er ein ausgezeichnetes Auge für Details hat. Meine Vorstellung vom »Spielen« ist, rauszugehen und mit Leuten zu reden, seine Vorstellung vom »Spielen« dagegen ist, zu Hause zu sitzen und ein Buch zu schreiben.

Chris nahm alle meine Erfahrungen und fügte sie zu einem logischen Modell zusammen, welches die Grundlage für unsere vielfach verkaufte »Beermat«-Buchreihe wurde. Heute verdiene ich meinen Lebensunterhalt als professioneller Redner. Chris verdient seinen Lebensunterhalt damit, dass er Bücher schreibt und Marketing-Workshops leitet.

Mein Ratschlag für jeden aufstrebenden Unternehmer lautet, dass er als Erstes sich selbst verstehen muss, und psychometrische Instrumente wie die Wohlstandsdynamik sind dafür sehr nützlich. Danach sollten Sie sich einen Gegenpol suchen, jemanden, der über ganz andere Fähigkeiten verfügt, die die Ihren ergänzen, wie das bei Chris und mir der Fall war.

Sie fühlen sich unwohl?

Die Geschichte der Menschheit ist die Geschichte von
Männern und Frauen, die sich unter Wert verkauft haben.
Abraham Maslow, US-amerikanischer Psychologe,
1908–1970

Mag sein, dass Sie das ganze Gerede, dass Sie Ihre Talente benennen und Ihre Stärken aufzählen sollen, verunsichert. Vielleicht hört sich das für Sie wie Angeberei an. Besonders die britische Kultur ist historisch davon geprägt, dass sie Menschen dazu anhält, kein Loblied auf sich selbst zu singen. Doch wenn Sie nicht wenigstens herausfinden, was für Talente Sie haben, wie sollen Sie sie dann jemals nutzen können? Es ist ein Akt der Großzügigkeit, seine Talente zu kennen und sie zu nutzen. Ihre Talente sind nicht wirklich für Sie gedacht, sie sind für jeden um Sie herum, der davon profitiert, wenn Sie sie nutzen. Tatsächlich ist es egoistisch, wenn Sie sie für sich behalten.

Es passiert schnell, dass Sie etwas, das Sie gut können, gar nicht als Talent sehen; es kommt Ihnen so normal vor, dass Sie sich gar nicht vorstellen können, wie es ohne dieses Talent wäre. Und Sie haben vielleicht noch nicht einmal bemerkt, dass andere Menschen dieses Talent nicht besitzen. Wir haben uns die Vorstellung, dass das, womit wir unseren Lebensunterhalt verdienen, harte Arbeit sein muss, so zu eigen gemacht, dass es sich beinahe wie Betrügen anfühlt, wenn wir für das bezahlt werden, was uns einfach so zufällt!

Ich habe einen Freund, der großartig flirten kann. Er tritt jedem gegenüber ungeheuer charmant und charismatisch auf.

97

Und das ist ein Talent. Es gibt Menschen, die ihr Geld damit verdienen, dass sie Männern und Frauen beibringen, wie man flirtet. Fragen Sie Freunde, was für Talente Sie haben, die Ihnen vielleicht entgangen sind, und notieren Sie diese in Ihrer Spielanleitung.

Talente, Fähigkeiten und Leidenschaften

Der ideale Punkt, um fürs Spielen bezahlt zu werden, liegt dort, wo Talent, Fähigkeit und Leidenschaft aufeinandertreffen. Talent ist das, womit Sie geboren werden. Wirklich gute Comedians haben schon im Grundschulalter Menschen zum Lachen gebracht. Doch wenn sie das erste Mal für eine Vorstellung vors Mikro treten, vergehen sie meist vor Angst. Das liegt daran, dass das Redetempo, die Interaktion mit dem Publikum und das Schreiben des Stoffs Fähigkeiten sind, die erst erlernt werden müssen. Der dritte Faktor ist die Leidenschaft. Selbst wenn Sie eine Sache gut können, werden Sie keine hervorragende Leistung bringen, wenn Sie sie nicht genießen. Ich besitze zufälligerweise das Talent und die Fähigkeit, extrem komplexe digitale Videosysteme zusammenzuschalten. Das fällt mir leicht, und ich bekam in einem früheren Job darin viel Übung, aber es reizt mich nicht, also werde ich es ganz bestimmt nicht zu einem zentralen Bestandteil meines Berufslebens machen.

Der schnellste Weg, um fürs Spielen bezahlt zu werden, ist, sich eine Sache auszusuchen, für die Sie nicht nur Talent und Leidenschaft besitzen, sondern über die Sie bereits etwas wissen und die Sie zu einem gewissen Grad beherrschen. Ihr Erfahrungsschatz macht zu einem großen Teil aus, wie andere Menschen Sie einschätzen und was Sie Ihnen zu zahlen bereit sind. Wenn Sie den Sprung in ein neues Feld wagen, das Sie reizt, verfügen Sie natürlich nicht über die gleiche Fachkompetenz wie die alten Hasen. Und das kann es schwierig machen, das Honorar zu erhalten, was man gern hätte.

Wenn Sie Ihre Schritte klug planen, können Sie Rückschläge minimieren. Je mehr Fähigkeiten Sie aus Ihren früheren Jobs einbringen können, desto schneller werden Sie es schaffen, für die neue Tätigkeit bezahlt zu werden. Selbst wenn Sie in einen komplett neuen Bereich einsteigen, können Sie trotzdem sehr wertvoll sein, solange Sie sich Ihre hervorragende Erfolgsbilanz zunutze machen, die Sie zum Beispiel in der Mitarbeiterführung oder in der Projektorganisation vorweisen können.

Sie sollten es sich auch gut überlegen, bevor Sie einen Ihrer bisherigen Kompetenzbereiche komplett über Bord werfen. Wenn Sie Talent für etwas besitzen, kann es sein, dass Ihre Unzufriedenheit nur von der Form herrührt, in der Sie dieses Talent bei Ihrer jetzigen Arbeit einsetzen. Ich ging davon aus, dass meine jahrzehntelange Erfahrung im technischen Bereich bei meiner neuen, kreativeren Karriere überhaupt keine Rolle spielen würde. Doch stattdessen ist diese Erfahrung für mich zu einem Verkaufsargument geworden, wenn ich Menschen dahingehend berate, wie sie ihr Unternehmen mithilfe von Internetstrategien ankurbeln können. Meine natürliche Affinität zur Technik ist nicht verschwunden, ich nutze sie heute nur auf viel amüsantere Weise – um entscheidende Abkürzungen dafür zu finden, wie andere mit ihren kreativen Projekten schneller an die Öffentlichkeit gehen können. Von welchen Ihrer Talente können Sie sich vorstellen, sie zu genießen, wenn Sie nur einen interessanteren Weg finden könnten, sie einzusetzen? Schreiben Sie sie auf.

Der große Balanceakt zwischen Leidenschaft und Geldverdienen

Es ist Zeit, dass Sie eine Entscheidung darüber treffen, wie Sie Ihren Mix aus Talenten, Fähigkeiten und Leidenschaften einsetzen. Wenn Sie fürs Spielen bezahlt werden wollen, müssen Sie dann bei allem, was Sie tun, kaufmännisch denken? In Ihrer Vorstellung von einem freien Jahr gibt es bestimmt viele verschiedene Aktivitäten, die Sie gern ausüben würden. Einige würden Sie aus purer Leidenschaft heraus tun wollen: Es scheint schwer, Geld damit zu verdienen, oder vielleicht wollen Sie es auch gar nicht versuchen. Vielleicht möchten Sie Ihre ganz persönlichen kreativen Arbeiten nicht den Launen des Marktes aussetzen – Ihre Kunstwerke, Ihre Musik oder Ihre Gedichte zum Beispiel. Es könnte sein, dass einige der Tätigkeiten, die Sie sich in Ihrer Vorstellung ausmalen, durchaus markttauglich sind, aber vielleicht machen sie nicht ganz so viel Spaß. Für welche entscheiden Sie sich? Das ist der ewige Balanceakt zwischen Leidenschaft und Geldverdienen.

Die Wahrheit ist, dass das Dilemma zwischen der »Arbeit, die Sie für Geld machen« und der »Arbeit, die Sie aus Leidenschaft machen« nie verschwindet. Selbst Menschen, die weltberühmt werden, managen ihre Karrieren auch weiterhin sorgfältig, um ein Gleichgewicht zwischen ihrer sehr einträglichen Arbeit und ihren Leidenschaften herzustellen. Oscar-Gewinner George Clooney mischt in seinem Metier ziemlich weit vorne mit. Wie andere ähnlich erfolgreiche Schauspieler dreht auch er jedoch abwechselnd sehr kommerzielle Filme wie *Ocean's Eleven* (der in den USA 183 Millionen Dollar einspielte) und weniger populäre Filme, die ihm persönlich aber wichtig sind (wie *Syriana*, der weniger als ein Drittel davon einspielte, ihm aber einen Oscar einbrachte).

Für den Rest von uns könnte das bedeuten, dass wir als Autor nicht nur Bücher, sondern auch Artikel oder kommerzielle Werbetexte verfassen würden – was beides sehr kreativ sein und Spaß machen kann. Wären wir Videokünstler, würden wir unseren Lebensunterhalt damit verdienen, dass wir Imagefilme für Unternehmen oder Werbespots drehen. Wären wir Internetunternehmer, würden wir uns gelegentlich über Webportale für Selbstständige wie zum Beispiel Freelance.de Aufträge als Programmierer beschaffen, um ein Auskommen zu haben.

Wofür auch immer Sie sich entscheiden, um sich über Wasser zu halten, während Sie sich ein zunehmend spielorientiertes Leben aufbauen – sorgen Sie um Himmels willen dafür, dass es Spaß macht! Begehen Sie nicht den Fehler, den so viele machen, und nehmen Sie nicht irgendeine niedere Arbeit an, ohne Rücksicht darauf, wie schlecht sie zu Ihnen passt. Es gibt viel zu viele Player, die in langweiligen Aushilfsjobs, Assistentenpositionen und harten Vertriebsstellen feststecken. Wenn die Arbeit überhaupt nicht zu Ihnen passt, werden Sie danach so ausgelaugt sein, dass Sie keine Energie mehr für die Sache haben, die Sie wirklich machen wollen. Und hüten Sie sich vor dem Fallstrick, Monate oder Jahre damit zu verbringen, irgendeine Einkommensquelle für den Notfall zu schaffen, wenn Sie besser damit fahren könnten, den Sprung zu wagen und sofort mit dem anzufangen, was Sie wirklich tun wollen.

Ihr Ziel ist es, einen Arbeitsmix zu finden – einige Tätigkeiten sind mehr Spiel als andere, einige finanziell einträglicher als andere, aber keine ist zu weit vom Spielen entfernt. Sorgen Sie dafür, dass Sie im *Flow* sind und sich mit einer Sache beschäftigen, die Ihnen ein Stück von der Erfahrung dessen einbringt, was Sie wirklich lieben. Wenn Sie es richtig anstellen, werden Sie vielleicht feststellen, dass Ihre finanziell einträglichere Arbeit eine Symbiose mit der Arbeit eingeht, die Sie aus purem Spaß machen.

Fürs YouTube-Clips Ansehen bezahlt werden

Lindsey Mountford wusste schon immer, dass sie Bücher schreiben wollte, aber nachdem sie nicht nur einen Abschluss in Englischer Literatur, sondern auch hohe Studienschulden hatte, brauchte sie einen Job. Sie landete im Bereich Media Sales und erledigte eine Reihe überwiegend beklagenswerter Jobs, zu denen gehörte, dass sie »sich morgens um 9 Uhr ans Telefon hängen und müden, schlechtgelaunten Werbekunden Anzeigenplätze verkaufen musste«. Davon hatte sie bald die Nase voll:

... aber dann wurde ich befördert, bekam mehr Geld. Ich kündigte, um für eine andere Firma Onlinewerbeplätze zu verkaufen, und jagte dem Geld hinterher. Das passierte mehrere Male, da ich immer allzu schnell gelangweilt war. Ich hatte das Gefühl, dass 99 Prozent der Leute, mit denen ich zusammenarbeitete, ihren Job ebenfalls hassten. Wir alle vergeudeten schrecklich viel Zeit, indem wir E-Mails an Freunde schrieben, über MSN skypten und uns auf Facebook aufhielten,

wenn wir eigentlich arbeiten sollten. Es fühlte sich an, als würde ich meine Seele verkaufen, aber ich hatte noch immer keine Ahnung, was für einen Beruf ich sonst noch ergreifen könnte.

Schließlich kam ich zu einem kleinen Start-up-Unternehmen, das die Website viralvideochart.com unterhält und außerdem Videos auf der ganzen Welt verbreitet und sie damit bestmöglich viral vermarktet. Ich muss übers virale Marketing Bescheid wissen und sämtliche neue Trends in den sozialen Netzwerken kennen. Das heißt, ich werde jetzt dafür bezahlt, mich auf YouTube, Twitter, Facebook und in Blogs herumzutreiben! Meine Kunden sind wirklich an unserer Meinung interessiert, sie hören sich meine Ideen an, und ich habe das Gefühl, dass ich mein Gehirn benutze.

Hier zu arbeiten, ist echt der Hammer — die Leute hier sind begeistert, intelligent, und ich respektiere und bewundere sie wirklich. Die Videos, mit denen wir zu tun haben, sind immer originell, ohne feste Regeln und lustig. Sie sind für so viele verschiedene Arten von Unternehmen konzipiert, und ich bin so beschäftigt, dass ich gar keine Zeit für Langeweile habe. Übermäßig viele Überstunden sind bei uns nicht üblich, also kann ich gegen 19 Uhr zu Hause sein, um mit dem Schreiben anzufangen, und ich habe nicht das Gefühl, dass mein Hirn den ganzen Tag lang über langweiliger Arbeit brüten musste; tatsächlich sind die Dinge, die ich mir im Rahmen meiner Arbeit auf YouTube ansehe, oft eine Inspiration für mich.

Der Job hat mir in vielerlei Hinsicht sogar beim Schreiben geholfen. Ich brauche einen stark strukturierten Tag. Wenn ich zu viel Freizeit habe, tue ich am Ende gar nichts. Also ist die Arbeit der Rahmen, innerhalb dessen ich kreativ sein kann. Ich habe das Gefühl, in meinem Job angekommen zu sein, und bin zufrieden. Daher verbringe ich zum ersten Mal in meinem Leben nicht meine komplette Freizeit damit, mir über meine Karriere Gedanken zu machen. Mir keine Sorgen mehr über Geld machen zu müssen, hat mich kreativ wirklich »befreit«.

Inzwischen habe ich den ersten Entwurf meines Buches fertiggestellt, und ich will es herausbringen. Die Dinge, über die ich bei der Arbeit nachdenke (wie digitale Berichterstattung und die virale Verbreitung von Ideen), haben meine Story sehr beeinflusst. Tatsächlich ist die Grundidee meines Romans die Verbreitung einer fiktiven Geschichte in der Presse, die sich wie ein Virus ausbreitet, erhebliche Auswirkungen hat und unbeabsichtigt eine globale Massenhysterie in Gang setzt.

So vermeiden Sie es, ein Hunger leidender Künstler (oder Schauspieler oder Musiker oder Dichter oder Romanautor ...) zu sein

Wenn Sie ein leidenschaftlicher Künstler, Schauspieler, Musiker, Dichter oder Romanautor sind, wird Ihnen nur allzu bewusst sein, wie schwierig es ist, davon zu leben. Die kalte, harte Realität der kreativen Künste sieht so aus, dass es ein reichliches Angebot gibt (d. h. Menschen, die etwas erschaffen möchten), aber keine allzu große Nachfrage (d. h. Menschen, die bereit sind, Geld für das zu bezahlen, was Sie erschaffen). Das macht die Künste sehr wettbewerbsintensiv. Erfolgreich zu sein, ist daher eine Herausforderung, aber was soll's, es ist die Herausforderung, etwas wirklich Bedeutsames zu schaffen.

Sie wollen also weiterhin der Kunst nachgehen, aber dabei nicht verhungern. Was können Sie tun? Zuallererst vergessen Sie ein für alle Mal das Dilemma, in das Sie sich mit der Frage begeben: »Kann ich mit meiner Kunst weitermachen?« Sie sind ein Künstler; Sie haben gar keine Wahl. Die Frage ist jetzt: *»Wie* mache ich mit meiner Kunst weiter?« Was müssen Sie tun, um in der Lage zu sein, von Ihrer Kunst zu leben – selbst wenn die beiden Dinge zunächst einmal getrennt bleiben müssen? Überlegen Sie, wie Sie die Entwicklung Ihrer Kunst nach und nach in den Griff bekommen. Machen Sie sich frei von der Vorstellung, dass Sie nur die Wahl haben, sich entweder voll und ganz der Kunst zu widmen oder sie aufzugeben. Damit es funktioniert, müssen Sie die Balance zwischen Leidenschaft und Geldverdienen finden.

Wenn es Ihnen ernst damit ist, hauptberuflich von Ihrer Kunst zu leben, beschließen Sie, dass Sie alles in Ihrer Macht Stehende unternehmen werden, um das zu realisieren. Seien Sie kreativ, wann immer es um Ihr Produkt und seine Vermarktung geht. Wenn die Konventionen in Ihrem Bereich gegen Sie arbeiten, umgehen Sie sie. Folgen Sie dem Beispiel von Menschen, die Sie respektieren und die in Ihrem Bereich erfolgreich sind. Jeder sagt, dass man von der Schauspielerei kaum leben kann, und dennoch gibt es Schauspieler, die immer Arbeit haben (und das sind nicht unbedingt die talentiertesten). Wie stellen sie das an? Was können Sie von ihnen lernen?

Vergessen Sie die Vorstellung, dass Sie irgendwann wie von Zauberhand entdeckt werden, nur weil Sie gute Arbeit leisten. Machen Sie sich bewusst, dass Sie, um etwas zu erreichen, mindestens genauso viel Mühe in das Promoten Ihrer Arbeit stecken müssen wie in die Arbeit selbst. Wenn Sie eine echte Niete in puncto Eigenvermarktung sind, suchen Sie sich jemand anderen, der das für Sie übernimmt. Sie können für den Rest Ihres Lebens in einer Dachkammer vor sich hin malen, aber wenn Sie nie jemandem von Ihrer Arbeit erzählen, wird auch niemand jemals in deren Genuss kommen. Es ist erstaunlich, wie vielen Menschen ich begegnet bin, die Kompositionen oder Romane schreiben und sich nie trauen, diese jemandem zu zeigen. Der kreative Akt ist ohne ein Publikum unvollständig. Ja, es ist ein erschreckender Gedanke, dass Sie jemandem Ihr Werk zeigen und dafür möglicherweise negative Resonanz erhalten, aber wagen Sie nicht, dies als Ausrede zu benutzen, um dem aus dem Weg zu gehen!

Was könnte im schlimmsten Fall passieren? Es könnte sein, dass jemand sagt, dass alle Ihre bis dato entstandenen Werke absolut wertlos sind. Vielleicht stimmt das sogar. Und dennoch wären Sie ein Künstler. Es könnte sein, dass Sie für sich einfach noch nicht das richtige Medium gefunden haben. Was auch immer es ist, das Sie durch Ihre Kunst auszudrücken versuchen, es hat trotzdem seine Gültigkeit. Vielleicht sollten Sie gar nicht malen, sondern schreiben. Oder wenn Sie schreiben, sollten Sie stattdessen vielleicht malen. Womöglich haben Sie sich noch nicht getraut, weit genug in die Tiefe zu gehen, um auf das zu stoßen, was Sie auszudrücken versuchen. Das Einzige, was Sie falsch machen können, ist, das Spiel komplett aufzugeben.

Die Fakten sind immer freundlich.

Carl Rogers, US-amerikanischer Psychologe
und Forscher

Machen Sie sich die Portfolioarbeit zu eigen; verschwenden Sie keine Energie mit Beschwerden; übernehmen Sie Verantwortung für Ihren eigenen Erfolg und lernen Sie von erfolgreichen Künstlern, wie man das schafft.

Wie Sie herausfinden, was Sie glücklich macht

Jetzt, wo Sie eine Vorstellung davon haben, wie wertvoll Ihre Talente sein können, was fangen Sie mit ihnen an? Vielleicht haben Sie mehrere Optionen im Kopf, wo Sie als Nächstes hinwollen, aber wie entscheiden Sie, welche davon für den nächsten Schritt die richtige ist? Vielleicht scheint Ihnen auch kein einziger gangbarer Weg einzufallen. Vielleicht haben Sie über all das schon eine ganze Weile nachgedacht. Wenn Sie sich beim Versuch, sich für einen nächsten Schritt zu entscheiden, im Kreis drehen, stecken Sie vermutlich im »Flipper-Denken« fest.

Es folgt ein Muster, das ich oft bei Teilnehmern von Karriere-Workshops erkenne: Der potenzielle Berufswechsler sitzt in einem Job fest, den er nicht mag, scheint aber auch keine neue Richtung zu finden, in die er gehen kann. Er sehnt sich danach, dass jemand anderes ihm die Zauberantwort darauf gibt, was für eine Arbeit er machen soll. Er glaubt, dass die Antwort *irgendwo da draußen* ist – irgendeine berufliche Möglichkeit, an die er bisher nicht gedacht hat. Und wenn ihm jemand die aufzeigt, ordnet sich alles von selbst.

Kommt Ihnen das bekannt vor? In Wahrheit steckt die Information in Ihnen drin; Sie haben einfach zu viele Optionen aussortiert, weil Sie in ein »Flipper-Denken« geraten sind. Genauso wie die Kugel beim Flipperautomaten springt Ihr innerer Dialog zwischen möglichen Berufsoptionen schnell hin und her, bevor er ins Aus geht. Hört sich der Dialog in Ihrem Kopf etwa wie folgt an?

Ich weiß, dass ich Schriftsteller sein könnte!

Bloß nicht, ich könnte das Isoliertsein nicht aushalten.

Vielleicht könnte ich mein eigenes Unternehmen gründen!

Aber es ist momentan zu riskant, so etwas zu tun.

Ich könnte es mit PR versuchen.

Aber vorher bräuchte ich eine Umschulung und ich habe das Geld dafür nicht.

O weh, ich hänge fest ...

Ich habe keine Idee, was ich machen will.

(Game over)

In Wahrheit hatten Sie natürlich drei Ideen allein in diesem einen inneren Dialog. Jede dieser Ideen will Ihnen etwas sagen. Das bedeutet, sie enthalten Informationen über die Art von Arbeit, die Sie anspricht: Informationen, die Sie im Augenblick ignorieren.

Es gibt eine bessere Art nachzudenken. Nehmen Sie alle Ihre Ideen für mögliche Berufsrichtungen, egal, wie unvollkommen diese sein mögen, und bringen Sie sie zu Papier. Dabei hilft es, sich noch einmal Ihre Notizen in Ihrer Spielanleitung aus »Erfolgsrezepte Teil 1« anzusehen: die Aktivitäten, denen Sie in einem freien Jahr nachgehen würden, die Dinge, die Ihnen in Ihrer beruflichen Laufbahn am meisten Spaß gemacht haben. Die Menschen, die Sie bewundern oder beneiden, die Projekte, die Sie angehen würden, wenn Sie nicht scheitern könnten, und die Dinge, die Ihnen so viel Spaß machen, dass es Ihnen schwerfällt, sie sein zu lassen. All diese Antworten deuten darauf hin, wovon Sie in Ihrem Berufsleben gern mehr hätten. Erstellen Sie eine

Liste Ihrer Arbeitsmöglichkeiten – Berufe, Jobs, freiberufliche Positionen, Geschäftsideen oder kreative Projekte –, die Sie ein Stück weit die Erfahrung machen lassen, die Sie wirklich wollen.

Wenn einige der Aktivitäten, die Sie ursprünglich aufgeschrieben haben, momentan unmöglich scheinen (ein Schloss renovieren, um die Welt segeln, sechs Monate lang in Indien Yoga lernen), sollten Sie sie trotzdem nicht gleich verwerfen. Sie verraten Ihnen etwas darüber, wovon Sie in Ihrem Leben gern mehr hätten. Was ist es? Ist es Freiheit, Abenteuer, persönliche Entwicklung, im Team arbeiten, auf der Welt etwas bewegen? Ist es die Erfahrung, mit Ihren Händen zu arbeiten, etwas Neues zu erschaffen, etwas zu verbessern, ein schwieriges Problem zu lösen, eine Vision umzusetzen? Welche Arten von Arbeit können Ihnen davon etwas geben? Denken Sie daran, es gibt immer eine Möglichkeit, die Erfahrung zu machen, die Sie wollen, selbst wenn dies in einer anderen Form passiert als der, an die Sie zuerst gedacht haben.

Schreiben Sie mindestens drei bis fünf Arbeitsmöglichkeiten auf. Nehmen Sie auch die Art von Arbeit mit dazu, der Sie gegenwärtig nachgehen, nur um einen Vergleich zu haben. Anschließend schreiben Sie für jede Möglichkeit die Antworten zu den folgenden vier Fragen auf:

- Was ist es, das Sie an diesem Job, Geschäft oder Projekt *reizt*?
- Was ist es, das Sie an dieser Arbeitsmöglichkeit *unattraktiv* finden und Sie nicht reizt?
- Welche Hindernisse könnten sich Ihnen in der Praxis in den Weg stellen, wenn Sie diese Möglichkeit ergreifen würden?
- Welches *Kapital* bringen Sie mit, das für diese Möglichkeit spricht? Talente, Fähigkeiten, Wissen, Erfahrung, Kontakte?

Hätten Sie zum Beispiel die Möglichkeit, ein Buch zu schreiben, könnten Sie notieren:

- Reiz: Kreativ zu sein; meine Ideen in die Welt hinauszutragen; etwas zu bewirken; berühmt zu werden!
- Bedenken: Wird nicht sehr gut bezahlt; vielleicht bin ich nicht diszipliniert genug, um allein ein ganzes Buch zu schreiben.
- Hindernisse: Ich kenne niemanden, der mich veröffentlichen könnte; in Rechtschreibung bin ich wirklich schlecht.
- Kapital: Ich habe verschiedene Artikel geschrieben, die eine gute Bewertung bekommen haben; es macht mir wirklich Spaß, meine Ideen zu Papier zu bringen; ich habe einen Freund, der eine Literaturagentin kennt; ich glaube, ich habe ein gutes Thema.

Anschließend verfahren Sie mit mindestens zwei weiteren Arbeitsmöglichkeiten genauso und schreiben für jede die Antworten zu den vier Fragen auf.

Jetzt, wo Sie alle Ihre unvollkommenen Arbeitsmöglichkeiten vor sich haben, können Sie, anstatt diese zu verwerfen, damit anfangen, die Problembereiche anzugehen. Wie könnten Sie den Teil dieser Möglichkeit minimieren, der Sie nicht reizt? In obigem Beispiel könnte dies darin bestehen, dass Sie das Buch mit jemand anderem zusammen machen oder Ihre Vorträge vor Publikum zu einem Buch zusammenfassen.

Nun sehen Sie sich die Hindernisse an und überlegen sich einen Weg, wie Sie diese umgehen können. In obigem Beispiel bestünde die Möglichkeit, dass Sie jemanden kennen, der für Sie einen Kontakt zur Verlagsbranche herstellt. Oder dass es eine Veranstaltung gibt, zu der Sie gehen könnten, um einen Verleger kennenzulernen. Könnten Sie mit einer Software zur Rechtschreibprüfung arbeiten, um Ihr Problem mit der Rechtschreibung zu umgehen?

Wenn Sie alle Nachteile jeder Arbeitsmöglichkeit durchgegangen sind, betrachten Sie die Liste noch einmal mit anderen Augen. Selbst wenn Sie immer noch praktische Probleme sehen, welche dieser Arbeitsmöglichkeiten finden Sie am spannendsten? Welcher Part daran reizt Sie am meisten? Wie können Sie den attraktiven Part bekommen, während Sie gleichzeitig den unattraktiven Part minimieren und Hindernisse umgehen? Wenn Sie noch einmal an das vorige Kapitel denken: Es gibt immer einen Weg, wie Sie den Part bekommen können, den Sie am meisten wollen – selbst wenn Sie ziemlich um die Ecke denken müssen, um diesen Weg zu finden.

Sehen Sie sich jetzt den roten Faden an, der sich durch den Abschnitt »Reiz« zieht. Was sagt dieser Ihnen über die Art von Arbeit, die Sie derzeit reizt? Gibt es andere Wege, an den Sie ansprechenden Part heranzukommen? Wenn Sie über weitere Optionen nachdenken, fügen Sie diese Ihren Notizen hinzu. Besteht die Möglichkeit, mehrere der für Sie wünschenswerten Optionen zu einer neuen Option zu kombinieren? Falls ja, notieren Sie die neue Option. Nehmen Sie sich Ihre Notizen in den nächsten Tagen und Wochen immer wieder vor und fügen Sie neue Ideen, die Ihnen einfallen, hinzu. Versuchen Sie nicht, alles in einer Sitzung herauszuarbeiten.

Für diese Übung gibt es auf ScrewWorkLetsPlay.com englischsprachige Arbeitsblätter zum Downloaden und Ausfüllen.

Welche dieser Optionen wollen Sie als Erstes prüfen? Sie gehen keine Verpflichtung ein, gleich Ihr ganzes Berufsleben auf den Kopf zu stellen, Sie entscheiden nur, welche Option Sie sich ein bisschen genauer ansehen möchten. Markieren Sie die zwei oder drei von Ihnen favorisierten Optionen. Sie können für alle Optionen Recherchen betreiben, doch für den Augenblick wählen Sie nur einen dieser Favoriten aus, um ihn sich anzusehen

Da Sie ein Player sind, gibt es für Sie nicht nur die eine Karriere, die für Sie die ultimative Antwort wäre; Ihre Karriere ist etwas, das Sie durch Testen, Erkunden, Experimentieren und Erfahrung sammeln durchspielen. Während Sie sich zunehmend klarer darüber werden, wo Sie als Nächstes hinwollen, korrigieren Sie Ihren Kurs, um langfristig fürs Spielen bezahlt zu werden.

Machen Sie den Sonntagabendtest

Es ist wichtig sicherzustellen, dass der Weg, den Sie näher erkunden wollen, etwas ist, für das Sie sich wirklich interessieren, und Sie damit nicht nur die Erwartungen anderer an Sie erfüllen. Stellen Sie sich vor, es wäre Sonntagabend. Morgen, Montag früh, beginnen Sie das neue Arbeitsleben, das Sie aus Ihrer Liste ausgewählt haben. Wie fühlen Sie sich dabei? Sind Sie aufgeregt? Haben Sie vielleicht ein bisschen Angst? Gut so! Oder sind Sie einfach ausgelaugt und schicksalsergeben? Ändern Sie die Details dieser Option, bis Sie sich vorstellen können, dass Sie sich darauf freuen, sie in Angriff zu nehmen.

Wenn alle Stricke reißen, werfen Sie eine Münze. Wenn Sie sich bei zwei oder mehr Richtungen, die zur Auswahl stehen, nicht eindeutig für eine davon entscheiden können, probieren Sie es damit, eine Münze zu werfen. In dem Moment, in dem Sie das Ergebnis sehen, prüfen Sie schnell, wie Sie sich fühlen – sind Sie insgeheim ein wenig enttäuscht oder ein bisschen aufgeregt? Finden Sie eine Möglichkeit, die Richtung einzuschlagen, bei der Sie aufgeregt sind.

Wenn Sie immer noch feststecken, suchen Sie sich irgendetwas aus Ihrer Liste aus. Wenn man schon seit einiger Zeit in einer Karrierekrise steckt, gerät man am Ende häufig in einen Zustand der leichten oder mittelschweren Depression (selbst wenn man ihn noch nicht als solchen erkannt hat). In diesem Zustand ist man nicht sehr erfinderisch, wenn es darum geht, sich ein neues Leben aufzubauen. Daher ist es gut, wenn Sie sich zu etwas entschließen, das Sie gern tun. Es macht Sie ein klein wenig glücklicher und stellt wieder eine Verbindung zu Ihrer Leidenschaft und Ihrer Kreativität her. Und diese brauchen Sie, um in Ihrem Leben Veränderungen vorzunehmen. Darum stellen die Leute, wenn sie etwas tun, was ihnen Spaß macht, das aber überhaupt nichts mit ihrer Arbeit zu tun hat (zum Beispiel im Chor mitsingen oder einen Abendkurs besuchen), oft fest, dass sie sich dadurch zu öffnen scheinen und befähigt sind weiterzumachen.

Im nächsten Kapitel erfahren Sie, wie Sie sofort damit anfangen können, eine der Optionen auf Ihrer Liste zu erkunden.

Machen Sie ein Spiel daraus

Mit diesen Zutaten gelingen die Erfolgsrezepte:

- Kommen Sie in den Flow; maximieren Sie Ihren magischen Moment, arbeiten Sie an Ihren Stärken, umgehen Sie Ihre Schwächen. Dadurch erzielen Sie viel größere Erfolge in viel kürzerer Zeit.
- Bitten Sie andere, Ihnen zu sagen, welche Stärken Sie haben. Vielleicht haben Sie diese bisher übersehen, weil Sie sie als selbstverständlich betrachten.

☺ Stellen Sie das Flipper-Denken ein und nehmen Sie sich alle Ihre Optionen zur Prüfung vor.

Was Sie jetzt haben sollten:

☺ eine Vorstellung davon, wie Ihr magischer Moment aussieht; was Ihre Stärken sind und welche Wirkung sie auf andere haben;

☺ eine gewisse Vorstellung davon, wie »im Flow sein« bei Ihnen aussieht;

☺ eine Liste mit in die engere Wahl kommenden Optionen, die Sie sich näher ansehen wollen, und einen Favoriten, mit dem Sie anfangen.

Nehmen Sie sich zehn Minuten Zeit fürs Spielen:

☺ Legen Sie los und erleben Sie Ihren magischen Moment! Finden Sie eine Möglichkeit, das zu tun, wozu Sie von Natur aus Talent besitzen und wovon auch andere maximal profitieren. Rufen Sie jetzt gleich jemanden an und bieten Sie ihm an, dies gegebenenfalls umsonst für ihn zu tun.

Exklusive Extras auf ScrewWorkLetsPlay.com

☺ weitere Informationen zur Wohlstandsdynamik und zum Onlinetest;

☺ Arbeitsblätter zum Downloaden und Ausfüllen, die Ihnen dabei helfen, vom Flipper-Denken wegzukommen und zu entscheiden, was Sie als Nächstes tun.

Wie Sie sofort anfangen können

Für den Erfolg gibt es keine Regeln oder Formeln. Sie müssen ihn einfach leben und danach handeln. Dies zu wissen verschafft uns enormen Freiraum zum Experimentieren, um dahin zu kommen, wo wir hinwollen. Glauben Sie mir, es ist ein verrückter und komplizierter Weg. Ein Ausprobieren und Fehlermachen. Ein Ergreifen von Gelegenheiten. Wortwörtlich ein »Probieren wir das im großen Stil aus, und sehen wir, ob es funktioniert.«

Dame Anita Roddick 1942–2007,
Gründerin von The Body Shop

Sie sollten jetzt eine gewisse Vorstellung davon besitzen, welche Talente Sie zu bieten haben, sowie eine Liste mit den in die engere Auswahl kommenden Optionen, wie Sie diese Talente sinnvoll einsetzen. In diesem Kapitel sehen wir uns an, wie Sie das alles sofort in die Tat umsetzen und den Weg zum Fürs-Spielen-Bezahltwerden einschlagen können. Dafür müssen Sie sich eine neue, spielerischere Herangehensweise an die Arbeiten zu eigen machen, die auf Fünfjahrespläne und langfristige

Ziele verzichtet. Wenn Ihnen das gelingt, werden Sie vielleicht überrascht – und erfreut – darüber sein, wo Ihre Arbeit Sie am Ende hinführt. So erging es den Jungunternehmern Sam Bompas und Harry Parr.

Mit Lebensmitteln spielt man doch

Sam Bompas und Harry Parr gründeten vor einigen Jahren ihr Unternehmen Bompas & Parr, um lustige Experimente mit Lebensmitteln machen zu können. Später engagierten sie die besten Architekten der Welt, die für sie Bauwerke aus Götterspeise entwarfen, veranstalteten im Kino ein Duft-Screening und kreierten den ersten inhalierbaren Gin Tonic.

Harry erzählt:

Eines unserer ersten Projekte kam zustande, als ein Anruf von Warwick Castle kam. Die Leute dort baten uns, aus Götterspeise ein riesiges Modell des Schlosses zu bauen. Uns war klar, dass das, was sie wollten, praktisch unmöglich war, also kamen Sam und ich irgendwie darauf, dass das, was sie eigentlich wollten, ein 12-gängiges viktorianisches Frühstück war und kein gigantischer Wackelpudding. Und überraschenderweise gab man das Frühstück bei uns in Auftrag. Also wurde aus dem Götterspeiseprojekt ein raffiniertes 12-gängiges Festessen. Unser Angebot umfasste die Speisen, die Königin Victoria serviert wurden, als sie sich im Schloss aufgehalten hatte.

Also überlegten wir: »Wie machen wir das, und wie können wir das alles bündeln?« Zum damaligen Zeitpunkt machte ich eine Ausbildung zum Architekten, daher meinte ich, dass man so etwas nur hinkriegen würde, wenn man einen Plan skizziert. Und so gingen wir bei der Frage, wie alles serviert werden sollte, bis ins kleinste Detail, und am Ende hatten wir eine Choreographie für alle Diener erstellt, damit jeder Gang genau zum richtigen Zeitpunkt serviert werden konnte.

Anschließend sagten wir unseren Freunden, die wir in viktorianische Diener- und Butler-Uniformen steckten, dass alles gut gehen würde, solange sie genau das befolgten, was auf unserer kleinen Zeichnung stand. Und am Ende klappte alles wirklich gut.

Da wurde uns klar, dass wir bei fast allem mitbieten und anschließend ziemlich schnell herausfinden konnten, wie ein Projekt in die Tat umzusetzen war. Wir bekommen es immer hin, dass die Dinge laufen, wenn es darauf ankommt.

Mehr über die Projekte von Bompas & Parr können Sie nachlesen auf *jellymongers.co.uk.*

Die meisten Player, die ich interviewt habe, Bompas und Parr eingeschlossen, stecken mitten in einem spannenden Prozess, in dem sie ihre Arbeit durchspielen, aber sie könnten nicht sagen, wohin sie das in fünf Jahren führen wird. Dies ist ein ganz anderer Ansatz zum Thema Beruf als der, der den meisten von uns beigebracht wurde.

MYTHOS 6

Ich kann mit nichts anfangen, bevor ich nicht genau weiß, wo es mich hinführt

Heute macht es wenig Sinn, sich ein weit entferntes Ziel aus-zusuchen und zu erwarten, dass man in der Lage ist, einem wohl durchdachten Plan zu folgen, der einen dorthin füh-ren wird – die Dinge ändern sich so verdammt schnell, und das Leben entwickelt sich sowieso nie so, wie man es erwar-tet. Abgesehen davon, bringt einen jeder Schritt, den man macht, an einen anderen Punkt, mit einem anderen Blickwin-kel und anderen Optionen. Es ist unmöglich vorauszusagen, welche Chancen sich ergeben werden und was Sie über diese denken, wenn Sie erst einmal an diesem Punkt sind. Besser ist es, Situationen durchzuspielen; wählen Sie Ihren nächs-ten Schritt, weil Sie ihn wirklich um der Sache selbst willen gehen wollen – und gehen Sie ihn auch dann, wenn Sie nicht sehen können, wie er sich mit Ihrer Karriere oder einem Mas-terplan, der Sie zu Reichtum bringen soll, vereinbaren lässt.

Wie mein Freund Mark sagte, als er mich ein Buch zum The-ma Berufswahl lesen sah: »Wozu die Mühe? Mach dir doch kei-ne Gedanken über eine ›Karriere‹, such dir einfach ein interes-santes Projekt aus und zieh es durch. Und wenn du damit fertig bist, sieh dir an, wo es dich hingeführt hat, und dann such dir das nächste Projekt aus.« Diese Vorgehensweise hat ihn zum Experten in seinem Bereich gemacht (Englisch als Fremdsprache zu unterrichten), und seine Tätigkeit führt ihn in die ganze Welt. Im Moment baut er sich in Vietnam seine eigene Englisch-Schule auf.

Hüten Sie sich vor »guten Karriereschritten« oder Geschäften, für die Sie sich nur aufgrund finanzieller Anreize entscheiden. Das ist nicht der Weg, der zu einem zufriedenen Leben führt. Milliardär Warren Buffett wurde von einem MBA-Studenten einmal um Karrieretipps gebeten. Der Student war der Ansicht, dass er eine Zeit lang, nur um Geld zu verdienen, im Finanzbereich arbeiten sollte, um dann später das machen zu können, was er wirklich wollte. Der Milliardär hielt dies für eine absurde Idee und sagte: »Das ist, als würde man sich den Sex fürs Pensionsalter aufsparen.« Abgesehen davon ist es sehr schwer, mit etwas reich zu werden, was einem keinen Spaß macht. Man kann in einer Sache, der man nicht mit dem Herzen nachgeht, nicht wirklich gut sein.

Zwei meiner besten Karriereschritte waren instinktiv und stellten sich als sehr gut heraus. Direkt nach dem Studium stieg ich bei einem kleinen, aus drei Leuten bestehenden Software-Unternehmen ein, das später zu einer der großen Adressen in der Branche wurde, und entwickelte Systeme zur Automatisierung von TV-Sendern auf der ganzen Welt. Dann wechselte ich zu einem kleinen Start-up-Unternehmen, das eine Software für Spezialeffekte entwickelte. In der Woche, als ich kam, wurde das Unternehmen vom Marktführer aufgekauft. Dies führte dazu, dass ich einen extrem beeindruckenden Lebenslauf vorweisen konnte, ohne das absichtlich geplant zu haben.

Ich hatte also nur Glück? Vielleicht nicht. Selbst wenn ich meine Kriterien seinerzeit nicht beschreiben konnte, so stieg ich bei jungen Unternehmen mit klugen Köpfen ein, die sehr originelle Arbeit leisteten. Und aus klugen Menschen, die sehr originelle Arbeit leisten, werden häufig führende Vertreter der Branche (oder ihre Unternehmen werden von den Marktführern aufgekauft). Als ich später bei einer der fünf großen Consultingfirmen einstieg, weil dies ein »guter Karriereschritt« zu sein schien, hatte ich zwar eine beeindruckende Stellenbezeichnung, aber es ging mir miserabel.

Wenn Sie den Projekten nachgehen, die Ihnen Spaß machen und die Ihnen wichtig sind, wird das wahrscheinlich eher zu Erfolg und Reichtum führen, als wenn Sie irgendein weit entferntes Endziel austüfteln und dabei, um der »guten Karriereschritte« willen, Kompromisse eingehen.

Das Problem mit den Zielen

Aber sollten Sie sich nicht wenigstens ein paar Ziele stecken? Wenn Sie schon mal mit einem Coach zusammengearbeitet oder einen Ratgeber zum Thema Erfolg gelesen haben, hat man Ihnen wahrscheinlich geraten, sich Ziele zu setzen. Wenn Ziele aber eine so große Wirkung hätten, würden viel mehr Menschen sie erreichen – und jeder, der es schafft, wäre zufrieden. Die andauernde Zielsetzerei ist mit einer Reihe von Problemen behaftet. Sie legt den Schwerpunkt auf die Zukunft und suggeriert, dass man durch unablässiges Handeln und Kompromisse in der Gegenwart dort ankommt. Wenn Sie das Ziel erreicht haben, gönnen Sie sich einen kurzen Augenblick des Jubels und stecken sich dann ein neues Ziel. Bah! Schon beim Schreiben dieses Wortes spüre ich die existenzielle Verzweiflung. Das ist alles sehr mesomorph, damit meine ich handlungsorientiert. Und was ist damit, wie Sie *sein* oder was Sie von Augenblick zu Augenblick *fühlen* wollen? Dafür gibt es kein Ziel, das Sie erreichen und abhaken können.

MYTHOS 7

Ist mein Leben erst so, wie ich es haben will, werde ich zufrieden sein

Ihre Ziele werden Ihnen keine Zufriedenheit schenken. Die Wahrheit ist, dass nichts, was in der Zukunft liegt, Sie zufrieden machen wird. Es kommt darauf an, wie Sie *heute* leben, wie Sie sich entscheiden, den heutigen Tag Ihres Lebens zu gestalten.

Selbst reich zu sein ist keine Garantie für Zufriedenheit. Studien belegen, dass Lotteriegewinner einen kurzfristigen Glücksschub erleben und sich dann wieder ungefähr auf dem Zufriedenheitslevel einpendeln, den sie vorher hatten.

Es ist nicht Ihr Erfolg, der Sie zufrieden machen wird. Es ist Ihre Zufriedenheit, die Sie zum Erfolg führen wird. Und Sie können keine Zufriedenheit in der Zukunft erzeugen, wenn Sie in Ihrem jetzigen Leben ständig für Kummer sorgen. Wenn Sie das, was Sie wollen, nicht schon heute in irgendeiner Form erzeugen, werden Sie es wahrscheinlich niemals bekommen. Ich bin sicher, Ihnen ist schon der Typ Mensch begegnet, der in der Hoffnung auf eine entspanntere Zukunft immer schneller und schneller rennt, und der natürlich niemals ankommt.

> *Die meisten Menschen behandeln den gegenwärtigen Moment so, als wäre er ein Hindernis, das sie überwinden müssen. Da der gegenwärtige Moment aber das Leben selbst ist, ist dies eine verrückte Art zu leben.*
>
> **Eckhart Tolle, Autor von** *The Power of Now*

Die gesündere Alternative wäre, sich eine gute Gegenwart zu schaffen, die sich zu einer wunderbaren Zukunft entwickelt. Richten Sie Ihren Schwerpunkt nicht auf weit in der Zukunft liegende Ziele, sondern auf die Gegenwart, und erschaffen Sie sich ein Stück Ihres Lebenstraums im Hier und Jetzt – selbst wenn das am Anfang im kleinen Maßstab geschieht. Spielen Sie durch, wie sich Ihr Lebenstraum entfaltet; suchen Sie sich ein Projekt, das Ihnen mehr von dem gibt, was Sie wollen – und fangen Sie sofort damit an.

Wenn Sie sich darauf konzentrieren, heute in den Flow zu kommen – das zu tun, was Ihnen Spaß macht und was Ihnen von selbst zufällt –, werden Sie erstaunt feststellen, wie schnell Sie Fortschritte machen.

Das Problem mit dem Nachdenken

Denken wird überbewertet. Und die meisten von uns denken viel zu viel. Erfolgreiche Menschen machen sich anscheinend weniger Gedanken. Sie ergehen sich nicht in endlosen Überlegungen. Vielleicht liegt das daran, dass übermäßiges Nachdenken, wie Studien zeigen, dazu führt, dass es einem schlecht geht und man unmotiviert ist.

Übermäßiges Nachdenken (d. h. Grübeln) hat eine ganze Reihe negativer Folgen: Es hält die Traurigkeit aufrecht oder verschlimmert sie noch, es fördert negativ vorbelastetes Denken, es beeinträchtigt die Fähigkeit eines Menschen, Probleme zu lösen, es untergräbt die Motivation und es wirkt sich negativ auf die Konzentration und die Entschlossenheit aus.

Sonja Lyubomirsky, *The How of Happiness*

Wenn Sie in Ihrem Leben richtig feststecken und nicht vorwärtszukommen scheinen, könnte es sein, dass Sie zu viel nachdenken. Viele Leute, die zu den Karriere-Workshops kommen, stecken in der Denkfalle fest. Ich kenne das gut: Ich habe selbst Jahre damit vergeudet. Es ist die Überzeugung, dass wir, wenn wir nur lange genug herumsitzen und über etwas nachdenken, erleuchtet werden und eine neue Antwort finden, die wir zuvor noch nicht kannten. Bedauerlicherweise passiert dies sehr selten. Warum denken wir überhaupt, dass es dazu kommen könnte? Wenn Sie etwa fünf Minuten über ein Problem nachgedacht und keine Lösung gefunden haben, werden Sie kaum dadurch neue Einsichten gewinnen, dass Sie ohne eine neue Eingebung noch mehr Zeit mit einsamen Grübeleien verbringen.

Ich glaube, man hat uns in der Schule beigebracht, dass Nachdenken die Lösung bringt – wenn einem nicht sofort eine Lösung einfällt, muss man eben intensiver nachdenken. Das mag vielleicht bei einem mathematischen Problem funktionieren, aber bei Lebensentscheidungen funktioniert es nicht sehr gut. Das Problem besteht darin, dass unsere Gedanken innerhalb der Grenzen dessen kreisen, was wir wissen und für möglich halten. Karriereprobleme sind sehr selten Probleme äußerlicher Beschränkungen; sie sind ein Spiegelbild der Grenzen unseres Wissens und unserer Überzeugungen.

Die Lösung? Hören Sie auf nachzudenken und fangen Sie an zu spielen. Und das geht so:

Suchen Sie sich ein Spielprojekt aus

Es ist Zeit, dass Sie aufhören, die perfekte Antwort darauf finden zu wollen, was Sie mit Ihrem Leben anfangen sollen, und noch heute mit etwas beginnen, das Sie wirklich wollen. Sehen Sie sich die Liste mit den in die engere Auswahl kommenden Optionen aus dem vorigen Kapitel an, vor allem die Option, die Sie als die spannendste markiert haben und sich zuerst vornehmen wollen.

Mit welchem kleinen Projekt, das Sie in diese Tätigkeit hineinführen oder Ihnen zumindest ermöglichen wird, sie auszuprobieren, könnten Sie sofort beginnen? Dies ist Ihr erstes Spielprojekt. Es sollte etwas sein, das Sie innerhalb einiger Wochen oder Monate durchführen können. Vielleicht hatten Sie schon einen Vorgeschmack auf diese Aktivität im Rahmen Ihres ersten Experiments, dem Spielmittwoch, der in »Erfolgsrezepte Teil 1: Wie Sie herausfinden, was Sie wirklich wollen«, (S. 51), erläutert wurde. Hier geht es darum, etwas zu definieren, das einen klaren Endpunkt hat und Ihnen ein konkretes Ergebnis liefern wird. Wenn es eine neue Aktivität für Sie ist und Sie sich nicht sicher sind, wie viel Spaß sie Ihnen machen wird, suchen Sie sich eine Sache aus, die so klein ist, dass Sie sie beenden können, bevor Ihnen langweilig wird. Ist die Sache momentan zu groß, teilen Sie sie in kleinere Einheiten auf.

> **»Finden Sie einen zufriedenen Menschen, dann finden Sie auch ein Projekt.«**
>
> Die Zufriedenheitsforscherin Sonja Lyubomirsky schreibt in ihrem Buch *The How of Happiness:* »Menschen, die nach etwas Bedeutsamem streben, sei es, eine neue Kunstfertigkeit zu erwerben oder Kinder zu Anstand und Moral zu erziehen, sind viel zufriedener als Menschen, die keine intensiven Träume oder Bestrebungen haben. Finden Sie einen zufriedenen Menschen, dann finden Sie auch ein Projekt.«

Der Inhalt Ihres Projekts wird davon abhängen, in welchem Stadium Ihrer Suche Sie sich befinden. Wenn Sie immer noch mögliche Optionen gegeneinander abwägen, sollte Ihr Projekt Ihnen helfen, eine bestimmte Option zu ergründen und zu erleben. Wenn Sie bereits eine gewisse Vorstellung haben, in welche Richtung Sie tendieren, sollte dieses Projekt es Ihnen ermöglichen, sofort zu starten.

Philips erstes Spielprojekt bestand darin, zum ersten Mal eine seiner Erfindungen zu verkaufen. Juliette schrieb das Exposé für ein Buch (woraus dann die Website freshairfix.com wurde). Die freiberufliche Marketingberaterin Karen entwickelte ihren Schreibstil und ihre Ideen in einem Blog. Und Roshinis Spielprojekt bestand darin, mit dem Zeichnen von Comics herumzuexperimentieren.

So entscheiden Sie sich für ein Projekt

Gehen Sie nicht besessen der Frage nach, welches Projekt Sie verfolgen sollen. Es muss nicht gleich die Richtung vorgeben, die Ihr gesamtes zukünftiges Leben nehmen wird. Sie sollen dadurch einfach eine Erfahrung mit einer der Optionen machen können, für die Sie sich im vorigen Kapitel entschieden haben. Hier geht es darum, sich in Bewegung zu setzen. Sie können Ihren Kurs unterwegs immer korrigieren. Wenn es eine Sache ist, die Sie momentan anspricht, und Sie denken, dass sie Ihnen Spaß machen würde, dann los. Wenn sie Sie an einen interessanten Ort führt oder Sie dabei etwas lernen, das Ihnen bei folgenden Projekten nützlich sein wird, umso besser. Wofür auch immer Sie sich entscheiden, es ist wahrscheinlich, dass Sie sich dabei Fähigkeiten aneignen, die Sie später wieder verwenden können, selbst wenn Ihr nächstes Projekt ganz anders ist – Fähigkeiten wie andere um Hilfe zu bitten, mit anderen zusammenzuarbeiten, weiterzumachen, auch wenn man das Gefühl hat festzustecken, und seine Motivation, Kreativität und das Zeitmanagement in den Griff zu bekommen. Sie werden auch Erfahrung mit Ihrer eigenen Fähigkeit machen, etwas zu bekunden, das Sie im Leben wollen. Das ist für sich genommen eine wunderbare Sache, wenn Sie bezüglich der Verbesserung Ihrer Arbeitssituation bislang das Gefühl hatten, nichts bewirken zu können.

Sorgen Sie dafür, dass Sie sich für etwas entscheiden, weil es Ihnen wahrscheinlich Spaß bringen wird, und nicht nur wegen des Ergebnisses. Unterm Strich wären Sie, auch wenn sich die erhofften Ergebnisse nicht einstellen oder Sie nicht reich davon werden, doch froh, es probiert zu haben, oder? Sie sollten ein Projekt anstreben, mit dem Sie einen Flow erleben, und in dessen Zentrum vielleicht eine Sache steht, von der Sie wissen, dass sie Ihnen einen magischen Moment beschert. Doch behalten Sie im Hinterkopf, dass die besten Projekte für Sie einen Schritt nach oben bedeuten und Sie vielleicht ein wenig Angst davor haben, sie anzugehen. Wir befassen uns später damit, wie Sie Ihre Angst vor neuen Herausforderungen in den Griff bekommen.

Für welches Projekt Sie sich entscheiden, hängt davon ab, in welchem Stadium Sie sich auf Ihrem Weg von der Arbeitskraft zum Player gerade befinden. Nachfolgend drei spezifische Optionen für gewöhnliche Situationen.

Wenn Sie beruflich feststecken

Wenn Sie bei der Frage, wie es beruflich weitergehen soll, komplett feststecken, wird fast jedes Projekt, das Sie spannend finden, den Vorteil haben, Sie wieder in Bewegung zu bringen. Machen Sie sich nicht zu viele Gedanken darüber, wie Sie mit so etwas Ihren Lebensunterhalt verdienen könnten. Auf die Frage, wie Sie damit zu Geld oder beruflich weiterkommen, können Sie sich bei späteren Projekten konzentrieren (»Erfolgsrezepte Teil 5: So spielen Sie für Profit ... und einen Zweck«, S. 189, wird Ihnen hierbei behilflich sein). Das Wichtigste ist, dass Sie ins Spiel kommen und sich genussvoll in etwas vertiefen, das Ihnen wirklich Spaß macht.

Ich begegne ständig Menschen, die sich zum Beispiel danach sehnen, Autor zu sein, aber hin und her überlegen, ob das für sie überhaupt möglich ist. Wenn Sie Autor sein möchten, schnappen Sie sich Stift und Papier und fangen Sie an zu schreiben. Herzlichen Glückwunsch, jetzt sind Sie Autor! Wenn Sie es schon eine Weile mit dem Schreiben probiert haben, machen Sie es zu Ihrem Projekt, an einem Schreibwettbewerb teilzunehmen oder einen Artikel zu verfassen, der auf einer Website veröffentlicht wird. Selbst wenn Sie am Ende das Schreiben doch nicht zum Beruf machen, werden Sie erfahren haben, wie es ist, und gelernt haben, wie es sich für Sie anfühlt. Ihnen werden wahrscheinlich auch einige neue Ideen gekommen sein, was Sie als Nächstes ausprobieren können.

Wenn Sie selbstständig sind

Wenn Sie bereits selbstständig sind, benutzen Sie Ihr Projekt dafür, sich einen neuen Geschäftsbereich zu erschließen, der Ihnen mehr am Herzen liegt, der Sie »im Flow« hält und der sich eher wie Spielen anfühlt. Denken Sie über die Komponenten der Arbeit nach, die Sie in der Vergangenheit verrichtet haben und die Ihnen am meisten Spaß bereitet haben. Wie könnten Sie eine Kampagne starten, die sich darauf konzentriert, sofort mehr von genau dieser Arbeit zu bekommen? Es ist erstaunlich, wie wenige Menschen das tun! Sie könnten Ihr Spielprojekt auch dazu nutzen, sich einen anderen Kontaktweg zu Ihrem Zielmarkt zu eröffnen, zum Beispiel, indem Sie einen Blog schreiben, die sozialen Netzwerke nutzen oder ein Live-Event initiieren. Oder vielleicht nutzen Sie das Projekt auch für einen ersten Vorstoß in passive Einkommensquellen und versuchen, Geld zu verdienen, ohne dabei selbst in Erscheinung zu treten (hierzu später mehr).

Wenn Sie in einen völlig neuen Bereich einsteigen

Wenn Sie sich eine komplett neue Tätigkeit ansehen, nutzen Sie Ihr Projekt als Chance, sich intensiv damit zu befassen und sie zu ergründen. Das geht folgendermaßen:

* **1. Fangen Sie an, diese neue Tätigkeit zu leben.** Lesen Sie Bücher darüber und Autobiografien von Branchenführern. Lesen Sie Zeitschriften und sehen Sie sich DVDs zum Thema an; gehen Sie zu Messen und Ausstellungen.
* **2. Mischen Sie sich unters Volk.** Gehen Sie zu Networking-Treffen, Vorträgen und Workshops. Sprechen Sie mit anderen und finden Sie heraus, was in diesem Teil der Welt gerade angesagt ist.
* **3. Ergreifen Sie jede sich Ihnen bietende Gelegenheit, die Art von Arbeit zu erleben, für die Sie sich interessieren,** selbst wenn Sie anfangs kein Geld dafür bekommen.
  Sobald Sie wissen, in welchen Bereich Sie einsteigen wollen, wählen Sie, falls Sie eher auf eine Festanstellung als auf Selbstständigkeit aus sind, ein Spielprojekt, bei dem potenzielle Arbeitgeber auf Sie aufmerksam werden könnten: Interviewen Sie Meinungsführer in diesem Bereich und schreiben Sie einen Artikel über das, was Sie herausfinden, oder helfen Sie bei einer Messe oder einer Konferenz aus.

Noch schneller als Google

> **MYTHOS 8**
>
> **Ich sollte den ganzen Tag lang im Internet dazu recherchieren**
>
> Vielleicht denken Sie, die beste Methode, um etwas über einen neuen Bereich herauszufinden, in dem Sie tätig sein wollen, sei, gründlich im Internet darüber zu recherchieren. Ein gewisses Quäntchen an Lektüre ist wichtig, aber hüten Sie sich davor, sich zu endlosen Recherchen am Computer verleiten zu lassen. Das frisst enorm viel Zeit und zeigt Ihnen nicht wirklich, wie die Arbeit in diesem Bereich aussieht. Berufliche Entscheidungen lassen sich letztlich nicht nur mit rationalem Denken treffen, sie müssen sich richtig anfühlen – und Recherchen bringen Sie nur bis zu einem bestimmten Punkt. Hüten Sie sich ganz besonders davor, »Recherche« als eine Methode einzusetzen, mit der Sie systematisch die Berufswege ausschließen, die Sie wirklich spannend finden. Wenn Sie nach einem Beweis dafür suchen, dass etwas unmöglich ist, werden Sie ihn finden.

Wenn Sie mit der Recherche zu den Grundlagen fertig sind, gibt es etwas, was noch schneller ist als Google. Überlegen Sie sich eine Schlüsselfrage, auf die Sie eine Antwort finden müssen – etwas, das Sie signifikant vorwärtsbringen könnte. Dann suchen Sie sich jemanden, der Ihnen diese Frage beantworten könnte: jemand, der im Grunde die Art von Tätigkeit ausübt, für die Sie sich interessieren. Versuchen Sie, jemanden auszuwählen, der mit Erfolg und Spaß bei der Sache ist. Sie werden erstaunt sein, was Sie alles herausfinden können, wenn Sie sich nur zehn Minuten mit jemandem unterhalten, der Ahnung hat. Die meisten werden Ihnen bereitwillig helfen, indem sie zehn Minuten lang über ihre Arbeit sprechen.

Sie sollten die Sache folgendermaßen angehen:

- Überlegen Sie sich die *eine* Frage, auf die Sie momentan am liebsten eine Antwort hätten. Stellen Sie eine gezielte Frage, die einfach zu beantworten ist. Fragen Sie nicht: »Wie ist es, eine Lama-Farm zu haben?« Sagen Sie: »Ich möchte eine Lama-Farm betreiben. Können Sie mir sagen, wie dort ein typischer Arbeitstag aussieht?« Stellen Sie keine grundlegenden Fragen, auf die Sie Antworten im Internet finden, sondern konzentrieren Sie sich bei Ihren Fragen auf Dinge, die auf realen Erfahrungen basieren.
- Wen kennen Sie, der Ihre Frage vielleicht beantworten könnte? Falls Ihnen niemand einfällt: Wen kennen Sie, der jemanden kennen könnte, der es kann? Wir alle kennen bis zu 200 Personen. Wenn Sie Freunde bitten, bei deren Freunden und Kollegen anzufragen, haben Sie schnell Zugang zu 40 000 Personen.

Verwenden Sie das, was Sie bei Ihren laufenden Recherchen herausfinden, und wenn Sie fertig sind, überlegen Sie sich, welche Frage Sie als nächste stellen.

Gesucht: Experte für explosive Chemikalien

Sam Bompas von Bompas & Parr erzählte mir, sie hätten im Rahmen eines Projekts in jüngerer Zeit einen Cocktail kreiert, der sich inhalieren ließ:

Wir verdampften Gin und Tonic zu einer Cocktailwolke, die ein ganzes Gebäude ausfüllte. Wenn Sie sich 40 Minuten darin aufhalten, ist es so, als hätten Sie einen starken Gin Tonic getrunken.

Dieses Projekt brachte erhebliche Gesundheits- und Sicherheitsrisiken mit sich:

Wenn Sie Spirituosen verdampfen lassen, ist der daraus entstehende Nebel extrem leicht entzündbar. Wir nahmen Kontakt auf zu einem führenden Experten für explosive Chemikalien und baten ihn, uns beim Projekt zu unterstützen. Wir hatten kein Budget für ein Beratungshonorar, aber er fand, dass sich das spaßig anhörte, und beantwortete unsere Frage: »Welche Menge Alkohol kann man verdampfen lassen, ohne dass Explosionsgefahr besteht?«

Wenn Sie Zeit investieren, wird es Ihnen gelingen, mit der richtigen Person zu sprechen. Sie werden immer Leute finden, die mehr wissen als Sie. Sie müssen sie nur aufspüren.

Denken Sie in großen Dimensionen, aber fangen Sie klein an

Haben Sie große Visionen, etwa von einem Unternehmen oder einem kreativen Projekt? Das Entscheidende dabei ist, diese in kleinere, handhabbare Einheiten aufzusplitten. Nachfolgend schnell einige Beispiele:

Wenn Sie ein Buch schreiben wollen, könnten Sie zunächst Ihre Ideen in einem Blog sammeln und sie später in einem Buch zusammenfassen. Ich schrieb zu Anfang einen Blog, um mit meinen Ideen zum Fürs-Spielen-Bezahltwerden zu experimentieren, und das führte zu dem Buch, das Sie gerade lesen. Wenn Sie einen Roman schreiben wollen, fangen Sie mit einer Kurzgeschichte an oder schreiben Sie ein inhaltliches Konzept, zeigen Sie es einem erfahreneren Romanautor und bitten Sie ihn um Feedback.

Sie wollen ein Album komponieren? Dann wählen Sie als Spielprojekt die Komposition eines Songs, der gut genug ist, um ihn einem Freund vorzuspielen. Danach komponieren Sie noch zwei weitere Songs und Sie haben eine Single beisammen. Stellen Sie sie auf MySpace. Noch sieben Songs mehr und Sie haben ein Album. Verkaufen Sie es mithilfe eines der Dutzenden von Internetdiensten, die zu diesem Zweck geschaffen wurden.

Wenn Sie ein Unternehmen gründen wollen, könnten Sie zunächst die Idee oder die Marke im Internet austesten – schreiben Sie einen Blog darüber, stellen Sie in einem Tumblelog (eine einfache Form des Blogs) Bilder zusammen, twittern Sie Ihre Ergebnisse in 140 Zeichen. So können Sie Ihre Idee durchspielen, sich Feedback einholen, mögliche Kooperationspartner ansprechen und generieren gleichzeitig Follower, die später zu zahlenden Kunden oder Klienten werden könnten. Oder Sie könnten Ihr Vorhaben skizzieren, sich einen Testkunden suchen und Ihr erstes *Spielhonorar* verdienen. Hierzu später mehr.

Wenn Sie Waren oder kunstgewerbliche Artikel aus dem In- und Ausland verkaufen wollen, fangen Sie auf eBay an, richten sich dann dort Ihren eigenen Shop ein und betreiben den Handel später von Ihrer eigenen Website aus. Wenn Sie selbst handgemachte Arbeiten anfertigen, gehen Sie auf etsy.com oder eine ähnliche Website, um diese zu verkaufen.

Wenn Sie bereits ein eigenes Unternehmen haben, ihm aber eine Richtung geben wollen, die sich für Sie mehr nach Spielen anfühlt, entscheiden Sie sich für ein Projekt, bei dem Sie eine neue, angenehmere Einnahmemöglichkeit erproben können. Suchen Sie nach der Schnittstelle, an der Sie einer Tätigkeit nachgehen, die Ihnen wirklich Spaß macht und die ein bestehendes Bedürfnis Ihrer Kunden erfüllt. Dass Sie auf der richtigen Spur sind, werden Sie daran merken, dass Sie schnell Interesse wecken.

Wenn Sie Künstler sind, sollten Sie aus Ihrem Zuhause eine Galerie machen. Julian Bolt aus London ist ein ausgezeichneter Fotograf, neigt aber zu kreativen Blockaden. Nachdem seine Kreativgruppe und seine Frau Sonia ihn dazu ermutigt hatten, beschloss er, seine Arbeiten erstmalig in einer Ausstellung zu präsentieren. Da er keinen Zugang zu einer Galerie hatte, präsentierte er die Ausstellung in seiner kleinen Souterrainwohnung in einem nicht gerade hippen Teil Londons. Er und Sonia schlugen sich viele Nächte um die Ohren, in denen sie die Wohnung aufräumten, seine Fotos ausdruckten und sie an den Wänden befestigten. Von einem nicht abreißenden Strom an Besuchern bekam er reichlich positives Feedback und verkaufte Fotos im Wert von beinahe 3000 Britischen Pfund. Unter den Besuchern war die

Besitzerin einer Galerie. Sie kam mit Julian Bolt überein, dass er eine Ausstellung in ihrer schönen Kunstgalerie im Herzen des Galerienviertels von London präsentieren sollte. Seine nächste Ausstellung fand dann in einer Galerie in Paris statt.

Sie möchten eine regelmäßige Veranstaltung ins Leben rufen? Ich halte jeden Monat eine Veranstaltung mit dem Titel »Scanners Night« in London ab, für kreative Menschen, die viele verschiedene Projekte durchführen möchten. Ich erhalte Anfragen von Leuten, die wissen wollen, ob ich die Veranstaltung auch in ihrer Nähe, in Großbritannien oder sonst wo auf der Welt, abhalten könne. Obwohl wir tatsächlich überlegen, die Scanners Night landesweit zu veranstalten, gebe ich Ihnen, bis wir so weit sind, erst mal einen Hinweis, wie Sie Ihre eigene Veranstaltung initiieren können; genauso bin ich am Anfang vorgegangen: Hängen Sie eine Notiz am Schwarzen Brett auf, und zwar dort, wo die Leute sich aufhalten, die Sie einladen möchten, und stellen Sie den Event auch bei Meetup.com oder in der craigslist ein. Laden Sie zu einem zwanglosen Austausch in einer Kneipe oder einem Café ein. Sie könnten ein bestimmtes Gesprächsthema als Grundlage nehmen, selbst einen kleinen Vortrag halten oder sich mit den Leuten bei einer interessanten Ausstellung treffen. Wenn Sie befürchten, den ganzen Abend allein zu verbringen, rufen Sie ein paar Freunde an und bitten Sie sie, Ihnen Gesellschaft zu leisten. Im schlimmsten Fall verbringen Sie einen vergnüglichen Abend im Gespräch mit Ihren Freunden. Bauen Sie dies zu einer regelmäßigen Veranstaltung aus, und irgendwann einmal könnten Sie sich überlegen, die Teilnahme kostenpflichtig zu machen.

Sie wollen die Welt verändern? Dann lassen Sie sich einen Tipp geben von Mohammed Yunus, Gründer der Grameen Bank und Vorreiter bei der Vergabe von Mikrokrediten an die Ärmsten der Armen. Im Jahr 1976 verlieh Professor Yunus 27 Dollar aus eigener Tasche an 42 Frauen aus einem Dorf in Bangladesch. Die Frauen stellten Möbel her und waren bis dahin gezwungen gewesen, ihren gesamten Profit Kredithaien in den Rachen zu werfen – für die Rückzahlung eines Darlehens, das sie für den Ankauf von als Rohstoff verwendetem Bambus aufgenommen hatten. Mit Yunus' winzigem Betrag konnten die Frauen das Darlehen ablösen und sich peu à peu selbst aus der Armut befreien. Heute verzeichnet die Grameen Bank mehr als sieben Millionen Kreditnehmer und hat Kredite in Höhe von mehr als sechs Milliarden Dollar verliehen, mit einer Rückzahlungsquote von 98 Prozent. Yunus und die Grameen Bank erhielten 2006 den Friedensnobelpreis.

Welches Projekt, das Sie innerhalb weniger Wochen durchführen können, bringt Sie auf den richtigen Weg, hin zu Ihrer großen Vision? Lassen Sie sich von den zuvor genannten Beispielen inspirieren und schreiben Sie Ihre größeren Ziele auf. Anschließend entwerfen Sie ein kleines Projekt, das Ihnen gestattet, Ihren ersten Schritt zu machen.

Einige meiner Klienten mit eigenem Unternehmen hassen die Vorstellung, ihre Unternehmensgründung derart kleinschrittig anzugehen. Sie sind der Ansicht, dass man für Aufsehen sorgen und am ersten Tag mit einer fantastischen Website und einem super Branding an den Start gehen muss.

Das ist okay, wenn Sie bereits einige erfolgreiche Unternehmen vorweisen können oder das Geld für Marktforschung haben, aber eine schlechte Idee für jene von uns, die noch ganz am Anfang stehen. Warum? In dem Augenblick, in dem Sie mit Ihrem Unternehmen oder Ihrem kreativen Projekt beginnen, denken Sie, Sie wüssten, wie die Sache läuft, in Wahrheit wissen Sie das aber nicht. Sobald Ihr Projekt mit der Umwelt in Kontakt kommt, ändert es sich. Wenn Sie Ihre Idee in die Welt hinaustragen, nimmt sie eine andere Gestalt an und entwickelt sich durch Ihre Interaktion mit Ihrem potenziellen Markt oder Publikum weiter; das muss sie auch, wenn Sie etwas Erfolgreiches erschaffen wollen.

Selbst wenn Sie eine großartige Idee haben sollten, ist Ihnen vielleicht nicht klar, worin ihr wirklicher Wert liegt. Es kann sein, dass Sie in einem frühen Stadium eine Marke entwerfen, bei der das coole Design des Produkts im Vordergrund steht, dabei aber feststellen, dass die Leute das Produkt vor allem deswegen kaufen, weil es eine günstige Alternative zur hochpreisigen Konkurrenz ist. Selbst große Firmen liegen manchmal daneben. Als die Mobilfunknetzbetreiber das Simsen möglich machten, gingen sie davon aus, dass die SMS lediglich den Pager ersetzen würde. Doch heute werden mehr Textnachrichten gesendet als Telefonate geführt, und sie generieren einen Jahresertrag von mehr als 50 Milliarden US-Dollar.

Machen Sie Ihre Idee bekannt und entwickeln Sie sie sofort weiter.

Legen Sie los mit Ihrem Spielprojekt

Fangen Sie einfach irgendwo an; Sie können sich keinen
Namen machen mit dem, was Sie zu tun beabsichtigen.
Liz Smith, Kolumnistin

Beginnen Sie so bald wie möglich mit Ihrem Projekt. Warum nicht gleich jetzt? Selbst wenn Sie gerade nur zehn Minuten Zeit haben, wird das Gefühl, dass Sie einen Anfang gemacht haben, sich positiv auf Ihre Motivation auswirken. Wenn Sie jetzt keine Zeit haben, nehmen Sie sich Ihr Notizbuch vor und vereinbaren Sie mit sich selbst einen Starttermin innerhalb der nächsten Tage (Näheres zum Thema Zeitmanagement im nächsten Kapitel). Wenn Sie so weit sind, fragen Sie sich, welche Aufgabe Sie sich in der Ihnen zur Verfügung stehenden Zeit vornehmen können, um eine größtmögliche Wirkung auf Ihr Projekt zu erzielen, und beginnen Sie damit.

Benutzen Sie den Spielmittwoch als den Tag, an dem Sie etwas Zeit für Ihr Spielprojekt abzweigen, und nähern Sie sich bei der Gestaltung Ihrer Arbeitswoche ein wenig Ihrer Vorstellung von einem freien Jahr an. Wenn Sie bestimmte Tage oder feste Zeiten für die Arbeit an Ihrem Spielprojekt festgelegt haben, wächst damit auch die Wahrscheinlichkeit erheblich, dass es für Sie zur Gewohnheit wird.

Befassen Sie sich ernsthaft mit Ihrem Spielprojekt. Keine halben Sachen! Haben Sie sich angewöhnt, mit vielen verschiedenen Dingen zu jonglieren, diese aber wieder fallenzulassen, bevor sie zum Abschluss kommen und jemand anderes davon profitieren kann? Der kreative Akt ist ohne ein Publikum unvollständig. Wie viele Schriftstücke fristen ihr Dasein in Schubladen? Wie viele Songs existieren nur im Kopf des Sängers? Wie viele Geschäftsideen wurden niemals mitgeteilt, aus der Angst heraus, dass jemand sie stiehlt? Seien Sie keiner von denen, die, wie Henry David Thoreau es formulierte, »ihr Lied mit ins Grab nehmen«.

Ziehen Sie Ihr Projekt bis zum Schluss durch. Schaffen Sie etwas Greifbares und teilen Sie es mit der Welt. Das Teilen kann ganz einfach ablaufen, indem Sie zum Beispiel Ihren fertigen Song einem Freund vorspielen, Ihre Kurzgeschichte auf irgendeine Website stellen, mit einem Experten über Ihre ursprüngliche Geschäftsidee sprechen oder die Stellenbeschreibung für Ihren Traumjob jedem mailen, den Sie kennen.

Wenn Sie es nicht gewohnt sind, Dinge bis zum Ende durchzuziehen, ist Ihnen vielleicht nicht bewusst, wie viel man davon lernen kann, wenn man es tut. Die letzten 10 Prozent, die Sie noch dranhängen müssen, um Ihr Projekt zu beenden, entsprechen tatsächlich 50 Prozent der Arbeit. An dem Punkt, an dem Ihnen klar wird, dass Sie das Resultat Ihres Projekts mit anderen teilen werden, sind Sie dazu gezwungen, noch vorhandene kleine Mängel zu beseitigen und dafür zu sorgen, dass es eine Form hat, die andere zu würdigen wissen. Außerdem findet ein Großteil des Lernens beim Teilen statt Sie müssen Ihre Nerven unter Kontrolle haben, um Ihre Arbeit an die Öffentlichkeit zu bringen und das Feedback auszuhalten.

Fassen Sie einen Beschluss, auf welche Weise Sie die Ergebnisse Ihres Projekts bekanntmachen wollen, und legen Sie ein Datum fest, an dem dies passieren soll. Schreiben Sie den Termin in Ihr Notizbuch – als Ihr *Datum der Veröffentlichung*. Deponieren Sie das Büchlein da, wo Sie es jeden Tag sehen, damit Sie das Datum nicht vergessen. Dann treffen Sie im Vorfeld Arrangements für diesen Termin. Geben Sie das Datum an die Leute weiter, mit denen Sie über Ihr Projekt sprechen. Das wird Ihnen helfen, sich voll darauf zu konzentrieren. Sie können das Datum auch wieder verlegen, wenn es gar nicht anders geht.

Planen Sie jetzt schon, wie Sie den Tag der Veröffentlichung und den Abschluss Ihres Projekts feiern werden. Wenn Sie sich etwas Neuem zuwenden, ohne anzuerkennen, was Sie geleistet haben, verringert sich Ihre Motivation, auch beim nächsten Mal Ihr Veröffentlichungsdatum zu erreichen. Womit werden Sie sich belohnen? Mit einem freien Tag, einem Essen, einer Massage oder dem Kauf irgendeiner technischen Spielerei, die Sie sich schon lange gewünscht haben? Notieren Sie das in Ihrem Notizbuch, direkt neben Ihrem Veröffentlichungsdatum.

Bei einigen Projekten ist es nicht möglich, das Datum der Fertigstellung vorauszusagen; zum Beispiel wenn es darum geht, wann Sie Ihren ersten Auftrag als Selbstständiger an Land ziehen werden. Trotzdem können Sie sich vorher überlegen, wie Sie den Erfolg feiern, und es kann sinnvoll sein, eine Einschätzung abzugeben, wie lange das Projekt erwartungsgemäß brauchen wird.

Die Vorzüge des Spielens

Wenn Sie endlich damit aufhören, grübelnd herumzusitzen, und in Gang kommen, passieren wunderbare Dinge. Als Erstes erhalten Sie jede Menge Feedback – sowohl von innen als auch von außen. Beim Feedback von außen geht es darum, worin Sie gut sind und worin Sie nicht so gut sind. Beim Feedback von innen geht es darum, wie es sich angefühlt hat, was Ihnen Spaß gemacht hat und was nicht. Notieren Sie alles in Ihrer Spielanleitung.

Des Weiteren wird sich Ihr Blickwinkel, wenn Sie erst mal in Bewegung sind, komplett verändern – genauso wie der Blickwinkel der Person, die in den Zug steigt, ein anderer ist als der Blickwinkel der Person, die auf dem Bahnsteig zurückbleibt. Unterwegs werden Ihnen alle möglichen Gelegenheiten geboten, die nicht zu sehen sind, wenn Sie daheim am PC Google-Recherchen durchführen. Sie treffen auf Menschen, die Ihnen beim Projekt helfen können; Sie erhalten Empfehlungen für Bücher, die Sie lesen, und Websites, die Sie nutzen können, und man wird Sie auch fragen, ob Sie anderen bei ihren Projekten helfen können. Es kann sogar passieren, dass Sie schon etwas Geld verdienen oder ein Auftragsangebot erhalten, noch bevor Sie es richtig versucht haben!

Mit einem Projekt, mit dem Sie sich ernsthaft befassen, erhalten Sie eine Bestimmung, eine Richtung und eine Mission. Und eine Mission zu haben ist reizvoll. Wie ich selbst werden auch Sie wahrscheinlich Menschen begegnet sein, die sagen: »Ich würde schon ganz gern x machen, aber andererseits könnte ich auch y machen.« Ganz anders kommt es bei Ihnen an, wenn jemand sagt: »Ich konzipiere gerade eine Veranstaltung, die in einem Monat stattfinden wird.« Sie werden Letzterem wahrscheinlich viel eher hilfreiche Kontakte vermitteln oder Ratschläge geben können. Je klarer der Zweck Ihres Projekts ist und je mehr Sie sich dafür engagieren, desto eher werden Sie erleben, dass Menschen Ihnen Hilfe anbieten.

Wenn Sie in einem Café sitzen und mit Vergnügen etwas schreiben oder sich ein Moment ergibt, in dem es Ihnen wirklich Freude bereitet hat, jemandem zu helfen, oder Sie einen Code erstellt haben, der Wunder bewirkt und mit dem die Leute live im Internet arbeiten, dann denken Sie daran, diesen Moment festzuhalten und sich darüber zu freuen. Denn sobald Sie im Spiel sind, sind Sie schon angekommen. Sie haben ein Stück von dem Leben erschaffen, das Sie haben wollten. Ja, es kann sein, dass Sie damit sehr wenig oder gar kein Geld verdienen; ja, vielleicht ist es nicht die perfekte Erfahrung; ja, es mag ein harter Weg bis hierher gewesen sein. Legen Sie die »Aber« für einen Augenblick beiseite und würdigen Sie, was Sie haben. Es mag eine Weile dauern, bis Ihr Spiel sich zu etwas entwickelt, mit dem Sie Geld verdienen oder mit dem Sie den Status erreichen, den Sie gern hätten, aber wenn Sie auf dem Weg dorthin Spaß haben, werden Sie zumindest die Reise genießen.

Ein Augenblick des Spielens

Als ich dem Angestelltendasein entfloh und anfing, freiberuflich zu arbeiten, trat ich als Erstes an eine Firma heran, die total coole Sachen mit Musiksoftware machte. Ich wurde engagiert, um ein Programm für ein Exponat zu schreiben, das im angesehenen London Science Museum ausgestellt werden sollte. Mit dem Fahrrad fuhr ich quer durch die Stadt zu einer Besprechung im Büro der Firma: eine umgebaute Lagerhalle in South Bank, direkt an der Themse. Der Firmengründer begrüßte mich herzlich an der Tür und führte mich zu einem Arbeitsplatz, der vollgepackt war mit komplizierten elektronischen Geräten.

Wir setzten uns bei einer Tasse Kaffee zusammen und sprachen darüber, wie wir den digitalen Klang auf eine Weise darstellen könnten, dass selbst die Kinder im Museum es verstehen könnten. Wir unterhielten uns über Wellenformen und Physik und überlegten uns unkonventionelle Methoden, all dies darzustellen. Als wir fertig waren, verließ ich das Büro und radelte die South Bank entlang. Die Sonne ging gerade über der St. Paul's Cathedral unter. Ich begriff plötzlich, dass dies ein wichtiger Augenblick war, der für das Leben stand, das ich immer gewollt hatte; ich arbeitete nicht mehr, ich spielte.

Jetzt stellen Sie sich Folgendes vor: Was, wenn alle aufhören würden, wartend herumzusitzen und darauf zu hoffen, dass ihre Träume wahr werden, und einfach mit einem Projekt anfingen, das sie im Hier und Jetzt ein wenig näher an das Leben ihrer Träume heranführte? Wäre das nicht eine lebenswertere Welt?

Im nächsten Kapitel erfahren Sie, wie Sie mit den Höhen und Tiefen des Fürs-Spielen-Bezahltwerdens fertigwerden und wie Sie sicherstellen können, dass Sie am Ende dorthin gelangen.

Machen Sie ein Spiel daraus

Mit diesen Zutaten gelingen die Erfolgsrezepte:

- 🙂 Machen Sie sich keine Gedanken über Karrierepläne und langfristige Ziele; spielen Sie die sich ergebende Arbeitsrichtung durch.
- 🙂 Entscheiden Sie sich für ein Projekt, um die von Ihnen favorisierte Arbeitsmöglichkeit aus dem vorigen Kapitel auszuprobieren und damit sofort zu beginnen.
- 🙂 Wie auch immer Ihre große Vision aussehen mag: Finden Sie eine Möglichkeit, Sie so aufzusplitten, dass Sie sofort anfangen können.
- 🙂 Legen Sie für Ihr Projekt ein Veröffentlichungsdatum fest, fassen Sie einen Beschluss, auf welche Weise Sie die Ergebnisse mit anderen teilen werden, und planen Sie, wie Sie den Abschluss feiern werden!

Was Sie jetzt haben sollten:

☺ ein definiertes Spielprojekt und ein Veröffentlichungsdatum.

Nehmen Sie sich zehn Minuten Zeit fürs Spielen:

☺ Fangen Sie sofort an. Legen Sie das Buch weg und nehmen Sie sich zehn Minuten, um mit Ihrem Spielprojekt
zu beginnen. Worum auch immer es bei Ihrem Projekt
geht, Sie werden überrascht sein, was Sie in zehn fokussierten Minuten ohne Unterbrechung erreichen können.
Schnappen Sie sich ein Blatt Papier und skizzieren Sie
Ihre Idee oder fangen Sie an zu schreiben oder registrieren Sie sich für einen Blog oder rufen Sie jemanden an,
der Ihnen helfen kann.

Exklusive Extras auf ScrewWorkLetsPlay.com

☺ Aufnahmen und Interviews mit Sam und Harry von
Bompas & Parr, die vom Start ihres erstaunlichen Unternehmens rund um das Thema Lebensmittel erzählen.

Wie es für Sie garantiert ein Erfolg wird

Das Leben ist ein andauernder Prozess des Sich-Entscheidens zwischen Sicherheit (aus der Angst und dem Bedürfnis nach Schutz heraus) und Risiko (um des Fortschritts und des Sich-Entwickelns willen). Entscheiden Sie sich zwölfmal am Tag für die Entwicklung.

Abraham Maslow, US-amerikanischer Psychologe, 1908–1970

Sie haben inzwischen gesehen, wie Sie ein Projekt starten, das Sie dem Bezahltwerden fürs Spielen einen Schritt näher bringt. Hoffentlich haben Sie sich auch ein paar Minuten Zeit genommen, um tatsächlich damit anzufangen. Eine Sache sollte wirklich klar sein: Es besteht immer eine Möglichkeit, an die Erfahrung zu kommen, die Sie bei Ihrer Arbeit tatsächlich machen wollen. Wenn Sie bei der Herangehensweise flexibel bleiben und bereit sind, daran zu arbeiten, ohne genau zu wissen, was dabei herauskommt, werden Sie die Erfahrung garantiert machen – solange Sie nicht aufgeben.

Eine Tasse Tee für den Gerichtsvollzieher

Vor 26 Jahren lieh sich Leslie Scott die Holzklötze ihres kleinen Bruders aus und erfand damit ein Spiel. Sie baute aus
den Klötzen einen Turm und stellte ihre Freunde vor die
Aufgabe, Klötze wegzunehmen, ohne dass der Turm in sich
zusammenfiel. Die Leute befassten sich unheimlich gern
mit Leslies einfachem Spiel, und als sie ihren Marketingjob
kündigte, beschloss sie, einige Exemplare dieses Spiels, das
sie »Jenga« nannte, für den Verkauf produzieren zu lassen.

Zu Anfang ihrer Geschäftstätigkeit, als sie das Spiel herausbringen wollte, machte Leslie eine Menge Schulden. Sie
erzählt, dass eines Tages »... so ein Typ auftauchte, an die
Tür klopfte und erklärte, dass ich den Ratenzahlungen fürs
Auto nicht nachgekommen sei und er gekommen wäre, um
es abzuholen. Meine Einstellung damals war in etwa die:
›Wie schade, ich mochte das Auto ziemlich gern, aber ich
kann ohne es leben.‹ Er war ganz schön überrascht, als ich
ihn hereinbat und sagte: ›Trinken Sie doch eine Tasse Tee,
bevor Sie es mitnehmen.‹«

Leslie überlebte die Schulden und den Gerichtsvollzieher
und schloss einige Jahre später einen Vertrag mit Hasbro,
einem internationalen Spielzeughersteller, ab. Jenga wurde
50 Millionen Mal verkauft und ist unter den weltweit am
meisten verkauften Spielen inzwischen die Nummer zwei;
nur Monopoly verkauft sich noch besser.

Leslie erzählte mir: »Die Leute fragen mich die ganze
Zeit: ›Waren Sie überrascht, dass Jenga so groß wurde?‹,

und ich weiß, Sie erwarten von mir ein ›Ja‹ als Antwort. Die Wahrheit ist aber, dass ich von Anfang an davon ausgegangen war, dass das Spiel groß herauskommen würde. Ich würde sagen, das definiert einen Unternehmer – Sie sind bereit, unglaubliche Risiken einzugehen, weil Sie wissen, dass Sie einen Gewinner unterstützen.«

Willkommen auf der Achterbahn

Schnallen Sie sich an, denn gleich machen Sie eine Achterbahnfahrt. Sobald Sie sich auf diese Reise begeben, wird sie alles andere als glatt verlaufen. Wenn Sie sich erst einmal trauen zuzugeben, was Sie wirklich wollen, und dem nachgehen, werden Sie die konstant flache Amplitude leichter Unzufriedenheit aufgeben, mit der so viele Menschen ihr Leben verbringen. Sie werden *leben,* nicht nur existieren. Sie werden fantastische Hochs erleben, weil Sie etwas erreichen, das Sie noch nicht einmal für möglich gehalten hätten. Und Sie werden auch echte Tiefs erleben, wenn Sie einen großen Rückschlag erleiden, jemand Wichtiges Ihre Idee ablehnt oder etwas sehr Kritisches sagt.

Wenn Sie es gewohnt sind, nach dem Motto »Mach dir keine zu großen Hoffnungen« zu leben, lade ich Sie dazu ein, das Gegenteil zu tun. *Machen* Sie sich Hoffnungen; trauen Sie sich zu träumen, dass Sie haben können, was Sie wollen. Und ja, wenn Sie einen großen Rückschlag erleiden, wird das wehtun. Das ist normal. Nehmen Sie sich einen Moment, um Ihre Wunden zu lecken, lassen Sie sich von Freunden bedauern und marschieren Sie dann weiter.

Es gibt immer einen anderen Weg, die Erfahrung zu machen, die Sie wirklich wollen. Eigentlich sind diese Rückschläge Ihre Freunde. Die meisten Menschen geben beim ersten Hindernis auf, und das bedeutet, dass es für Sie weniger Konkurrenten gibt. Der einzige Fehler, den Sie begehen können, ist genau dieser: aufzuhören.

Wenn man mit positiven Erwartungen an eine Sache herangeht, bringt dies in den meisten Situationen nachweislich bessere Resultate, als wenn man vom Schlimmsten ausgeht. Es ist kein Zufall, dass die meisten erfolgreichen Unternehmer Optimisten sind. Und es liegt auch nahe, dass es mehr Vorteile bringt, wenn man das anerkennt, was im eigenen Leben schon funktioniert, als sich besessen mit dem zu beschäftigen, was nicht funktioniert. Diese Vorstellung wurde in letzter Zeit von den Anhängern des Gesetzes der Anziehung vielfach in den Medien verbreitet, aber handelt es sich dabei wirklich um ein physikalisches Gesetz oder ist es bloßes Wunschdenken?

Das Gesetz der Anziehung, das durch das Buch und den gleichnamigen Film *The Secret* bekannt wurde, ist ein Prinzip, nach dem das, woran Sie am meisten denken, die Tendenz hat, Eingang in Ihr Leben zu finden. Denken Sie an gute Dinge – Geld, Besitztümer, gute Beziehungen –, und Sie ziehen diese guten Dinge an. Denken Sie an schlechte Dinge – Schulden, Krankheit, Konflikte –, und Sie ziehen diese schlechten Dinge an. Ist das wahr? Gibt es wirklich irgendeine mystische Kraft oder ein universelles physikalisches Gesetz, das einem mehr von dem gibt, worauf man sich konzentriert?

Tatsache ist, dass einiges von dem, was als Gesetz der Anziehung beschrieben wird, definitiv funktioniert, aber Sie brauchen nicht an mystische Kräfte zu glauben, um das zu verstehen. Es gibt verschiedene, sehr praktische Gründe dafür, dass unsere Gedanken zu sich selbst erfüllenden Prophezeiungen werden. Einer dieser Gründe ist, dass wir den Großteil dessen, was wir der Außenwelt kommunizieren, nicht durch Worte, sondern tatsächlich nonverbal übermitteln (etwa durch Körpersprache und Tonfall) Vielleicht wussten Sie das bereits. Wenn Sie in einer positiven Gemütsverfassung zu einem Networking-Treffen gehen, mit einem echten Lächeln auf Ihrem Gesicht und einer entspannten, offenen Körpersprache, ist es wahrscheinlich, dass Sie leichter Kontakte mit Menschen knüpfen, als wenn Sie mit schlechter Laune und pessimistischer Einstellung dort aufkreuzen und erwarten, dass die Leute Sie ignorieren. Und wenn Sie zu viel Zeit damit verbringen, sich zu beklagen, neigen Sie dazu, Leute anzuziehen, die sich ebenfalls beklagen und andere Menschen abschrecken. (Das bedeutet jedoch nicht, dass Sie einer von denen werden sollen, die so tun, als wären sie niemals enttäuscht oder mutlos!)

Ein weiterer Grund, warum eine positive Anschauung so eine starke Wirkung hat, liegt darin, dass Ihr Gehirn ständig Massen an Informationen filtert, die – je nachdem, worauf Sie sich konzentrieren – über Ihre Sinne hereinströmen. Wenn Sie nach einer Möglichkeit Ausschau halten, wie Sie als Moderator ins Fernsehen kommen können, werden Sie die Ohren spitzen, sobald Sie jemanden darüber sprechen hören, wie es ist, beim Fernsehen zu arbeiten; oder Ihr Blick wird auf einen Zeitungsartikel über einen bekannten TV-Moderator und seinen Werdegang gelenkt. Wenn Sie aber zu der Überzeugung gelangt sind, dass dieser Weg zu steinig ist, werden Ihnen wahrscheinlich eher Storys darüber ins Auge springen, was für ein Haifischbecken die Fernsehbranche ist. Egal welche Weltanschauung Sie auch besitzen, Ihnen fallen eher die Belege auf, die diese Anschauung unterstützen als die, die sie hinterfragen. Deshalb sollten Sie herausfinden, was Sie wollen, und darauf Ihren Fokus setzen, anstatt sich auf das konzentrieren, was Sie nicht wollen. Also lautet die Frage: Wie gelangen Sie zu einer optimistischeren Einstellung?

Das hier ist Ihre Nemesis

Sie können die Achterbahnfahrt der Verwandlung Ihres Lebens von der Arbeitskraft zum Player nicht erfolgreich überleben, wenn Sie nicht auch das innere Spiel beherrschen: den Umgang mit jenen nicht dienlichen Zweifeln, Überzeugungen und Angewohnheiten, die Sie zurückhalten. Um das zu tun, werden Sie Ihre Nemesis in den Griff bekommen müssen.

Wenn Sie nicht herausfinden können, was Sie mit Ihrem Leben anfangen wollen, wenn die Kritik anderer Sie bis ins Mark trifft, wenn negative Zukunftsvisionen Sie heimsuchen, wenn Sie eine kreative Blockade haben, wenn Sie ein Perfektionist oder Zauderer sind oder wenn Ihre Stimmung beim kleinsten Anlass im Keller ist, steckt ein Übeltäter hinter all dem.

Er ist derjenige, der Ihr Spiel am stärksten blockiert, er ist der Feind Ihrer Kreativität, Zufriedenheit und selbst Ihres finanziellen Wohlstands. Und dieser Feind ist in Ihnen. Er ist die Unterpersönlichkeit, die in der Gestaltpsychologie als »Topdog« bezeichnet wird.

Der Topdog ist der Teil von Ihnen, der die vernichtendsten Sachen sagt:

»Du kannst ums Verrecken nicht schreiben.«

»Du willst jetzt ein Hunger leidender Künstler werden?«

»Mit Geld konntest du noch nie umgehen.«

»Du bist verrückt, ausgerechnet in einer wirtschaftlichen Flaute den Beruf zu wechseln.«

»Wenn du deine Stelle kündigst, wirst du dein Haus verlieren und am Ende in einem Pappkarton auf der Straße leben.«

Und wenn die Skepsis sich nicht in Worten äußert, kann es sein, dass Sie Bilder im Kopf haben oder körperliches Unwohlsein empfinden, die die gleiche Botschaft vermitteln.

Wenn Sie solche Botschaften glauben und auf sie hören, bringt das Einschränkungen in Ihrer Verspieltheit, Ihrer Kreativität, Ihrer Zufriedenheit und Ihrem Leben mit sich. Jede jemals erfundene Übung für Kreativität wurde konzipiert, damit Sie mit ihr Ihren Topdog hinter sich lassen.

Andere bezeichnen den Topdog als kritische innere Stimme, aber ich finde es hilfreicher, dieser Stimme den Namen einer separaten Unterpersönlichkeit zu geben. Und »kritisch« suggeriert, dass die innere Stimme auch konstruktive Kritik üben könnte. Die Botschaften des Topdog sind aber nicht konstruktiv.

Der Topdog wuchs in Ihnen heran, als Sie Kind waren, durch wiederholte Botschaften Ihrer Eltern und anderer wichtiger Autoritätspersonen. Dieselben Leute, die Ihnen wichtige Dinge beibrachten wie »Renne nicht auf die Straße« und »Halte dich vom Feuer fern«, vermittelten Ihnen auch weniger nützliche Auffassungen wie »Alle Künstler sind Hungerleider«, »Man muss sein Glück opfern, wenn man erfolgreich sein will« und »Keiner geht gern zur Arbeit«. Solche Botschaften sind tief in Ihrer Vorstellung verwurzelt; sie sind die Sprache Ihres Topdog.

Die Qualität Ihres Lebens wird bestimmt
durch die Qualität Ihres inneren Dialogs.
Pete Cohen, Executive Coach, Trainer und TV-Moderator

Wo der Topdog herkommt

Babys wissen, was sie wollen, und sie äußern das auch frei heraus. Hunger? Einfach schreien. Sie haben keine kreativen Blockaden. Natürlich ist das für Erwachsene keine besonders gute Art sich zu benehmen, also erziehen wir unsere Kinder so, dass sie sich auf eine gesellschaftlich akzeptablere Art und Weise verhalten. Doch manchmal geschieht die Vermittlung von Benimmregeln auf nicht ganz saubere Weise. Es gleitet in Kritik, Schuldzuweisung und Demütigung ab: Ein weinender Junge wird angeschnauzt, ein zorniges Mädchen wird ausgelacht, ein sich aufspielendes Kind erfährt Missbilligung in Form einer hochgezogenen Augenbraue. Es sind solche Vorfälle, durch die der eigene Topdog entsteht.

In Wahrheit waren der Nährboden für solche Botschaften die Ängste der Person, die sie übermittelte. Und diese Ängste erlernte sie wiederum in *ihrer* Kindheit. Ihr Topdog wird also durch Angst angetrieben – die Angst, dass Sie versagen, einen »Idioten aus sich machen«, verletzt werden, gedemütigt werden.

Es steckt auch keine große Logik dahinter. Oft kommen widersprüchliche Botschaften dabei heraus wie »Du musst zu dem stehen, was du tust«/«Mach dich nicht unbeliebt«. Schließlich ist dies ein sehr junger Teil von Ihnen. Haben Sie schon mal zwei kleine Kinder die Straße entlanggehen sehen und gehört, wie das ältere der beiden Geschwister das jüngere in der Sprache der Eltern ermahnte: »Was sollen wir bloß mit dir anstellen?« Nichts anderes tut Ihr Topdog – er äfft die Botschaften Ihrer Eltern nach.

Auf eine merkwürdige Weise versucht Ihr Topdog sogar, Sie zu beschützen – so wie jemand, der Hemmungen wegen seines Gewichts hat und sich genötigt fühlt, einen Witz darüber zu machen, bevor jemand anderes das tut. Doch die Botschaft dient nur dazu, dass Sie sich noch schlechter fühlen.

Topdog-Botschaften unterliegen einem kulturellen Einfluss. Zu den klassischen britischen gehören »Mach dir keine großen Hoffnungen«, »Schlag dir die Rosinen aus dem Kopf«, »Sei kein Angeber« und selbst das schockierend ungesunde »Kinder, die was wollen, kriegen was auf die Bollen«.

Wir hypnotisieren uns durch diese Art von Gewohnheitsdenken selbst und begehen den Fehler, wenig hilfreiche Überzeugungen als Fakten des Lebens hinzunehmen. Wir sind davon überzeugt, dass man »nur reich werden kann, wenn man einer Tätigkeit nachgeht, die einem keinen Spaß macht« oder dass man »einfach nicht zu den glücklichen Menschen gehört, die mit Talent geboren wurden«. Ich begegne vielen Menschen mit sehr unterschiedlichen Überzeugungen, aber allen gemeinsam ist, dass sie ihre Überzeugungen mit dem gleichsetzen, wie die Welt wirklich ist. Und das trotz der Tatsache, dass jeder Klient andere Überzeugungen hat. Klienten erzählen mir, es sei »unmöglich, mit über 30 den Beruf zu wechseln oder »mit über 40 ...« oder »mit über 50 ...«. Und alles, was mir dazu einfällt, ist: »Nun, einer von euch irrt sich!«

Den Topdog zähmen

Der größte Fehler, den wir aber alle machen, ist, den Topdog als Stimme der Vernunft zu interpretieren. Das ist er nicht. Wenn Sie für mehr Kreativität und Zufriedenheit Ihren Topdog in den Griff bekommen wollen, besteht Ihr erster Schritt also darin, ihn zu identifizieren. Fangen Sie heute damit an, Notiz von Ihrem inneren Dialog zu nehmen, und wenn Sie auf etwas stoßen, was Ihr Topdog sein könnte, verpassen Sie ihm einfach ein Etikett: »Ach, das hört sich wie der Topdog an.«

Das ist besonders wichtig, wenn Sie einen Rückschlag erleiden. Werden Sie sich über Ihr Muster klar. Welche Art von Dingen fallen Ihnen am schwersten? Wenn die Dinge in der Vergangenheit nicht so liefen, wie Sie es sich vorgestellt hatten, was passierte dann? Wenn Sie aufgaben, was war damals die Topdog-Botschaft, die Sie entmutigte? Wenn Sie es wieder zurück in den Sattel schafften, was half Ihnen dabei? Lasen Sie ein motivierendes Buch, sprachen Sie mit einem Freund oder hörten Sie einfach eine Weile auf, daran zu denken? Machen Sie sich eine Notiz und denken Sie daran, diese das nächste Mal zu benutzen, wenn Sie in eine Krise geraten. Wenn Sie einen Freund haben, der Sie immer aufmuntert, nehmen Sie seine Nummer in die Kurzwahlliste auf!

Manchmal ist es noch nicht einmal ein Rückschlag, der den Ausschlag gibt. Haben Sie jemals bei etwas spontan die Motivation verloren, ohne zu wissen, warum? Zu Anfang eines Projekts sind Sie total gespannt, und kurze Zeit später ist bei Ihnen komplett die Luft raus. Oder Sie merken, dass Sie, ohne darüber nachzudenken, einfach zu etwas anderem übergegangen sind. Stellen Sie fest, was es war, das Sie vom Weg abbrachte; gab es etwas, das Sie sich einredeten, ohne es selbst zu merken? Das ist eine Topdog-Botschaft.

Der nächste Schritt besteht darin, Botschaften des Topdog infrage zu stellen. Fangen Sie eine negative Botschaft auf, denken Sie an die positivere Alternative. Wenn der Topdog sagt: »Welchen Sinn hat es anzufangen? Du beendest doch nie etwas«, halten Sie das fest und finden Sie ein Gegenargument: »Sicher werde ich das schaffen. Ich habe im vergangenen Monat ein großes Projekt fertiggestellt, das nicht so aussah, als könnte man es abschließen, und ich werde auch das hier fertigstellen.« Es mag sich ein wenig verrückt anhören, mit sich selbst zu sprechen, aber Sie führen bereits einen inneren Dialog; dieser Dialog kann ebenso gut ein positiver sein. Wenn es Ihnen schwerfällt, eine positive Antwort zu finden, stellen Sie sich vor, Sie würden einem Freund einen Rat geben. Was würden Sie in dieser Situation zu ihm sagen?

Wenn Sie sich nicht sicher sind, ob die Botschaft, die Sie aufgefangen haben, von der Sorte ist, die Sie ändern sollten – vielleicht, weil sie scheinbar der Wahrheit entspricht –, fragen Sie sich: »Würde ich das in genau dieser Form zu einem Freund sagen?« Wenn nicht, sollten Sie es auch nicht zu sich selbst sagen. Es ist erstaunlich, wie leicht wir Dinge zu uns selbst sagen, die wir nie zu anderen sagen würden.

Dreh- und Angelpunkt ist die Gewohnheit. Jedes Mal, wenn Sie einen kritischen Gedanken auffangen und daran denken, diesen durch einen positiveren zu ersetzen, bauen Sie damit eine Gewohnheit auf und machen es sich auch leichter, den Akt zu wiederholen. Nicht nur das, Sie werden auch Einfluss auf die chemischen Vorgänge in Ihrem Gehirn nehmen. Jedes Mal, wenn Sie einen negativen Gedanken haben, werden im Gehirn und im Rest des Körpers Stoffe freigesetzt, die bewirken, dass Sie sich noch schlechter fühlen. Jedes Mal, wenn Sie einen positiven Gedanken haben, werden Stoffe freigesetzt, die bewirken, dass Sie sich gut fühlen.

Das ist nichts, was Sie über Nacht ändern können, doch wenn Sie nur einen einzigen Tag damit zubringen würden, jeden negativen Gedanken abzustellen und durch sein positives Gegenstück zu ersetzen, würden Sie feststellen, dass Sie auf merkwürdige Weise an diesem Tag zufriedener wären als sonst in letzter Zeit – und das ohne »besonderen« Grund. Und wenn Sie sich das zur Gewohnheit machen, bauen Sie damit Strukturen und

Verbindungen im Gehirn auf, die es einfacher machen, dies zu wiederholen.

Eine der besten Methoden, den positiven inneren Dialog zu stärken, ist, sich mit Menschen zu umgeben, die Sie unterstützen.

Bauen Sie sich ein Team von Unterstützern auf

Isolation ist ein Traumkiller.

Barbara Sher, US-amerikanische Karriereexpertin und Autorin von fünf Büchern

Mit welcher Art von Menschen umgeben Sie sich? Wenn Sie eine Arbeitskraft sind und sich in einen Player verwandeln und konventionelle Jobs hinter sich lassen wollen, werden Sie das niemals schaffen, solange Sie Ihre Zeit immer nur mit Leuten verbringen, die ebenfalls in Jobs stecken, die sie nicht mögen. Wenn Sie selbstständig sind und nur mit Mühe Ihren Lebensunterhalt verdienen, werden Sie wahrscheinlich niemals ein gutes Einkommen erzielen, wenn Sie nur mit Leuten herumhängen, die ebenfalls vor sich hin krebsen. Warum? Weil wir nicht anders können als die Ansichten, Überzeugungen und Angewohnheiten der Menschen zu übernehmen, mit denen wir die meiste Zeit verbringen. Wenn wir nicht mit den Menschen um uns herum gleichziehen, wird das, was wir wollen, abnorm oder ungewöhnlich erscheinen. Menschen sind so gebaut, dass sie sich den Personen um sie herum anpassen. Denken Sie einfach daran, dass Sie sich die Gemeinschaft, in die Sie hineinpassen wollen, aussuchen können.

Wenn ich Leute befrage, die etwas Kreativeres in ihrem Leben machen möchten, führen diese als eines der größten Hindernisse mangelndes Selbstvertrauen an. Egal, wie es aussehen mag, selbst den erfolgreichsten Menschen fehlt es manchmal an Selbstvertrauen. Klienten, denen es an Selbstvertrauen mangelt, stelle ich in der Regel die folgenden zwei Fragen: »Was sagt Ihr Topdog zu Ihnen?« und »Mit wem verbringen Sie Ihre Zeit?« Wenn Ihr Topdog oft Sachen zu Ihnen sagt, die Ihr Selbstvertrauen erschüttern, können Sie dem entgegenwirken, indem Sie Zeit mit positiven Menschen verbringen, die Sie bei Ihren Projekten unterstützen.

Sie müssen sich Ihr eigenes Support-Team aufbauen. Suchen Sie sich eine kleine Gruppe von vier oder fünf Leuten, mit denen Sie sich regelmäßig treffen. Die Gruppe dient dazu, sich gegenseitig Mut zu machen, sich zu trösten, wenn man einen Rückschlag erleidet und sich daran zu erinnern, das zu tun, was man sich vorgenommen hat.

Wollen Sie wissen, mit welchem Erfolgsrezept Sie Dinge erledigt bekommen, auch wenn Sie völlig undiszipliniert und ein chronischer Zauderer sind? Setzen Sie sich ein Veröffentlichungsdatum (wie in »Erfolgsrezepte Teil 3: Wie Sie sofort anfangen können«, S. 115, näher erläutert), und sorgen Sie dafür, dass andere Sie daran erinnern. Mein Freund James ging folgendermaßen vor. Er wollte Instrumentalstücke fürs Fernsehen komponieren, wusste aber, dass er das wahrscheinlich immer wieder hinausschieben würde. Also legte er mit seiner Kreativgruppe fest, dass er alle 14 Tage zu ihrem Treffen ein neues, fertiges Stück mitbringen und vorspielen würde. Wenn er das nicht tat, musste er eine Strafe in Höhe von 50 Britischen Pfund zahlen. Es ist erstaunlich, was ein klein wenig Druck von außen – selbst dann, wenn man ihn selbst herbeigeführt hat – bewirken kann. James hielt alle seine Fristen ein, musste keine Strafe zahlen und komponierte während dieser Zeit am Ende mehr Stücke als je zuvor.

Hören Sie auf sich einzubilden, dass Sie eines Tages aufwachen und auf einmal ungeheure Selbstdisziplin besitzen werden. Bauen Sie sich lieber ein eigenes Support-Team auf. Es reicht, wenn Sie sich zu Beginn erst einmal eine Person suchen, von der Sie wissen, dass sie Sie aktiv unterstützt. Vereinbaren Sie, sich alle zwei bis vier Wochen zu treffen. Tragen Sie den Termin in Ihr Notizbuch ein, und legen Sie fest, was jeder von Ihnen bis dahin geschafft haben wird. Präsentieren Sie beim nächsten Treffen Ihre Ergebnisse. Sie werden erstaunt sein, wie viel Arbeit Sie am Abend vor Ihrem Treffen erledigt bekommen!

MYTHOS 9

Erfolgreiche Menschen brauchen keine Unterstützung (und auch keine Ratschläge, kein Mentoring, kein Coaching oder eine Therapie)

Ein Rezept, wie man allein Erfolg haben wird ... gibt es nicht. Es ist unmöglich. Sie können nichts, was von großer Bedeutung ist, allein erreichen. Der Mythos vom einsamen Unternehmer, der alles allein geschafft hat, ist wahrscheinlich der gefährlichste von allen. Tatsache ist, dass Menschen, die Außergewöhnliches erreichen wollen, außergewöhnliche Support-Level für sich schaffen. Sie arbeiten mit Coaches, Trainern, Beratern, Therapeuten und mit inspirierenden Gruppen Gleichgesinnter zusammen.

Eine kurze Warnung, bevor es weitergeht: Passen Sie auf, wem Sie von Ihren Träumen erzählen. Suchen Sie sich Leute aus, die Ihnen zuraten, und keine Zyniker, die alles kritisieren (Zynismus ist bloß eine Methode, mit der sehr ängstliche Menschen ihre Angst in den Griff bekommen). Unsere Instinkte sind, was das betrifft, im Allgemeinen ziemlich gut, wenn wir nur auf sie hören würden.

Wenn jemand Ihre neue Richtung verurteilt, denken Sie für einen Augenblick über sein Leben nach. Was macht seine Karriere? Wie sieht sein Leben aus? Genießt er es? Oder ist er ein Miesepeter und lamentiert die ganze Zeit darüber? Selbst wenn er sein Leben genießt, würden Sie mit ihm tauschen wollen? Wenn Sie sich nicht das gleiche Ergebnis wünschen, das er hat, denken Sie lieber zweimal darüber nach, ob Sie seinen Rat befolgen.

Haben Sie immer noch Angst?

Beschließen Sie, dass Sie es stärker wollen,
als dass Sie Angst davor haben.
Bill Cosby

Wenn Sie nicht wenigstens manchmal Angst verspüren, machen Sie es nicht richtig. Angst ist ein zwangsläufiger Begleiter, wenn Sie das Risiko eingehen, eine andere Art von Leben für sich zu erschaffen. Ihre Fähigkeit, sie in den Griff zu bekommen, ist ein grundlegender Faktor für die Beantwortung der Frage, wie weit Sie gehen können.

Wenn sich bei Ihnen Sorgen, Furcht oder das nackte Entsetzen zeigen, ist das ein guter Zeitpunkt, um sich an Ihr Support-

Team zu wenden. Holen Sie sich ein bisschen beruhigenden Input von jemand Zuverlässigem und fragen Sie, welche praktischen Schritte Sie machen können.

Prüfen Sie, was von dem, was Ihr Topdog sagt, die Angst noch mehr schürt. Angst ist etwas, das Sie *tun,* und nicht etwas, das passiert. Sie glauben mir nicht? Dann denken Sie an einen vollbesetzten Jumbojet kurz vor dem Start. Manche Passagiere werden sehr große Angst haben, manche werden aufgeregt sein, manche werden sich langweilen und manche werden schlafen. Dennoch sind sie alle im selben Flugzeug. Was aber ist der entscheidende Unterschied zwischen ihnen? Es sind die Gedanken und Bilder, die jeder einzelne Passagier sich macht. Der ängstliche Passagier stellt sich vor, wie das Flugzeug abstürzt, und deutet jedes Geräusch als ein Zeichen dafür, dass etwas nicht in Ordnung ist. Außerdem redet er sich ein, dass ständig Flugzeuge abstürzen und er nicht zu denen gehört, die Glück haben.

Ihre Angst in den Griff zu bekommen ist eines der wichtigsten Dinge, die Sie tun können. Erfolgreiche Menschen blicken meist optimistisch auf die Welt und wissen, was sie tun müssen, wenn sie Angst verspüren. Außerdem machen sie die Dinge, vor denen sie Angst haben, erst recht, um die Dämonen, die sie davon abhalten, immer wieder zu vertreiben – ob es nun darum geht, vor Publikum eine Rede zu halten, eine sichere Tätigkeit aufzugeben oder auch nur, sich eine komplett neue Frisur verpassen zu lassen.

Derek Sivers, Gründer von CD Baby – dem größten Online-Einzelhändler für Independent-Musik

14 Jahre lang trug ich eine Frisur, die zu meinem Markenzeichen geworden war; mein Kopf war rasiert, aber am Hinterkopf hatte ich lange Zöpfe. Und es ist komisch, dass ich nach so vielen Jahren mit derselben Frisur eines Tages in meinem Büro saß und dachte: »Ich habe alles andere an mir in den vergangenen 14 Jahren geändert, bis auf die Frisur: Warum ändere ich nicht auch meinen Haarschnitt? Warum schneide ich das Haar nicht ab ...?« Und sofort reagierte mein Inneres negativ darauf: »Oh Gott! Ich kann die Zöpfe nicht abschneiden. Sie sind mein Markenzeichen. Damit kennen mich alle. Wenn ich die Haare abschneide, werde ich gewöhnlich aussehen. Die Leute werden denken, ich hätte den Laden verkauft, und wenn ich einen Anzug trage, werde ich so bloß noch wie ein Manager aussehen. Ich kann die Haare nicht abschneiden!«

Und dann sagte ich zu mir: »Verdammt noch mal, kann es sein, dass ich eine Scheißangst habe? Ich habe wirklich Angst davor, meine Zöpfe abzuschneiden.« Und gleich darauf beschloss ich: »Gerade deshalb sollte ich es tun.« Und ich nahm mir einfach eine Schere von irgendeinem Schreibtisch, ging zur Toilette und schnitt die Zöpfe ab.

Ich denke, es ist eine wichtige Philosophie, dass man das, wovor auch immer man sich fürchtet, tun muss. Denn dann

161

hat man keine Angst mehr davor. Und je weniger Sie vor et-was Angst haben, desto besser.

Mehr zu Dereks Gedanken übers Geschäft und übers Leben finden Sie auf *sivers.org*.

Wenn Sie mit Ihrer aktuellen Situation gut klarkommen, ist es einfach, sich auf alle möglichen Risiken zu konzentrieren, die dadurch entstehen könnten, dass man etwas Neues macht. Wenn Sie Angst davor haben, ein Risiko einzugehen, denken Sie einfach daran, dass es auch ein Risiko ist, etwas *nicht* zu tun. Wenn Sie Ihr Berufsleben nicht ändern, besteht das Risiko, dass Sie in zehn Jahren aufwachen und feststellen, dass Sie immer noch einem Job nachgehen, den Sie nicht mögen. Wenn Sie ein spannendes neues Projekt nicht angehen, besteht das Risiko, dass Sie all den wundervollen Dingen entsagen, die in Ihrem Leben passiert wären, wenn Sie sich nur getraut hätten. Sie müssen bereit sein, für das »Großartige« das »Ausreichende« aufzugeben.

Wenn wir alle auf Nummer sicher gehen, schaffen wir damit eine Welt größter Unsicherheit. Wenn wir alle auf Nummer sicher gehen, wird das Schicksal uns ins Verderben führen. Dieser Bann kann nur im »dunklen Schatten des Mutes« gebrochen werden.
Dag Hammarskjöld, ehemaliger Generalsekretär der Vereinten Nationen, 1962

So legen Sie sich ein dickes Fell zu

Chris Guillebeau hat sich ein bemerkenswertes Leben eingerichtet; er reist um die Welt und lebt von dem Blog, den er über seine Erfahrungen schreibt. Als ich ihn fragte, welches Verhalten jemand unbedingt an den Tag legen muss, wenn er den gleichen Erfolg haben will, bestand seine Antwort aus nur zwei Worten: »Nicht aufhören.«

Sie werden fast unweigerlich das bekommen, was Sie wirklich wollen, solange Sie nicht aufgeben. Denken Sie einfach daran, dass es für Sie, wenn Sie flexibel sind, mehr als einen Weg gibt, die von Ihnen gewünschte Erfahrung zu machen, selbst wenn aus Ihrer ursprünglichen Vision nichts wird.

Das Entscheidende ist, dass Sie mit jedem Spielprojekt Ihren Weg immer wieder neu einstellen, um näher und näher an Ihr Ziel, fürs Spielen bezahlt zu werden, heranzukommen. Lassen Sie sich vom Feedback, das Sie sowohl von innen als auch von außen bekommen, leiten. Zum Feedback von außen gehören Ihre Ergebnisse und die Kritik der anderen. Feedback von innen meint, wie sich die Erfahrung für Sie anfühlt – ist sie angenehm oder sieht es so aus, als würde sie angenehm sein, wenn Sie den Dreh raushaben? Fühlt es sich an, als ob Sie im Flow wären?

Wenn Sie ein Spielprojekt auf den Weg bringen und feststellen, dass es Ihnen nicht so viel Spaß macht, wie Sie sich erhofft hatten, es sich nicht so anfühlt, als würden Sie in die richtige Richtung gehen, oder Sie nicht die Resultate bekommen, die Sie erwartet hatten, geben Sie nicht gleich auf. Überlegen Sie, wie Sie das Projekt ändern können, damit es für Sie besser funktioniert. Irgendetwas reizte Sie anfänglich daran – sortieren Sie es nicht einfach aus. Wenn Sie sich zum Ziel gemacht hatten, Redner zu werden, Sie aber feststellen, dass Tischreden nicht Ihr Ding sind, rufen Sie sich in Erinnerung, welcher Teil der Erfahrung Sie ursprünglich reizte. Wie können Sie es anders machen? Wenn es der Gedanke war, andere zu inspirieren, könnten Sie es bei Ihrem nächsten Spielprojekt mit Unterrichten versuchen oder kleine Workshops abhalten. Wenn die Erfahrung, die Sie gern machen wollten, darin bestand, andere an Ihrem Humor teilhaben zu lassen, versuchen Sie es mit einem Stand-up-Comedy-Kurs.

Haben Sie ein Spielprojekt erst beendet, werden Sie sich in einer anderen Position befinden als zu Anfang und Ihr nächstes Projekt kann auf dieser Basis aufbauen. Bei dieser Vorgehensweise können Sie loslegen, ohne genau zu wissen, was am Ende herauskommt, und sich spielerisch auf den Weg zu etwas begeben, das für Sie funktioniert. Das ist eine ganz andere Erfahrung, als immer wieder einige vorsichtige Schritte in die eine Richtung zu machen, sich dann wieder zurückzuziehen und in eine andere Richtung loszumarschieren, nur um anschließend wieder an den Ort zurückzukehren, von dem aus man ursprünglich gestartet ist.

Das Leben eines Players ist sehr zeitintensiv und mühsam, und es wird nicht jeden Tag pures Vergnügen sein. Der Hauptpunkt ist, dass man immer weitermacht und den Radius dessen, wozu man sich in der Lage fühlt, erweitert. Das bedeutet Zeiten der Herausforderungen, Risiken, Ängste und Rückschläge.

Wenn Sie eines Tages aufwachen und keine Lust mehr haben, das zu tun, was Sie jemandem versprochen haben, tun Sie es trotzdem – das Einhalten von Versprechen ist ein wesentlicher Part des Fürs-Spielen-Bezahltwerdens. Wenn Sie feststellen, dass Sie häufig zu etwas keine Lust haben, dann ist es Zeit für eine Veränderung. Die gute Nachricht lautet, dass selbst Aufgaben, die vorher ziemlich langweilig waren, mehr Spaß machen, wenn Sie sie für sich selbst erledigen. Es macht einen großen Unterschied, ob Sie in einem Putzjob den Fußboden wischen müssen oder ob Sie den Fußboden in einem Laden wischen, den Sie gerade angemietet haben und der kurz vor der Eröffnung steht. Wie Derek Sivers es formuliert: »Wenn Sie die Windeln eines fremden Babys wechseln, fühlt sich das wie Arbeit an. Ist es aber Ihr eigenes Kind, dann fühlt es sich nicht wie Arbeit an.«

Die Verwandlung von der Arbeitskraft zum Player besteht zu einem grundlegenden Teil darin, dass Sie für Ihr Berufsleben die komplette Verantwortung übernehmen. Es braucht Zeit, damit aufzuhören, wie eine Arbeitskraft zu denken und anderen (oder der Wirtschaft) die Schuld für Ihre Situation zu geben. Lenken Sie den Fokus wieder auf sich, und fragen Sie immer wieder: »Was kann *ich* tun, um die Situation zu verbessern?« Das ist eine große Veränderung, die sich manchmal anfühlen kann, als würde man einen Öltanker wenden!

Sie sollten bereit sein, unangenehme Gespräche zu führen. Zu den besten Fähigkeiten, die Sie erwerben können, gehört die Bereitschaft, Menschen um das zu bitten, was Sie brauchen. Bitten Sie jemanden, Ihr Mentor zu sein; bitten Sie jemanden, Ihr Produkt oder Ihre Dienstleistung zu kaufen; bitten Sie einen Mitarbeiter, eine Arbeit noch einmal zu machen. Manchmal ist es nicht angenehm, über solche Dinge zu sprechen. Die wenigsten Menschen stellen sich unangenehmen Gesprächen; sie kontaktieren keinen Prominenten und bitten ihn darum, mit ihm sprechen, ihn interviewen oder für ihn arbeiten zu dürfen. Die wenigsten Menschen rufen einfach so bei einem Radiosender an und fragen, ob man wegen ihres Projekts ein Interview mit ihnen machen würde. Weil sie all das nicht wagen, führen die meisten Menschen auch nicht das Leben, das sie gern hätten. Wenn Sie also das tun, was alle anderen tun, werden Sie auch nur das bekommen, was alle anderen bekommen.

Trauen Sie sich, unbequeme Gespräche zu führen, und Sie werden sehen, wie sehr sich Ihre Ergebnisse von denen der anderen unterscheiden. Und wenn alles total schiefgeht und Sie sich wegen dem, was gerade passiert ist, schaudernd davonschleichen, dann denken Sie einfach daran, dass Sie sich getraut haben etwas zu tun, was sich die meisten nicht trauen würden. Später werden Sie darüber lachen. Wahrscheinlich.

Wer noch nie einen Fehler gemacht hat,
hat noch nie etwas Neues ausprobiert.
Albert Einstein

Hören Sie auf, um Erlaubnis zu bitten

Stecken Sie in der Erlaubnisfalle? Warten Sie darauf, dass jemand Ihnen sagt, dass das, was Sie wollen, möglich ist? Verbringen Sie viel Zeit damit, sich zu fragen und zu eruieren, ob Sie das, was Sie tun wollen, auch tun können? Recherchieren Sie nach Möglichkeiten und verwerfen diese eine nach der anderen wieder? Fragen Sie sich: »Ist es möglich, als X Karriere zu machen?«, »Ist es verrückt, sich mit Y selbstständig zu machen?«, »Könnte ich überhaupt ein Buch schreiben?«

Hören Sie auf, danach zu fragen, *ob* Sie das haben können, was Sie haben wollen, und fragen Sie stattdessen: »*Wie* kann ich das haben, was ich haben will?« Wenn Sie sich eine Frage stellen, macht sich Ihr Gehirn an die Arbeit, sie zu beantworten, selbst wenn Sie gerade mit etwas anderem beschäftigt sind. Wenn Sie sich fragen, *ob* Sie etwas tun können, erstellt Ihr Gehirn eine Liste mit Pro- und Contra-Argumenten. Wenn Sie sich fragen, *wie* Sie etwas tun können, führt Ihr Gehirn alle Methoden auf, mit denen Sie dies erreichen können. Womit kommen Sie weiter? (Wenn Sie nach einigen Tagen des Überlegens auf die *Wie*-Frage immer noch keine Antwort finden, kommen Sie aus der Pattsituation oftmals dadurch heraus, dass Sie sich eine *Wer*-Frage stellen: »Wer könnte wissen, wie man das anstellt?«; »Wer könnte mich mit den richtigen Menschen zusammenbringen, die mir weiterhelfen?«)

Hören Sie auf, andere für das, was Sie tun wollen, um Erlaubnis zu bitten, egal, was es ist. Beschließen Sie, dass Sie es realisieren werden und Sie alles, was dafür nötig ist, tun werden. Dann denken Sie wie ein Player.

Lassen Sie sich vom weltbesten Experten Tipps geben

Wenn Sie vor einem schwierigen Projekt stehen, lassen Sie sich vom weltbesten Experten für Ihren persönlichen Erfolg beraten – und das sind Sie selbst. Blicken Sie zurück auf alle wichtigen Meilensteine, die Sie bislang in Ihrem Leben erreicht haben: sich ein Zuhause zu suchen, umzuziehen, einen Partner zu finden, dafür zu sorgen, dass die Beziehung funktioniert, sich einen neuen Job zu suchen, eine schwere Krankheit zu überstehen. Was haben Sie getan, um dies alles zu schaffen? Was funktionierte? Wie können Sie sich jetzt der gleichen Strategien bedienen?

Rückblickend wird mir bewusst, dass so ziemlich alles, was ich jemals erreicht habe, auf zwei Faktoren zurückzuführen war: Erstens begann ich mit einem Projekt einfach deswegen, weil es mich interessierte, und zweitens brachte ich es zu Ende, weil es eine nicht zu verschiebende externe Deadline gab, zu der ich meine Ergebnisse vorstellen musste. Die Deadline war die einzige Möglichkeit, um meinen angeborenen Perfektionismus und meinen Hang, Dinge hinauszuzögern, zu überwinden. Ich entschloss mich zum Kauf meines ersten Hauses und kaufte es dann auch, zwei Wochen, bevor ich meinen Job kündigte, damit ich beim Unterschreiben des Hypothekenkredits ehrlich sagen konnte, dass ich eine Erwerbsquelle hatte. Hätte ich keine Stelle gehabt, wäre es vielleicht sehr schwierig gewesen, überhaupt einen Kredit zu bekommen. Bei allem, was ich erreicht habe, hatte ich, bildlich gesprochen, meist eine Pistole am Kopf. Ich würde gern sagen, dass das nicht zutrifft, aber das Wissen, dass es doch so war, kann ich auch zu meinem Vorteil nutzen. Heute weiß ich, dass ich mich anderen gegenüber immer zu einem Veröffentlichungsdatum verpflichten muss: ein Datum, das ich unbedingt einzuhalten habe.

Tim Smit, Schöpfer des Eden Project, hat extrem viel erreicht und beschreibt sich dennoch als »grundfaul« und »einen der am wenigsten fokussierten Menschen, dem Sie je begegnen werden«. Ich fragte ihn, was ihn antreibt, solche Projekte anzunehmen, anstatt es einfach ruhig angehen zu lassen. Seine Antwort? »Die Angst vor dem Tod und ein unreflektierter Drang, unmögliche Versprechungen zu machen. Die ich dann erfüllen muss, wenn ich mein Gesicht nicht verlieren will.«

Was funktioniert für Sie? Vielleicht ist es der Spaß an der Sache oder die große Unterstützung, die Sie bekommen, oder der Expertenrat. Was auch immer es ist, nutzen Sie es jetzt.

Schummeln will gelernt sein

Wenn Sie Ihre Reise zum Fürs-Spielen-Bezahltwerden beschleunigen wollen, versuchen Sie es mit Abgucken. Wenn jemand anders je Erfolg mit einer Sache hatte, an der Sie sich auch versuchen, können Sie das wahrscheinlich ebenso. Wie hat der andere es angestellt? Klauen Sie seine Strategien. Klauen Sie nicht den Inhalt dessen, was er gemacht hat, klauen Sie die Art, *wie* er es gemacht hat. Wie wurde diese relativ neue Band so schnell berühmt? Wie wechselte diese Person mit so wenig Erfahrung in die Werbebranche? Wie gelang dem Software-Start-up-Unternehmen der Einstieg ohne Venturecapital? Finden Sie es heraus und kopieren Sie es dann.

MYTHOS 10

Berühmte Menschen sind einfach anders als ich

Natürlich wird nichts davon Ihnen helfen, wenn Sie der Ansicht sind, dass es sich bei sehr berühmten und erfolgreichen Menschen um eine andere Spezies handelt. Es sind Menschen, genau wie Sie. Sicher, Talent ist ein Faktor, doch oftmals viel weniger wichtig, als Sie meinen. Nehmen Sie sich die Überzeugungen, Gedanken, Verhaltensweisen und die Sprache dieser Menschen als Vorbild und Sie sind auf einem guten Weg, auch deren Erfolg nachzubilden. Gehen Sie nicht einfach davon aus, dass erfolgreiche Menschen irgendeinen Vorteil hatten (Geld, Verbindungen, Status), den Sie nicht haben. Irgendwo wird es einen Menschen geben, der auch nicht mehr Vorteile hatte als Sie und der es trotzdem schaffte. Finden Sie einen solchen Menschen und nehmen Sie ihn sich zum Vorbild.

Machen Sie den Millionärstest, um auf Kurs zu bleiben

Auf Ihrem Weg hin zu dem, womit Sie wirklich Ihren Lebensunterhalt verdienen wollen, sollten Sie täglich prüfen, wie es läuft, und Ihren Kurs wenn nötig korrigieren. Wie das geht? Indem Sie den Millionärstest machen.

Stellen Sie sich jeden Tag, gleich nach dem Aufwachen, folgende zwei Fragen:

1. **Wenn ich bereits Millionär wäre, würde ich dann das tun wollen, was ich heute im Begriff bin zu tun?**
   Schreiben Sie Ihre Antwort auf.
2. **Wenn ich heute keine Termine hätte und so viel Geld, wie ich mir nur wünschen könnte, was würde ich dann mit diesem Tag anfangen wollen?**
   Schreiben Sie Ihre Antwort auf.

Wenn die Antwort lautet, dass Sie sich den Tag am liebsten freinehmen und am Strand sitzen würden, dann fragen Sie sich, wie Sie einen Teil dieser Erfahrung umsetzen können. Können Sie sich den Tag tatsächlich freinehmen? Falls nicht, können Sie sich etwas Freiraum schaffen, um eine Zeit lang nichts zu tun? Wenn Sie sich nicht in der Nähe eines Strands befinden, können Sie dann nach der Arbeit schwimmen gehen und sich anschließend ans Becken setzen und ein Buch lesen? Oder sollten Sie sich heute die Zeit nehmen, um Ihren nächsten Urlaub zu buchen?

Wenn der Millionärstest immer wieder anzeigt, dass Sie sich an diesem Tag nicht für Ihre Arbeit entscheiden würden, ist es an der Zeit, dass Sie sich beruflich verändern.

Sie können den Millionärstest auch zwischendurch nutzen, um tagsüber kleinere Entscheidungen zu treffen. Vor einiger Zeit besuchte ich ein Networking-Event, auf dem viele »wichtige« Leute aus größeren Unternehmen zugegen waren. Ich ertappte mich dabei, wie ich dachte: »Ich sollte mich mit dem Herrn unterhalten, der bei einem internationalen Konzern tätig ist, er könnte eine wichtige Kontaktperson sein.« Das Problem war, dass ich am Ende Gespräche führte, die mich eigentlich gar nicht interessierten; ich merkte, dass ich mich langweilte. Ich suchte mir die Leute aus, von denen ich dachte, dass ich mit ihnen sprechen *sollte*, und nicht die, mit denen ich eigentlich reden wollte – etwas, das ich mir in den vielen Jahren Beratertätigkeit in großen Unternehmen angewöhnt hatte.

Dann erinnerte ich mich an mein Mantra:

Wenn ich bereits Millionär wäre, würde ich dann das machen, was ich gerade im Begriff war zu tun?

Mir wurde klar, dass ich als Millionär einfach mit jedem sprechen würde, der mir interessant erschiene oder von dem ich wüsste, dass er an einem Projekt beteiligt war, über das ich wirklich etwas erfahren wollte. Und genau das tat ich an jenem Abend, lernte einige großartige Leute kennen und führte faszinierende Gespräche – solche, die zu neuen Ideen anregten und mir neue Kontakte für mein Unternehmen brachten, Kontakte, die ich gern vertiefen wollte. Unter den Personen, mit denen ich sprach, war auch eine, die später bei meiner Scanners Night eine Rede hielt.

Stellen Sie sich vor, was passieren würde, wenn wir immer auf dieser Grundlage arbeiten würden. Kontakte würden sich auf natürliche Weise mit den Leuten ergeben, mit denen wir gern Zeit verbringen. Unsere Projekte oder Unternehmen würden sich mit weniger Anstrengung und mehr Spaß weiterentwickeln.

Schritt für Schritt wird diese einfache, ganz schön materialistisch klingende Frage dahin führen, dass Sie fürs Spielen bezahlt werden. Bis Sie dort ankommen, ist es offensichtlich nach wie vor wichtig, dass Sie die Dinge, die Sie versprochen haben, auch tatsächlich zum Abschluss bringen, selbst wenn Sie dafür nicht in Stimmung sind. Und vielleicht müssen Sie auch einige Projekte annehmen, die nicht gerade dem entsprechen, wofür Sie sich entscheiden würden, die aber ein gutes Sprungbrett sind, um den ultimativen Deal abzuschließen.

Natürlich könnten Sie sich einfach die Frage stellen: »Habe ich wirklich Lust das zu tun?« Doch es ist erstaunlich, wie viele meiner Klienten Fragen wie diese nicht sinnvoll beantworten können – dank des Einflusses ihres Topdog.

Wenn Sie sich die Durchführung des Millionärstests zur Gewohnheit machen wollen, führen Sie eine Gedächtnisstütze mit sich, die Sie daran erinnert. Vielleicht müssen Sie den Wortlaut ändern, damit der Test bei Ihnen funktioniert. »Millionär« kann für viele Dinge stehen, doch in meiner eigenen Vorstellung impliziert das Wort einen gewissen Wohlstand, einen Status mit hoher Lebensqualität, für dessen Aufrechterhaltung Sie, auch wenn Sie sich noch nicht komplett aus dem Arbeitsleben verabschieden können, einige Jahre nicht zu arbeiten bräuchten. Das ist eine gute Position, von der aus Sie Ihre Arbeit betreffende Entscheidungen fällen können – die Dringlichkeit ist erst mal raus, doch später müssen Sie die Arbeit vielleicht wieder aufnehmen.

So machen Sie Fortschritte, auch wenn Sie keine Zeit und keine Energie haben

Haben Sie Schwierigkeiten, Zeit für Ihr Projekt zu finden? Arbeiten Sie an einer neuen Karriere, während Sie noch immer voll in Ihrem alten Beruf stecken? Es gibt eine Möglichkeit, wie Sie trotzdem Fortschritte machen können: indem Sie ganz kleine Schritte machen, dies aber oft tun.

Schneiden Sie sich winzige, hochkonzentrierte Stückchen Zeit aus Ihrem Zeitkuchen heraus, in der Sie die Dinge tun, die am wichtigsten sind, um voranzukommen. Könnten Sie irgendwann in den nächsten 24 Stunden zehn Minuten Zeit erübrigen? Sie werden überrascht sein, was Sie in nur zehn Minuten alles schaffen, wenn Sie darauf vorbereitet sind und sich voll und ganz auf die bevorstehende Aufgabe konzentrieren. Wenn Sie am Ende eines Tages von Ihrer bisherigen Arbeit erschöpft nach Hause kommen, haben Sie vielleicht keine Lust, noch etwas zu tun. Tatsache ist, dass die Motivation oft erst einsetzt, *nachdem* Sie etwas begonnen haben, und nicht vorher.

Im Folgenden erfahren Sie, wie Sie vorankommen, selbst wenn Sie sehr wenig Zeit zur Verfügung haben. Das funktioniert auch dann besonders gut, wenn eine Aufgabe bevorsteht, die Sie vor sich hergeschoben haben, weil Sie einen gewissen Widerstand dagegen verspüren.

1. Denken Sie an die nächste Aufgabe, die Sie erledigen müssen, um Ihr Spielprojekt voranzubringen. Welche Einzelmaßnahme mit dem geringsten Zeitaufwand hat die größte Wirkung? Schreiben Sie sie auf.
2. Legen Sie fest, wie lang Ihr Mini-Zeitblock sein soll: 10 Minuten? 20? 30?
3. Schreiben Sie auf, was Sie in diesem kurzen Zeitraum schaffen können. Formulieren Sie Ihre Aufgaben nicht zu allgemein. Schreiben Sie nicht einfach: »Französisch lernen« oder »einen Businessplan erstellen«. Werden Sie konkreter und notieren Sie: »Übung 10 im Französischlehrbuch machen«, »im Internet nach drei guten Artikeln suchen, wie man mit einem Blog Geld verdienen kann, und diese dann ausdrucken, um sie später zu lesen«, »die drei gestern ausgedruckten Artikel lesen«.

4. Holen Sie Ihr Notizbuch hervor und tragen Sie dies als offiziellen Termin ein, zum Beispiel: 7 Uhr bis 7:15 Uhr: im Französischlehrbuch Übung 10 machen.

5. Halten Sie den Termin ein. Betrachten Sie ihn als eine echte Verpflichtung, genau wie einen Arzttermin. Wenn etwas wirklich Wichtiges dazwischenkommt, können Sie ihn verschieben, aber ansonsten halten Sie ihn ein. Schwänzen Sie ihn niemals einfach so.

6. Schalten Sie Ihr Telefon, Ihr E-Mail-Programm und alles andere aus, was Sie nicht brauchen und was Sie ablenken könnte. Sagen Sie anderen, die vielleicht stören könnten, dass Sie zu tun haben.

7. Befolgen Sie den brillanten Tipp des Managementgurus Mark Forster: Besorgen Sie sich eine Eieruhr und stellen Sie diese auf zehn Minuten ein oder einen anderen Zeitraum, den Sie vorgesehen haben. Positionieren Sie die gestellte Eieruhr auf Ihrem Schreibtisch. Dies wird Ihnen helfen, konzentriert zu bleiben.

8. Tun Sie genau das, was Sie laut Ihren Notizen erledigen wollten.

9. Wenn die Eieruhr klingelt, können Sie aufhören – selbst wenn Sie mit der Aufgabe noch nicht fertig sind. (Aber wenn Sie jetzt die Motivation zum Weitermachen haben, machen Sie weiter.)

10. Bevor Sie Ihre Notizen weglegen oder Ihr Dokument schließen, legen Sie fest, was Sie in Ihrem nächsten Mini-Zeitblock tun werden. Notieren Sie diese nächste Aktion, damit Sie, wenn Sie morgen weitermachen, genau wissen, was zu erledigen ist. Deponieren Sie Ihr Projekt irgendwo, wo Sie es schnell wieder aufnehmen können.

11. Holen Sie Ihr Notizbuch raus, und notieren Sie den Termin für Ihren nächsten Minijob und was Sie in der Zeit machen werden.
12. Entspannen Sie sich anschließend!

Natürlich werden Sie für die Bewerkstelligung jedes bedeutenden Projekts einige größere Zeitblöcke brauchen, aber bis Ihnen diese Zeit zur Verfügung steht, werden Sie erstaunt feststellen, wie viele Fortschritte Sie innerhalb Ihrer Mini-Zeitblöcke machen konnten. Und das kontinuierliche Vorankommen wird Ihre Motivation in viel höherem Maße aufrechterhalten, als wenn Sie zusehen, wie die Tage ungenutzt verstreichen. Wie viele Wochen vergehen, in denen Sie darauf warten, sich einmal eine Stunde lang Ihrem Projekt zu widmen, aber nie Zeit dazu finden? Vielleicht können Sie sich stattdessen vorstellen, an sechs Tagen in der Woche zehn Minuten zu erübrigen? Schriftstellerin Suzy Greaves gelang es bei *The Big Peace,* das ganze Buch in 15-Minuten-Abschnitten zu schreiben – neben ihrer Tätigkeit als Geschäftsführerin eines erfolgreichen Lebenshilfe-Unternehmens und ihrem Dasein als Mutter.

Sie brauchen nicht genau zu wissen, wie Sie Ihr Projekt erreichen werden. Sie müssen nur die nächste Maßnahme kennen und diese dann umsetzen. Auf diese Weise wird sich der Erfolg bei Ihnen mit ziemlicher Sicherheit einstellen. Machen Sie einfach weiter, und korrigieren Sie Ihren Kurs Ihren Ergebnissen entsprechend.

Versuchen Sie, Ihren Mini-Zeitblock auf den frühen Morgen zu legen, bevor Sie mit irgendetwas anderem anfangen. Das ist eine großartige Methode, um den Tag zu beginnen und sicherzustellen, dass nichts dazwischenkommen kann. Wenn es

Ihnen möglich ist, den Zeitabschnitt auf eine Stunde pro Tag auszudehnen, können Sie bei Ihrem Projekt große Fortschritte machen. Achten Sie darauf, diese Technik auch beim Spielmittwoch anzuwenden.

Betreiben Sie kein Zeitmanagement, sondern bekommen Sie in den Griff, was Sie überfordert

Heutzutage ist man schnell überfordert. Wir alle haben zu viel um die Ohren und müssen zu viele Informationen verarbeiten. Selbst wenn Sie die Disziplin haben, Ihre Aufgaben und die Informationsverarbeitung gnadenlos durchzuziehen, wird das Problem immer bestehen bleiben. Nicht alle Punkte auf Ihrer To-do-Liste werden vor Ihrem Tod abgearbeitet sein!

Die Überforderung ist eines Ihrer größten Hindernisse auf dem Weg hin zum Fürs-Spielen-Bezahltwerden. Und kreative Menschen sind davon besonders stark betroffen.

Warum? Weil die kreative Persönlichkeit nicht strukturiert denkt. Wir haben kein realistisches Zeitgefühl. Wir verlieren uns in etwas, und die Stunden vergehen wie im Flug. Es ist die Fähigkeit, die Zeit komplett zu vergessen, die es uns ermöglicht, so tief in den kreativen Prozess einzutauchen. Das sequenzielle Denken ist uns nicht angeboren. Wir können alles sehen, was wir brauchen, um ein Projekt zu realisieren, aber ohne jeglichen Zeitrahmen, daher sieht alles so aus, als müsse es sofort erledigt werden. Das Resultat ist ein Gefühl der Überforderung, und das fühlt sich schrecklich an. Auf so etwas reagieren wir häufig, indem wir gar nicht mehr weitermachen; wir klappen wie ein Häuflein Elend in uns zusammen oder – als subtilere Variante –

finden uns Filmchen guckend auf YouTube oder vor dem Fernseher wieder – alles Dinge, um den Geist vom Druck zu befreien. Das ist der Grund, warum die Überforderung oft mit Prokrastination (Aufschieben von anstehenden Aufgaben) verwechselt wird oder, schlimmer noch, mit Faulheit.

Ich denke dabei an einen eingebauten Neigungsschalter. Um ein guter Flipper-Spieler zu sein, müssen Sie den Automaten ein wenig schütteln. Wenn Sie aber zu stark schütteln, wird der Neigungsschalter aktiviert und der Automat schaltet sich ab. Ihr Job ist es wahrzunehmen, wenn Ihr Neigungsschalter aktiviert wurde, sich klarzumachen, dass Sie überfordert sind, und etwas dagegen zu unternehmen. Die Lösung ist immer, die Aufgabe in kleine Häppchen zu unterteilen und sich nur auf das nächste Stückchen zu konzentrieren, das Sie erledigen müssen.

Haben Sie sich beim Fernsehen ertappt, als Sie sich eigentlich vorgenommen hatten, Ihre komplette Website zu konzipieren? Gehen Sie in Abschnitten vor. Was müssen Sie als Erstes tun? Nehmen Sie sich eine Sache vor, die nicht länger dauert als eine Stunde. Wie wäre es, wenn Sie entscheiden, welche fünf Webseiten Sie erstellen werden? Oder Sie schreiben die drei wichtigsten Punkte auf, die Sie auf die Homepage bringen wollen.

Wenn Sie nicht weiterkommen, ziehen Sie jemanden zurate, dem die Zeitplanung leichtfällt. Er wird schnell sehen können, was Sie auf dem Tablett haben, und Ihnen die ersten fünf Dinge nennen, die Sie tun müssen, sowie deren Reihenfolge.

Schritt für Schritt können Sie einfache Dinge tun, um die Überforderung zu verringern. Führen Sie sorgfältig Ihr Notizbuch. Schreiben Sie alles auf; tragen Sie wichtige Informationen nicht im Kopf mit sich herum. Der muss freibleiben, damit Sie nachdenken können. Seien Sie realistisch; schreiben Sie für jeden Tag eine kurze Liste, in der Sie die drei Dinge aufführen, die Ihnen am wichtigsten sind.

Finden Sie auch heraus, was Ihr Topdog über die Aufgabe sagt, die Sie überfordert hat. Ist es etwas Pessimistisches? Wenn er Ihnen sagt, dass das Projekt zum Scheitern verurteilt ist oder Sie es schon vor Jahren hätten angehen sollen, werden Sie nicht besonders motiviert ans Werk gehen. Geht es um Perfektionismus? Perfektionisten neigen noch eher dazu, überfordert zu sein, weil ihr Topdog ihnen erzählt, dass alles einwandfrei sein muss. Es ist besser, ein Projekt mit einem guten Ergebnis abzuschließen, als schon wieder eines hinzuschmeißen, weil Sie es nicht perfekt hinbekommen.

So gehen Sie mit Ihren brillanten Ideen um

Haben Sie mehr Ideen im Kopf, als Sie umsetzen können? Wenn Sie allem nachgehen, was Ihnen in den Sinn kommt, werden Sie nie mit etwas fertig. Schaffen Sie sich einen Platz, an dem Sie alle guten Ideen aufbewaren. Wenn Sie eine neue Idee haben, deponieren Sie sie da, wo Sie sie wiederfinden können, damit Sie mit dem weitermachen können, woran Sie gerade gearbeitet haben.

Wenn Sie mit einem komplett neuen Projekt starten, sollten Sie als Allererstes einen Aufbewahrungsort für alle Ihre Ideen schaffen: Egal, ob es sich dabei um die Rede handelt, für die man Sie gerade gebucht hat, eine Website, die Sie aufbauen, oder ein Produkt, das Sie herstellen wollen. Fangen Sie ein neues Notizbuch an, oder machen Sie es so wie ich und öffnen Sie ein neues leeres Dokument auf Ihrem Computer. Jedes Mal, wenn Sie wieder eine Idee haben, öffnen Sie die Datei und notieren sie dort.

Vielleicht werden Sie feststellen, dass sich der erste Entwurf Ihrer Rede fast von allein schreibt.

Wenn Sie eine tolle Idee haben und wissen, dass Sie sie weiterverfolgen wollen, lassen Sie sich nicht aufhalten.

> *Wenn Sie eine kreative Idee haben, wird das, was Sie innerhalb von 24 Stunden tatsächlich davon umsetzen, den Unterschied zwischen Erfolg und Misserfolg ausmachen.*
> **Buckminster Fuller**

Ideen haben eine Halbwertzeit. Wenn Sie zu lange warten, bevor Sie sie umsetzen, kann es passieren, dass Sie sich Ihre Notizen vornehmen und sich fragen, was um alles in der Welt Sie sich dabei gedacht haben. Wenn es so aussieht, als wäre es für Sie in diesem Moment das richtige Projekt, um fürs Spielen bezahlt zu werden, vergeuden Sie keine Zeit und bringen Sie es auf den Weg. Oder wie der Schriftsteller Joe Vitale es gern ausdrückt: »Geld mag Geschwindigkeit.«

So wird aus Ihnen ein kreatives Genie

> *Alle Kinder sind Künstler. Die Frage ist, wie man auch dann ein Künstler bleiben kann, wenn man älter wird.*
> **Pablo Picasso**

Lernen Sie die Tricks, mit denen Sie Ihr kreatives Genie freisetzen können, und Sie werden mit sehr viel weniger Mühe viel eindrucksvollere Ergebnisse produzieren. Glauben Sie die Mythen über Kreativität nicht. Man geht schnell davon aus, dass großartige Werke ihrem Schöpfer einfach so und in einem Stück zufallen, tatsächlich ist es aber so, dass sie das Ergebnis mühevoller bildhauerischer Arbeit sind. Am Anfang einer Skulptur steht ein formloser Marmorblock. Der Bildhauer behaut den Block Woche um Woche, bis sich eine grobe Form herausbildet. Irgendwann zeigt sich die finale Form in all ihrer Schönheit. Jeder kreative Prozess verläuft auf ähnliche, sich wiederholende Weise, aber das vergisst man leicht und erwartet, dass man in einer einzigen Sitzung etwas Brillantes erschaffen kann. Folgende Methode ist viel besser:

1. **Seien Sie sich im Klaren darüber, welches Problem Sie zu lösen versuchen** oder welches Ergebnis Sie erreichen wollen. »Ein klar definiertes Problem ist schon halb gelöst«, sagte schon der Psychologe John Dewey.
2. **Arbeiten Sie jeden Tag ein wenig an Ihrem Projekt,** idealerweise gleich am Morgen. Zwischendrin wird Ihr Unterbewusstsein weiter daran arbeiten. Unterstützen Sie den Denkprozess durch eine einfache körperliche Tätigkeit wie Gehen, Gartenarbeit oder Geschirrspülen.
3. **Schreiben Sie Ihre Ideen auf.** Kreativitätsforscher Dr. Robert Epstein sagt, es könne sein, dass diejenigen, die wir als kreativ einschätzen, vielleicht einfach gute »Fähigkeiten zur Ausbeute« besitzen: Das heißt, sie nehmen alle ihre Ideen ernst und halten sie fest. Nehmen Sie Ihre Spielanleitung und Ihren Stift also überall mit hin, sei es ins Bett, in den Zug oder auf die Arbeit, und schreiben Sie alles auf, was einen Bezug zu Ihrem Projekt hat. Sie können sich auch ein wasserdichtes Notepad zulegen, um die tollen Ideen festzuhalten, die Ihnen unter der Dusche kommen!

4. **Quantität kommt beim Denken vor Qualität.** »Die beste
   Methode, eine gute Idee zu haben, ist, viele Ideen zu haben«,
   sagte der Chemiker und Friedensaktivist Linus Pauling einmal (und er ist einer von wenigen auf der Welt, die zwei No-
   belpreise erhalten haben). Produzieren Sie so viele Ideen wie
   möglich, schreiben Sie jeden Tag für einen festgelegten Zeitraum oder machen Sie jede Woche eine bestimmte Anzahl
   Fotos. Das nimmt Ihnen den Druck, es »richtig« machen zu
   müssen, und Sie erhalten dadurch mehr kreative Resultate. Später kommen Sie darauf zurück und wählen die besten Ergebnisse aus. Halten Sie den Schaffensprozess immer
   getrennt vom Bearbeitungsprozess, da sie unterschiedliche
   Denkweisen erfordern. Während des einen Prozesses fügen
   Sie Inhalt hinzu, während des anderen nehmen Sie ihn weg.
   Wenn Sie versuchen, beides gleichzeitig zu machen, wird Ihr
   Gehirn in Schockstarre verfallen.

5. **Wenn Sie nicht weiterkommen, betreiben Sie Brainstorming zusammen mit Freunden oder Kollegen** und denken Sie daran, dass beim Brainstorming jede noch so verrückte Idee erlaubt ist. Oder probieren Sie, jemandem zehn
   Minuten lang von Ihrem Projekt zu erzählen, während Ihr
   Gegenüber einfach nur zuhört. Wenn Sie allein sind, versuchen Sie, zehn Minuten lang ununterbrochen über das Thema zu schreiben, und sehen Sie sich anschließend an, was dabei herausgekommen ist.

   Als ich mich als Stand-up-Comedian versuchte, fragten mich
   die Leute, wie ich mir mein Material beschaffen würde. Und
   ich erzählte ihnen, dass das gar nicht so schwer ist, wie man
   vielleicht denkt. Tragen Sie ein Notizbuch bei sich und schreiben Sie alles, was Ihnen einfällt und was Sie für lustig halten,

auf – egal wann. Dann testen Sie das Material vor Publikum und überarbeiten die Schwachstellen. Am Ende werden fünf Minuten gutes Material übrig bleiben, was Sie dann präsentieren können.

Die Macht des kreativen Nichtstuns

Müßiggang bedeutet für mich nicht, das Leben aufzugeben,
sondern es inspiriert zu ergreifen.
Tom Hodgkinson, Herausgeber von *The Idler* **und Autor**
von *How to be Idle*

Der Müßiggang ist ein wesentlicher Teil des kreativen Prozesses. Es wird Zeiten geben, in denen Sie für Ihr Projekt großen Aufwand betreiben müssen. Wenn Sie Pausen einlegen, zwischendrin etwas ganz anderes machen, eine Weile mit Ihren Kindern spielen oder sich den Nachmittag freinehmen, kann all das dazu beitragen, dass Sie Energie tanken. Es ist auch einfach eine nette Art, mit sich selbst umzugehen. Wenn Sie Ihr eigener Chef werden, können Sie auch ein netter Chef sein!

Denken Sie daran, auch eine gewisse Zeit fürs reine Spielen in Ihren Terminplan einzubauen – die Dinge, die Sie gern tun, ohne sich Gedanken darüber zu machen, wie Sie damit Geld verdienen können. Registrieren Sie Ihr natürliches Tempo und arbeiten Sie im Einklang mit diesem und nicht dagegen. Versuchen Sie nicht, einen anderen Menschen aus sich zu machen: jemanden, der die ganze Nacht durcharbeiten kann oder der sich vier Stunden am Stück konzentrieren kann oder der normale Bürozeiten absitzt. Arbeiten Sie im Einklang mit Ihrem Naturell. Wenn Sie sich bessere Ergebnisse wünschen, ist es Ihre Aufgabe, etwas anders zu *machen,* und nicht, ein anderer zu *sein.*

Hören Sie auf Ihren Körper, wenn er nach einer Pause verlangt. Tun Sie das nicht, berauben Sie sich sowieso der restlichen Zeit, weil Sie Ihre Aufmerksamkeit verlieren oder von irgendetwas Unwichtigem abgelenkt werden. Sie können Ihren Körper nicht sehr lange beschummeln, daher können Sie genauso gut gleich eine echte Pause einlegen. Vielleicht schaffen Sie sogar Ihren großen Durchbruch, wenn Sie ausspannen. J. K. Rowling fuhr allein mit einem verspäteten Zug von Manchester nach London, als ihr die »Idee zu Harry Potter einfach so kam«. Innerhalb der nächsten vier Stunden »sprudelten die Details nur so in meinem Kopf herum, und ich hatte den hageren, schwarzhaarigen, bebrillten Jungen, der nicht wusste, dass er ein Zauberer war, immer deutlicher vor Augen«.

Der Physiker Richard Feynman beobachtete in der Cafeteria der Cornell University, wie jemand aus Spaß einen Teller in die Luft warf, als er beschloss, »einfach nur so zum Spaß« die kippelnden Bewegungen des Tellers in Gleichungen zu beschreiben. Diese Gleichungen stellten sich als entscheidend für seine Arbeit zur Quantenelektrodynamik heraus, für die er später den Nobelpreis erhielt.

> *Es ist wichtig, dass man nicht sehr viel zu tun hat, wenn man etwas tun soll, das von Bedeutung ist.*
> James D. Watson, Mitentdecker der DNS-Struktur

Nähern Sie sich Tag für Tag ein Stückchen Ihrer natürlichen Art zu arbeiten an. Wie nah können Sie herankommen an die Arbeitsweise, die Ihnen in Gedanken für Ihr freies Jahr vorschwebt?

Machen Sie ruhig ein Nickerchen

Irgendwann zwischen Mittagessen und Abendessen muss man
schlafen ... Das mache ich immer so. Denken Sie nur nicht,
Sie würden weniger erledigen können, wenn Sie tagsüber
schlafen. Das ist eine dumme Vorstellung von Menschen ohne
Vorstellungskraft. Sie werden sogar mehr erreichen.
Winston Churchill

Wenn Sie sich eine Auszeit genehmigen, warum dann nicht gleich ein Nickerchen machen? In Studien wurde nachgewiesen, dass ein kurzer Schlaf den Level an Stresshormonen senkt und die Produktivität und Kreativität ankurbelt. Ein Nickerchen hat auf das Gehirn etwa dieselbe Wirkung wie der Neustart für einen Computer und, wie Winston Churchill sagte: »Man bekommt zwei Tage in einem – oder wenigstens eineinhalb.«

Wenn jemand versucht, Ihnen ein schlechtes Gewissen einzureden, wenn Sie tagsüber während der Arbeitszeit ein Nickerchen machen, erinnern Sie ihn einfach daran, dass Schlaf auch eine sehr produktive Zeit sein kann. Paul McCartney erträumte die Melodie von »Yesterday«, und der Chemiker Friedrich August Kekulé entdeckte die rätselhafte Ringgestalt der chemischen Verbindung von Benzol, nachdem er von einer Schlange geträumt hatte, die sich in den eigenen Schwanz biss. Ein guter Kurzschlaf braucht Übung. Mittlerweile gelingt es mir, innerhalb von fünf Minuten oder weniger einzuschlafen. Stellen Sie einen Wecker, um den Schlaf kurz zu halten, etwa 20 Minuten, dann sind Sie auch nicht so groggy, wenn Sie wieder aufwachen.

Machen Sie ein Spiel daraus

Mit diesen Zutaten gelingen die Erfolgsrezepte:

- 😊 Trauen Sie sich zu hoffen, dass Sie das, was Sie wirklich wollen, bekommen können, und werden Sie mit etwaigen Rückschlägen fertig. Es wird für Sie garantiert ein Erfolg, wenn Sie einfach nicht aufhören.
- 😊 Ermitteln Sie Ihren Topdog und fangen Sie an, ihn zu zähmen.
- 😊 Stellen Sie ein Support-Team zusammen und bekommen Sie Ihre Ängste in den Griff.
- 😊 Ahmen Sie die Erfolgsstrategien anderer nach und erarbeiten Sie Ihre eigenen.
- 😊 Führen Sie den Millionärstest durch, um auf Kurs zu bleiben.
- 😊 Machen Sie, wenn Sie wenig Zeit zur Verfügung haben, nur ganz kleine Schritte, dies aber oft, und bekommen Sie in den Griff, was Sie überfordert.
- 😊 Bedienen Sie sich der Methoden kreativer Genies und gehen Sie dem kreativen Nichtstun nach, um Ihre Effektivität zu maximieren.

Was Sie jetzt haben sollten:

- 😊 eine Strategie, um es selbst zu schaffen, dahin zu kommen, wo Sie hinwollen.

Nehmen Sie sich zehn Minuten Zeit fürs Spielen:

😊 Versuchen Sie, eine der Strategien in diesem Kapitel jetzt gleich in die Tat umzusetzen.

😊 Rufen Sie jemanden an, mit dem Sie ein Support-Team aufbauen könnten.

Exklusive Extras auf ScrewWorkLetsPlay.com

😊 nähere Informationen zu Ihrem Topdog;

😊 Interviews mit kreativen Unternehmern;

😊 das Erfolgsrezept für einen kurzen und guten Schlaf;

😊 Infos darüber, wo man wasserfeste Notepads und gute Eieruhren kaufen kann.

So spielen Sie für Profit ...
und einen Zweck

Ein Unternehmer ist jemand, der
Probleme löst und damit Profit macht.
T. Harv Eker, US-amerikanischer Unternehmer,
Autor und Redner

Wir haben jetzt gesehen, wie Sie Ihr erstes Spielprojekt auf den
Weg bringen und es auch dann schaffen können, die Dinge am
Laufen zu halten, wenn es knifflig wird. In diesem Kapitel erfahren Sie, wie Sie Ihre Projekte dahingehend verfeinern, dass
daraus etwas wird, wofür die Leute Sie vielleicht bezahlen würden. Zum Einstieg hier die Geschichte eines britischen Unternehmers, der ein innovatives Unternehmen rund um eine
Herausforderung gründete, vor der er selbst einmal gestanden
hat.

Von einer Idee am Strand zu einem landesweiten Unternehmen

Richard Alderson ist der Gründer von Careershifters, einem innovativen britischen Unternehmen, das Menschen hilft, die große berufliche Veränderungen durchmachen. Doch wie kam er auf die Idee, und woher wusste er, dass sich damit Geld verdienen lassen würde? 2009 erzählte er im Interview:

Es war Ende 2003, und ich hatte gerade den schmerzhaften, aber letztlich lohnenswerten Prozess des Aussteigens aus dem Unternehmen hinter mir, in dem ich damals angestellt gewesen war. Ich hielt mich in Kerala auf, wo ich eine Berufspause einlegte und mir einen Traum erfüllte, nämlich einige Monate Yoga zu lernen. Das Verbiegen meines Körpers zu neuen Formen hatte auch den interessanten Effekt, dass mir einige spannende Ideen kamen.

Anfang 2004 schrieb ich einen ersten Businessplan (einen ziemlich schlichten, wie mir später klar wurde) und fing an, die Idee einer ausgewählten Gruppe von Freunden und Kollegen vorzustellen, um sie währenddessen immer weiter zu verfeinern. Dann begann ich mich an einige der Leute zu wenden und mir von ihnen Unterstützung für den Start zu holen, die mich zu meiner beruflichen Veränderung inspiriert hatten — die Autoren einiger Bücher, die ich gelesen hatte, Coaches, die mir geholfen hatten, und andere, die ich für führend im Bereich berufliche Neuorientierung hielt.

Im Verlauf des Jahres begann ich auch damit, ein Team von Leuten zu rekrutieren, von denen ich annahm, dass sie mir bei der Umsetzung des Projekts helfen könnten. Die meisten von ihnen hatten sich selbst beruflich umorientiert, sie alle teilten meine Leidenschaft, Dinge wahr werden zu lassen, und wie ich investierten sie alle neben ihrem Hauptberuf freiwillig Zeit in das Projekt.

Unser erstes Team-Meeting fand an einem kalten Februarabend 2005 in einer Bar in Soho statt. Seitdem treffen wir uns jeden Monat, manchmal in leeren Tagungsräumen, manchmal in Bars, manchmal in meiner Wohnung.

Es war nicht immer einfach. Es gab Zeiten, in denen die Dinge sich im Schneckentempo bewegten und ich mich fragte, warum um alles in der Welt ich so viele Stunden meines Lebens in das Unternehmen steckte. Doch stur wie ich bin, wollte ich niemals aufgeben, weil ich fest daran glaubte, dass wir etwas schufen, das Tausenden von Menschen helfen konnte.

Ich denke, Careershifters füllt eine Marktlücke, die dringend geschlossen werden musste. Es gibt derzeit keine andere engagierte Online-Community für Berufswechsler. Es gibt keine andere Internetplattform, auf der Sie praxisbezogenen Rat von so vielen Experten bekommen können, auf der Sie Kontakt mit so vielen anderen sich beruflich neu orientierenden Menschen aufnehmen können und auf der Sie sich von so vielen unterschiedlichen Geschichten von Leuten inspirieren lassen können, die den Berufswechsel erfolgreich vollzogen haben. Wir gehören auch zu der neuen Generation von Firmen, die nicht *nur auf Profit aus sind und deren Zweck darin besteht, neben dem Aufbau eines nachhaltigen Unternehmens auch etwas für die Öffentlichkeit zu tun.*

Und da sind wir heute, fast sechs Jahre sind seit dem Tag vergangen, an dem mir die Gründungsidee in den Sinn kam — wir haben eine fantastische Website, den brandneuen Careershifters Guide, veranstalten Workshops in London (bald überall in Großbritannien), und der Careershifters Club steht kurz vor seiner Eröffnung. Für das Jahr 2010 haben wir uns vorgenommen zu wachsen, und es ist unsere Mission, in eben diesem Jahr 1000 Berufswechslern zu helfen. Ich dachte, es würde halb so lange dauern, um bis zu diesem Punkt zu kommen, aber das sagen alle, oder?

Mehr über Careershifters können Sie nachlesen auf *careershifters.org*

Richard Alderson hatte eine Idee, von der er dachte, dass er mit ihr sowohl ein nachhaltiges Unternehmen entwickeln als auch vielen Menschen helfen könnte – und zwar mit etwas, worin er selbst Erfahrung hatte. Wie lässt sich das anstellen? Wie können Sie einen Weg finden, um Dinge, die Ihnen wirklich Spaß machen, in etwas zu verwandeln, für das die Leute bezahlen? Hier kommen wir zur wesentlichen Frage, wie man Geld verdient. Es wird Zeit, wie ein Unternehmer zu denken. Sind Sie bereit, den magischen Schlüssel zu entdecken, mit dem man fürs Spielen bezahlt wird? Hier ist er: Lösen Sie ein Problem.

Wenn Sie mit Spielen Profit machen wollen, ist das Entscheidende, dass Sie die Dinge, die Sie gern tun, so tun, dass Sie damit die Probleme anderer lösen. Probleme haben eine große Kraft. Finden Sie ein gutes Problem zum Lösen, und Sie können darauf wetten, dass es eine Möglichkeit gibt, damit Geld zu verdienen. Außerdem fühlt es sich auch noch gut an, die Probleme anderer zu lösen.

Wenn Sie verstehen, was für eine Kraft in Problemen steckt, wird sich dies auch positiv auf Ihre Fähigkeit auswirken, fürs Spielen bezahlt zu werden. Das hat folgenden Grund. Überlegen Sie mal, warum Menschen Geld ausgeben. Das geschieht hauptsächlich aus einem von zwei Gründen: Wir wollen damit entweder Leid vermeiden oder Freude erleben. Und das Leid ist dabei der weitaus stärkere Antriebsmotor. Das Leid könnte physischer Natur sein (wie Rückenschmerzen), emotionaler (Einsamkeit, Unzufriedenheit, Langeweile), finanzieller (kann die nächste Rate des Hypothekendarlehens nicht bezahlen) oder sogar spiritueller (ein Gefühl des Unausgefülltseins). Ob es sich um ein kleineres Leid handelt wie ein Gefühl der Langeweile oder ein größeres wie Zahnschmerzen, es deutet auf ein Problem hin, für dessen Lösung jemand zu zahlen bereit ist. Denken Sie an die Hausratversicherung – wir schließen sie nicht ab, weil wir es toll finden versichert zu sein, sondern weil wir Angst davor haben, nicht versichert zu sein. Die Angst, bei einem Einbruch sein ganzes Hab und Gut zu verlieren, ist ein Problem; und es ist eines, für dessen Lösung die meisten von uns bereitwillig bezahlen.

Man könnte sogar argumentieren, dass alle Käufe getätigt werden, um ein gewisses Unbehagen zu lindern, selbst die von Luxusartikeln. Wie viele Reisen werden beispielsweise mitten im

Januar gebucht, wenn es im eigenen Land am dunkelsten und kältesten ist?

Leute, die zum ersten Mal ein selbstständiges Einkommen erwirtschaften, vergessen oft die Bedeutung der Problemlösung für den erfolgreichen Verkauf. Sie machen den Fehler, Dienstleistungen anzubieten, die unter »Nice-to-have« fallen, aber nicht unter »Must-have«. Wenn Sie das tun, werden Sie feststellen, dass es sehr schwer ist, damit seinen Lebensunterhalt zu verdienen. Wir alle kennen den Erfinder, der versucht, einen furchtbar cleveren Apparat an den Mann zu bringen, den keiner wirklich braucht, oder den frischgebackenen Freiberufler, der irgendeine Dienstleistung anbietet, die sich sehr nett anhört, aber die niemand je in Anspruch nimmt. Das Problem besteht dann darin, dass den Menschen immer irgendetwas wichtiger ist, als das zu kaufen, was Sie gerade anbieten. Heutzutage sind die Leute sehr beschäftigt; wir alle haben lange To-do-Listen, und der Posteingang unseres E-Mail-Programms quillt über. Das kann für Sie eine gute oder eine schlechte Nachricht sein. Achten Sie darauf, dass Sie etwas anbieten, das die Leute heute schon auf ihren To-do-Listen haben; dann ist es eine gute Nachricht.

Mit Careershifters erkannte Richard Alderson, dass »zu viele Menschen in Jobs festsaßen, die ihnen das Leben schwermachten. Angst, finanzielle Gründe, mangelndes Selbstvertrauen, Unwissen darüber, was für Alternativen sie hatten und an wen oder was sie sich hilfesuchend wenden konnten, all dies hielt sie zurück.« Das war für viele Leute ein echtes Problem: eines, das auf der Liste der Dinge, gegen die man etwas unternehmen musste, ganz oben stand.

Wenn jemand weiß, dass er ein Problem hat, müssen Sie ihn nicht erst überzeugen, dass er eine Lösung braucht – er sucht schon eine. Sie müssen demjenigen lediglich zeigen, dass Sie die Lösung anbieten können und diese den Preis, den Sie verlangen, wert ist. Verschwenden Sie Ihre Zeit nicht damit, Dinge anzubieten, bei denen Sie die Leute erst davon überzeugen müssen, dass sie sie brauchen. Das kann man zwar machen, aber es ist sehr harte Arbeit, und vielleicht sind Sie schon vor dem Erfolg pleite!

Gehen wir Probleme jagen

Sehen Sie sich das Projekt an, das Sie sich zum Spielen ausgesucht haben. Hoffentlich basiert es auf etwas, von dem Sie denken, dass es Ihnen Spaß machen wird und dass Sie dafür auch Talent haben. Jetzt lautet die Frage, was für ein Problem dieses Projekt für andere lösen könnte. Nachfolgend einige Beispiele, wie Sie das von Ihnen gelöste Problem identifizieren und gleichzeitig das tun, was Ihnen Spaß macht.

Erstellen Sie gern ansprechende, kleine Websites? Sie könnten das verbreitete Problem lösen, dass die Leute sich überfordert fühlen von all den Möglichkeiten der Website-Erstellung und den damit verbundenen Kosten, und zwar indem Sie Webdesign mit einer begrenzten Anzahl von einfachen und individualisierbaren Designs anbieten.

Sie schreiben und bloggen gern? Wie lautet das übergreifende Problem, über das Sie im Blog mehr herausfinden möchten? Leute, die sich modisch kleiden wollen, sich aber keine Designerlabels leisten können? Möchten Sie Menschen zusammenbringen, die sich leidenschaftlich für ein gesellschaftliches Thema einsetzen, das derzeit oft missverstanden wird? Leute, die gern neue Dienste wie Twitter nutzen würden, aber nicht wissen, wie sie das anstellen sollen, und Angst davor haben, etwas falsch zu machen?

Macht es Ihnen Freude, das Leben anderer Menschen wieder in Ordnung zu bringen? Denken Sie darüber nach, virtueller Berater zu werden? Was interessiert Sie, wem würden Sie bei Problemen gern helfen? Leuten, die der Organisationsaufwand von Events überfordert? Leuten, die sich durch administrative Aufgaben von ihren kreativen Projekten ablenken lassen?

Gilt Ihre Begeisterung der Ausübung komplementärer Behandlungsmethoden? Sie könnten sich auf einen bestimmten Problembereich spezialisieren, zum Beispiel schwangeren Frauen zu helfen, die häufig unter Müdigkeit, Stress und Rückenschmerzen leiden.

Sie gestalten gern Kunstwerke? Und sind der Meinung, dass man mit Kunst kein Problem lösen kann? Der Künstler Jay Versluis schuf ein wunderbares abstraktes Foto mit dem Titel »Stripes«. Eine Innenarchitektin sah sein Foto und ihr wurde klar, dass sie damit ein Problem bei einem neuen, minimalistischen Bürotrakt lösen konnte, an dem sie arbeitete. Das Büro verlangte geradezu nach einem auffallenden Kunstwerk als Kontrast zur stark minimalistischen Architektur des Gebäudes. Jay schuf eine von der Rückseite beleuchtete Installation mit den Maßen 3,65 mal 3,65 Meter und verdiente damit am Ende mehr als 5000 Britische Pfund.

Haben Sie eine witzige technische Spielerei erfunden, die sich vielleicht toll als Kundengeschenk eignen würde? Viele Firmen, große wie kleine, haben Angst, für fantasielos oder altmodisch gehalten zu werden. Deshalb müssen sie immer wieder Wege finden, in allem, was sie tun, anders und originell zu sein – das gilt auch für die Give-Aways auf Messen und Veranstaltungen. Das Problem, mit allen anderen in einen Topf geworfen zu werden, sollte nicht unterschätzt werden – und natürlich kennen auch Einzelpersonen dieses Problem.

Macht es Ihnen Spaß, eine Website mit humorvollen Texten, Bildern oder Videos zu gestalten? Selbst das kann ein reales Problem lösen – das Problem der Langeweile bei der Arbeit, einhergehend mit dem Wunsch, ihr für einen Augenblick zu entfliehen und zu lachen. Wenn der Humor sich auf ein obskures Hobby oder die Macke einer bestimmten Gruppe konzentriert, kann er auch die Isolation ansprechen, die diese Menschen sonst fühlen, und so ein Gemeinschaftsgefühl erzeugen. (Ein nettes Beispiel hierfür ist xkcd.com, ein englischer Webcomic über die Mathematik und das Leben.)

Denken Sie an Ihr derzeitiges Spielprojekt. Welches Problem könnte dieses für andere lösen? Wenn Sie nach einem Problem suchen, das Sie lösen wollen, achten Sie auf die emotionale Sprache der Leute, denen Sie zu helfen versuchen. Sie benutzen Formulierungen wie »Ich habe es satt ...«, »Mich langweilt ...«, »Ich mache mir Sorgen, dass ...« Wenn Sie diese Sprache hören, sind Sie auf ein Problem gestoßen.

Das Problem aufdecken

Als Sophie Boss ihr Unternehmen Beyond Chocolate gründete, um Frauen zu helfen, von Diäten mit Jo-Jo-Effekt wegzukommen, lautete das Motto »Verändere dein Verhältnis zum Essen«. Später nahm sie an einem Marketing-Workshop teil. Sophie erzählt dazu:

> *Die Frau, die den Workshop leitete, sah mich an und sagte: »Wissen Sie, ich glaube nicht, dass irgendjemand morgens aufwacht und denkt: ›Ich muss wirklich mein Verhältnis zum Essen ändern!‹« Und sie hatte recht. Sie denken eher: »Ich muss abnehmen« oder »Ich muss mit diesem Diätwahnsinn echt aufhören« oder »Ich kann so nicht weitermachen«. Und so beschlossen wir, unsere Wortwahl zu ändern.*
>
> *Das Motto des Buches, das wir später schrieben, lautet »Abnehmen ohne Jo-Jo-Effekt und mit langfristigem Erfolg«. Es fühlte sich an, als würden wir einen großen Kompromiss eingehen, denn auch wenn Frauen mit Beyond Chocolate Gewicht verlieren, war dies unserem Gefühl nach nicht der Fokus unserer Arbeit. Wir waren erpicht darauf zu erklären, inwieweit Beyond Chocolate anders war und wie es ihnen helfen konnte. Ich habe herausgefunden, dass die Leute vor allem an dem interessiert sind, was sie persönlich erreichen wollen, und nicht unbedingt wissen möchten, wie wir was machen. Ihr Verhältnis zum Essen zu ändern war das »Wie«, ihr Ziel aber war, den Teufelskreis der Diäten mit Jo-Jo-Effekt zu durchbrechen und endlich Gewicht zu verlieren.*

Sind Sie bereits selbstständig, kann es sein, dass Sie schon seit einiger Zeit Dienstleistungen anbieten, aber mit der Resonanz noch nicht zufrieden sind. Wenn Sie sich in die Leute hineinversetzen, denen Sie helfen, so wie Sophie Boss das tat, könnte sich das sehr gut positiv auf Ihre Fähigkeit auswirken, Menschen für Ihre Sache zu begeistern, und Ihnen Aufträge bescheren. Hier kommt eine sehr effektive Methode, wie Sie das Problem identifizieren können, das Sie lösen wollen. Denken Sie an den Moment, in dem jemand Ihr Produkt schließlich kauft oder Sie anruft und engagiert. Was passiert mit Ihrem Gegenüber in diesem Moment? Vielleicht hat die Person schon eine Weile darüber nachgedacht, Ihr Produkt zu kaufen oder Sie zu engagieren, aber irgendetwas ist der Auslöser dafür, dass sie den Schritt schließlich tut. Wissen Sie, was es ist? Die meisten Anfragen für eine Beratung zwecks Berufswechsel bekomme ich montags, wenn die Leute nach dem Wochenende zur Arbeit gehen und ihnen wieder bewusst wird, wie unzufrieden sie mit ihrem Job sind. (Die, die ihre Arbeit wirklich hassen, kontaktieren mich am Sonntagabend, wenn allein der Gedanke, zurück zur Arbeit zu müssen, zu viel für sie ist!) Und ich setze dieses Wissen sinnvoll ein; ich erhalte eine hohe Rücklaufquote, wenn ich am Montag eine E-Mail mit dem Betreff verschicke: »Halten Sie Ihre Arbeit keine weitere Woche mehr aus?«

Finden wir jetzt das Problem, das Sie für andere lösen können. Wir suchen nach der Schnittstelle, wo die Dinge, die Sie gern tun und für die Sie ein gewisses natürliches Talent besitzen, sich so verwenden lassen, dass sie anderen bei etwas helfen, das sie quält. Zeit für ein ernsthaftes Brainstorming.

Erstellen Sie eine umfangreiche Liste mit Problemen, bei denen Sie glauben helfen zu können. Sie brauchen keine vollständige Lösung für ein Problem parat zu haben, sondern sollten lediglich in der Lage sein, Einfluss darauf zu nehmen.

Stellen Sie sich die folgenden Fragen, um das Denken anzukurbeln, und schreiben Sie Ihre Antworten in Ihre Spielanleitung.

- Sehen Sie sich das Spielprojekt an, das Sie in »Erfolgsrezepte Teil 3« definiert haben, und fragen Sie sich, welches Problem Sie damit für andere lösen könnten. Welches Problem könnten Sie lösen, wenn Sie den Schwerpunkt ein wenig verlagern würden?

- Gibt es eine bestimmte Branche, Nische oder Personengruppe, in der Sie beziehungsweise mit der Sie gern arbeiten würden? Falls ja, welche Art von Problemen sind hier Thema? Was bereitet dieser Branche momentan die größten Kopfschmerzen?

- Sehen Sie sich Ihre magischen Momente noch mal an. Bei welchem (großen oder kleinen) Problem halfen Sie anderen in diesen Momenten?

- Mit Blick auf Ihr eigenes Leben: Welche Probleme nerven Sie andauernd? Könnten Sie bei einem aufgrund Ihrer Position Abhilfe schaffen und hätten daran auch noch Spaß?

- Wenn Sie bereits eine gute Geschäftsidee haben, schreiben Sie die wichtigsten Probleme auf, die dieses Geschäft für Ihre Klienten und Kunden lösen könnte.

- Wenn Sie bereits selbstständig sind, welche vordringlichen Probleme haben Ihre Klienten, von denen Sie wissen, dass Sie hier Abhilfe schaffen könnten? Denken Sie an die Dienstleistungen oder Produkte, die Sie bereits anbieten, und schreiben Sie die Probleme auf, die Sie damit für Ihre Klienten lösen können.

- Wenn Sie derzeit andere Unternehmen beraten (oder dies gern tun würden), welches sind deren vordringliche Probleme, bei denen Sie helfen können? In welcher Lage befinden sich diese in dem Augenblick, in dem sie zum Hörer greifen, um Sie zu engagieren? Sie können darauf wetten, dass das Problem akut ist! (Als ich als selbstständiger Consultant tätig war, wusste ich erst, wo genau ich nach Aufträgen suchen musste, nachdem mir endlich klar geworden war, welche Probleme ich für Klienten löste.)

- Wenn Sie Ihre Dienste an große Unternehmen verkaufen, welches Problem hat die Person, die Sie engagiert? Vielleicht wollen Sie einen Workshop abhalten, um die Arbeitsmoral der Belegschaft zu verbessern, aber Sie müssen erst herausfinden, welches Problem das Management sieht: vielleicht einen Leistungsabfall?
- Denken Sie an Ihre früheren Lieblingsprojekte. Welches Problem konnten Sie damit lösen?
- Wenn es Ihr Ziel ist, für sich selbst beruflich eine bessere Position zu schaffen (dazu später mehr), welches Problem innerhalb des Unternehmens ist so groß, dass man bereit wäre, Sie dafür zu engagieren?
- Und finden Sie immer Folgendes heraus: Hat dieses Problem aktuell gerade jemand? Ist die Person sich des Problems bewusst? Steht es auf ihrer To-do-Liste?
- Beobachten Sie erfolgreiche Unternehmen, die Sie bewundern, und stellen Sie sich die Frage, welche Probleme diese für andere lösen. Mag sein, dass Sie auf den ersten Blick gar nicht erkennen, dass diese Unternehmen ein Problem lösen, aber denken Sie darüber noch einmal nach: Welche Probleme spricht zum Beispiel Facebook an, sodass mittlerweile über eine Milliarde Menschen weltweit dieses soziale Netzwerk nutzen?

Wenn sie zum ersten Mal an diese Denkweise herangeführt werden, machen viele den Fehler, dass sie beschreiben, was jemand will, und nicht, was sein momentanes Problem ist. Wenn es Ihnen Spaß macht, Menschen dabei zu helfen, mehr Geld zu verdienen, ist »reich sein zu wollen« nicht das Problem, und »nicht reich zu sein« ist es auch nicht. Das Problem geht eher in Richtung »die Nase voll davon zu haben, trotz langer Arbeitszeiten gerade so über die Runden zu kommen und sich noch nicht mal einen anständigen Urlaub leisten zu können«. Wonach wir suchen, ist das Leid oder die Unannehmlichkeit, das oder die jemand *jetzt gerade* erlebt.

Manche denken, dass es zu negativ oder sogar zu manipulativ ist, über Probleme wie dieses zu sprechen. Tatsächlich aber beweist es mehr Einfühlungsvermögen – man spricht die Sprache seiner Kunden oder Follower, anstatt die Dinge immer nur von seiner eigenen Warte aus zu sehen. Wenn ich mich zum Beispiel aufgrund des Wetters permanent unwohl fühle und Sie sagen mir, dass Sie auch genug von Ihren ständigen Erkältungen und Infekten haben, wird Ihre Wirkung auf mich viel größer sein als wenn Sie mir erzählen, wie herrlich es ist, vollkommen gesund zu sein. Es ist schwierig für mich, einen Bezug zum idealen Endergebnis herzustellen. Sobald Sie aber meine Aufmerksamkeit haben, können Sie natürlich damit beginnen, mich davon zu überzeugen, dass Sie mir zu einer besseren Gesundheit verhelfen können.

Wenn es Ihnen schwerfällt, sich in das negative Stadium hineinzuversetzen, in dem sich Ihre Kunden befinden, und automatisch an den positiven Zustand denken, den sie anstreben, stellen Sie sich die zwei folgenden Fragen: Welche Sache, bei deren Beschaffung Sie helfen können, wünschen sich Ihre Kunden für ihr Leben wirklich? Und was hält Ihre Kunden momentan davon ab, sie zu bekommen? Dieses Hindernis stellt das eigentliche Problem dar, das Sie lösen. Wenn Sie zum Beispiel

Personal Trainer sind, wollen Ihre Klienten fit und gesund sein und gut aussehen. Das Hindernis (und daher das von Ihnen zu lösende Problem) ist die Tatsache, dass die Klienten weder über ausreichende Disziplin noch über das Fachwissen verfügen, um ohne Weiteres allein fit zu werden. Worin auch immer Ihre Arbeit besteht, schreiben Sie auf, was Ihre Kunden begehren und was sie daran hindert, dieses ohne ihre Hilfe zu bekommen. Sie werden feststellen, dass Sie viel bessere Ergebnisse erzielen, wenn Sie mit potenziellen Kunden nicht nur über ihre Wünsche reden, sondern auch über das, was sie daran hindert, sie zu erfüllen.

Es ist von immensem Wert, wenn Sie die vordringlichen Probleme Ihres Zielmarktes kennen. Wenn Sie nicht wissen, welche das sind, betreiben Sie ein wenig Marktforschung. Das ist erstaunlich einfach und effektiv. Wenn Einzelpersonen Ihre Zielgruppe sind, schicken Sie an alle Ihre Kontakte eine E-Mail mit der Frage: Wo sehen Sie für sich die derzeit größte Herausforderung beim Thema Ordnung schaffen/Gewicht verlieren/Geschäftsentwicklung oder für welchen Bereich Sie sich sonst noch interessieren?« Die Informationen, die Sie daraufhin erhalten, sind von unschätzbarem Wert. Sie wissen jetzt genau darüber Bescheid, was die Leute, mit denen Sie arbeiten wollen, am meisten plagt, und können sich an die Aufgabe machen, etwas zu kreieren, das ihnen hilft.

Besteht Ihre Zielgruppe aus Firmen, ist es sicher sinnvoll, mit einigen Mitarbeitern ein Treffen zu vereinbaren und diese zu den derzeit größten Herausforderungen Ihrer Branche zu befragen. Als Grund für die Befragung können Sie eine Recherche angeben. Wieder erhalten Sie nicht nur einige unglaublich nützliche Informationen, es ist auch ein Ansatz, der nichts mit

Verkaufen zu tun hat und oft den netten Nebeneffekt hat, dass jemand sagt: »Ach, vielleicht können Sie uns bei dieser Sache konkret helfen?«

Sie wollen die Welt verändern?

Haben Sie keine Lust mehr, Arbeit zu verrichten, die Sie eigentlich gar nicht interessiert? Suchen Sie nach etwas Sinnvollerem? Vielleicht wissen Sie bereits, dass es in der Welt etwas gibt, bei dem Sie Positives bewirken möchten? Wenn das so ist, machen Sie es greifbar, indem Sie sich ein spezifisches Problem aussuchen, das Sie zuerst lösen wollen. Dies könnte ein Problem aus der Praxis sein: Restaurants, in denen Kinder unfreundlich behandelt werden; das eindrucksvolle Scheitern öffentlicher Bauprojekte, die nie pünktlich fertig sind und immer das Budget sprengen; technische Geräte, die viel zu kompliziert für ältere Nutzer sind; die schockierende Ernährung von Schulkindern, in der Schule und zu Hause.

Es könnte sich um ein globales Problem handeln: der Beitrag ineffizienten Heizens zur globalen Erwärmung; die fehlende Aufklärung über HIV und Aids in einigen der ärmsten Gegenden der Welt; das fehlende Verständnis zwischen unterschiedlichen Glaubensrichtungen.

Oder vielleicht möchten Sie auch Menschen bei einer der allgemeinen Herausforderungen des menschlichen Lebens helfen: Verlust, Krankheit, Beziehungsprobleme, geringes Selbstvertrauen, Depression. Oft haben wir die Dinge, die uns am meisten am Herzen liegen, in irgendeiner Form selbst erlebt: Denken Sie an Richard Alderson, der die Careershifters aus seiner eigenen schwierigen Erfahrung mit dem Berufswechsel heraus gründete.

Manchmal hinterlassen die Aufgaben, die unser frühestes Leben prägten, die größte Wirkung. Manche von uns lebten in Armut oder überstanden eine schwere Krankheit, erlitten früh einen persönlichen Verlust oder wurden von den Menschen, die ihnen wichtig sind, kritisiert oder entmutigt. Mit welchen Herausforderungen hatten Sie in Ihrem Leben zu kämpfen? Dem Problem, an dem Sie arbeiten wollen, könnte diese Erfahrung zugrunde liegen.

Welches Problem sollten Sie angehen?

Hoffentlich konnten Sie verschiedene Probleme ausmachen, bei denen Sie anderen helfen könnten. Wie treffen Sie eine Auswahl? Es folgen fünf Fragen, die Ihnen die Entscheidung erleichtern sollen.

1. Ermöglicht dieses Problem es Ihnen, etwas zu tun, das Sie wirklich gern machen und noch dazu gut können? Wenn Sie auf Ihrem Weg hin zum Fürs-Spielen-Bezahltwerden noch am Anfang stehen, ist dies die momentan wichtigste Frage. Suchen Sie sich etwas aus, das Ihnen Spaß macht.
2. Besitzen Sie eine Begabung oder ein Fachwissen, mit denen Sie zur Lösung des Problems beitragen können? Über welche in dieser Hinsicht wertvollen Talente, Fähigkeiten und Kenntnisse verfügen Sie bereits?
3. Ist das Problem für andere groß genug? Allgemein ausgedrückt: Je größer das Problem ist und je größer der Einfluss,

den Sie darauf nehmen können, desto mehr können Sie dabei verdienen, wenn Sie Abhilfe schaffen. Ist es die Art von Problem, für dessen Lösung andere bezahlt werden? (Wenn nicht, kann es dennoch funktionieren, solange es Ihnen gelingt, ausreichend Leute dafür zu interessieren und Sie kostenpflichtige Werbung oder andere Dienstleistungen anbieten.)

4. Gibt es viele Menschen, die das Problem aktuell betrifft? Kennen Sie die Art Menschen, die ein solches Problem haben? Kommt man an sie heran? Das ist besonders wichtig, wenn Sie ein relativ kleines Problem lösen wollen, wie zum Beispiel Langeweile; es kann sein, dass Sie es für viele Menschen lösen müssen, damit es sich bezahlt macht.

5. Ist es etwas, mit dem Sie sich befassen möchten? Wenn Sie das starke Bedürfnis haben, anderen bei diesem Problem zu helfen, umso besser. Wenn es auf Ihrer Liste ein Problem gibt, das Sie sich ansehen und dabei denken, »Dagegen will ich wirklich etwas unternehmen«, dann lautet die Antwort Ja – solange die anderen Kriterien auch erfüllt werden.

Machen Sie sich einige Notizen in Ihrer Spielanleitung zu diesen Problemen, bei deren Lösung Sie helfen werden, aber vergessen Sie nicht, dass es wahrscheinlich eine Weile dauern wird und Sie einige Recherchen anstellen müssen, bis Sie einen echten Auftrag an Land ziehen. Kommen Sie in den nächsten Wochen und Monaten immer wieder auf diese Probleme und ihre Lösung zurück.

Wenn Sie erst einmal wissen, was Sie für die Menschen tun werden, brauchen Sie diese Leute bloß noch zu finden und ihnen davon zu erzählen. Das nächste Kapitel wird Ihnen dabei helfen und Ihnen zeigen, wie Sie das Ruhmspiel spielen.

Machen Sie ein Spiel daraus

Mit diesen Zutaten gelingen die Erfolgsrezepte:

- Das Erfolgsrezept dafür, mit Spielen Profit zu machen, besteht darin, ein Problem zu lösen.
- Wenn Sie nicht wissen, welches Problem Sie lösen sollen, fragen Sie die Menschen, mit denen Sie arbeiten (oder vorhaben zu arbeiten) nach ihren größten Problemen.
- Wenn Sie die Welt verändern wollen, suchen Sie sich ein bestimmtes Problem aus, mit dem Sie sich befassen wollen.

Was Sie jetzt haben sollten:

- eine Liste mit Problemen, die Sie lösen können, und einen Favoriten, mit dem Sie starten oder den Sie näher untersuchen wollen.

Nehmen Sie sich zehn Minuten Zeit fürs Spielen:

- Überlegen Sie, wer das Problem hat, bei dessen Lösung Sie helfen wollen. Nehmen Sie mit der Person Kontakt auf und vereinbaren Sie, über das Problem zu sprechen; finden Sie heraus, worin genau das Problem besteht und welche Lösung der Person vorschwebt. Versuchen Sie nicht, ihr irgendetwas zu verkaufen!
- Beschreiben Sie das Problem schriftlich, sodass Sie später zu Werbezwecken in einem Artikel oder beim Posten in einem Blog darauf zurückgreifen können.

Exklusive Extras auf ScrewWorkLetsPlay.com

☺ Eine Tonaufnahme, die sich näher mit dem Thema befasst, wie man Probleme identifiziert, deren Lösung man anbieten könnte.

☺ Eine Aufnahme mit Sophie Boss, in der sie über die Idee für und den Aufbau ihres Unternehmens Beyond Chocolate erzählt.

☺ Mehr über Richard Aldersons Unternehmen Careershifters.

Wie Sie das Ruhmspiel spielen – und gewinnen

Ich bin erfolgreich, weil ich bereit war,
meine Anonymität aufzugeben.
Sophia Loren, Schauspielerin

Sie sollten inzwischen eine gewisse Vorstellung davon haben, was Sie machen können, damit es sich wie Spielen anfühlt, während Sie gleichzeitig etwas anbieten, das die Leute brauchen. Alles, was Sie jetzt tun müssen, ist, diesen Leuten eine entsprechende Botschaft zu überbringen. Dafür müssen Sie für etwas berühmt oder wenigstens bekannt werden. Ob Sie nun wollen, dass Ihr Name in aller Munde ist, oder Sie in Ihrem Bereich einfach nur angesehen sein möchten, Sie können das Spiel nach Ihren Regeln spielen, um den Ruhm zu erlangen, den Sie sich wünschen. In diesem Kapitel erfahren Sie, was Sie sagen sollen, zu wem Sie es sagen sollen, und wo, wann und wie Sie es sagen sollen.

Sie werden erstaunt sein, womit man heute alles berühmt werden kann.

icanhascheezburger.com – berühmt für Lolcats

icanhascheezburger.com ist eine ungeheuer beliebte Website, auf der Fotos von Katzen mit lustigen Bildtexten zu sehen sind (auch bekannt als Lolcats). Nachstehend ein Bericht über das Unternehmen, den die Inhaber vor längerer Zeit auf ihrer Website posteten.

Im September 2007 starteten wir unser Unternehmen mit dieser sensationellen Community. Und während die schlimmste Wirtschaftskrise unserer Zeit hereinbrach, kündigte ich meinen Hauptberuf, um von meinem Wohnzimmersofa aus ICHC zu betreiben. Cheezburger Network ist heute eines der weltweit größten Blog-Netzwerke, und wir haben auch ein Buch mit dem Titel »I Can Has Cheezburger?« herausgebracht. Unser zweites Buch »How to Take Over Teh Wurld« ist noch immer auf der Bestseller-Liste der New York Times, und das schon vier Wochen in Folge. Dank Ihnen, unseren Usern, sind wir auf mehr als 20 Websites angewachsen und erreichen heute jeden Monat mehr als elf Millionen Menschen rund um den Globus.

Heute haben wir noch einen weiteren Meilenstein erreicht. Als wir anfingen, wussten wir nicht, was wir als Erwachsene mal werden wollen. Wir wussten noch nicht einmal, wer wir waren. Wir sind noch weit entfernt davon, erwachsen zu sein, aber wir wissen mehr darüber, wer wir sind und warum wir hier sind. Wir möchten es Ihnen ermöglichen, Ihren Sinn für Humor mit uns zu teilen, das, was Sie lustig finden, miteinander und mit dem Rest der Welt zu teilen. Wir möchten Sie je-

den Tag für ein paar Minuten glücklich machen. Das ist heute die Mission des Cheezburger Network ...

Die 26 Blogger, Moderatoren, Entwickler und das Team von Cheezburger Network möchten sich herzlich bei Ihnen bedanken.

Ben Huh

CEO

Cheezburger Network

Ich frage mich, ob Ben und seine Freunde ihren Berufsberatern je davon erzählten, dass sie ihren Lebensunterhalt mit lustigen Katzenbildern verdienen wollen – und was die Reaktion darauf gewesen wäre, wenn sie es erzählt hätten.

Welche Vorstellung von Ruhm Sie auch immer haben, Ihr Weg dorthin wird wahrscheinlich einige Zeit in Anspruch nehmen – aber Sie können heute schon starten. Die Regeln haben sich geändert; es ist nicht mehr nötig, zuerst ein perfektes Produkt zu erschaffen, bevor Sie der Welt Ihr Werk präsentieren. Das Internet hat alles verändert. Heute können Sie Ihre Ideen auf einer internationalen Bühne öffentlich durchspielen. Sie können den Verlauf und die Ergebnisse des Projekts mit anderen teilen, noch während Sie daran arbeiten. Sie können jeden auf der Welt dazu einladen, dazu beizutragen. Spielen Sie Ihr Projekt als laufende Arbeit durch, bauen Sie sich einen Stamm von Followern auf, holen Sie sich wertvollen Input und erkunden Sie Wege, wie Sie damit Geld verdienen können.

Das Leben als ewige Beta-Version

Ein Player zu sein bedeutet, das Leben als ewige Beta-Version (»Life in Perpetual Beta«) zu umarmen, wie die ehemals als Lifecoach und heute als Filmemacherin tätige Melissa Pierce es nennt. Sie arbeitete seit 2008 an einem Dokumentarfilm, der beleuchtet, wie technologische Errungenschaften es uns ermöglichen, weniger durchgeplante und dafür leidenschaftlichere Leben zu führen. Und sie lebte selbst nach ihrer Botschaft, indem sie erst im Zuge der Filmproduktion herausfand, wie sie vorgehen musste. Zu Anfang hatte sie keine richtige Erfahrung mit dem Drehen von Filmen gehabt. Aber obwohl sie ohne festen Plan begonnen hatte, sah das Material schon sehr gut aus. Sie hatte die damaligen Vordenker in den Bereichen Technik, Betriebswirtschaft und Unternehmenskultur interviewt und im Laufe der Dreharbeiten umfangreiches Filmmaterial kostenlos ins Internet gestellt.

Das ganze Filmprojekt wurde durch soziale Netzwerke ins Leben gerufen, mit Spenden finanziert und mit Diskussionen darüber begleitet, welche Fragen dem nächsten Interviewpartner gestellt werden sollten. Melissa war zur Zeit der Entstehung dieses Buches dabei, den Film zu schneiden und bereits eingeladen worden, auf der angesehenen SXSW Interactive Conference in Texas eine Rede zu halten.

Mehr über Melissa Pierces Projekt können Sie nachlesen auf *lifeinperpetualbeta.com*

Selbst große Unternehmen wie Google bringen alles in der »Beta-Version« heraus und implementieren Verbesserungen nach dem Launch des Produkts. Das führende Trendforschungsunternehmen Trendwatching bezeichnet dies als *Foreverism:* Die Konsumenten und Unternehmen begeistern sich für Gespräche, Lifestyles und Produkte, die nie »beendet« sind.

Das ist eine gute Nachricht für Sie, denn wenn Sie gerade erst anfangen, wissen Sie nicht, was bei Ihrem Projekt oder Ihrem Unternehmen wirklich herauskommt. Spielen Sie es durch, gehen Sie auf Entdeckungsreise, experimentieren Sie. Finden Sie Ihre eigene Stimme, entdecken Sie Ihre Marke. Laden Sie in Form von Blog-Kommentaren und Tweets zu Feedback ein. Sobald Ihre Idee draußen ist, wird sie sich verändern; sie muss sich auch ändern, da Sie nun herausfinden, worin die anderen den wahren Wert dieser Idee sehen.

Sie haben eine Idee für eine Milliarden-Dollar-Marke? Dann starten Sie einen Blog. Sprechen Sie über den Wert der Marke und zu wem da draußen sie passen könnte und zu wem nicht.

Sie wollen einen Event veranstalten? Dann tragen Sie Ihre Veranstaltung – die erste sollte kostenlos sein – auf meetup.com oder auf Facebook ein. Sie wollen Ihr Fachwissen mit anderen teilen? Dann registrieren Sie sich auf Twitter und geben Sie jeden Tag kleine Happen preis. Bieten Sie an, die Fragen der Leute zu beantworten, und sammeln Sie Ihre Antworten, um diese später als Buch oder informatives Produkt zu veröffentlichen.

Was früher ein Monolog war, den ein Unternehmen vor dem Kunden oder ein Star vor seinen Fans hielt, ist heute ein gegenseitiger Austausch. Musiker Moby lässt User vor der Veröffentlichung in sein neues Album reinhören und den Titelsong sogar kostenlos herunterladen, wenn sie dafür eine 140 Zeichen lange Kritik auf

Twitter posten. Die aufstrebende britische Sängerin und Komponistin Imogen Heap veröffentlichte jedes Detail der Produktion ihres Albums *Ellipse* auf Twitter. Heap gewann mehr als eine Million Follower, während sie an der Fertigstellung ihres Albums arbeitete und bis tief in die Nacht auf Twitter postete. Sie veröffentlichte auf soundcloud.com auch die komplette Gesangsspur eines ihrer Songs, der die Follower ihre eigene Instrumentalbegleitung hinzufügen konnten. Die Fans schufen mehr als 500 Versionen und luden sie auf die Website hoch.

Echte Pioniere kommen nicht allein durchs Lernen weiter, sondern indem sie experimentieren und spielen. Würden Sie gern als Pionier gelten, als Vordenker, als echtes Original? Möchten Sie mehr tun, als nur die Ideen anderer aufzuwärmen? Dann machen Sie aus Ihrem Leben ein Labor. Testen Sie neue Methoden und beobachten Sie, was passiert. Was haben Sie als wahr für sich entdeckt? Welche überlieferte Weisheit hat sich für Sie als ein Haufen Humbug herausgestellt? Schreiben Sie alle diese »Labornotizen« in Ihre Spielanleitung. Nehmen Sie sich ein Problem vor, bei dem Sie anderen helfen wollen, werfen Sie alle Regeln über Bord, folgen Sie Ihren Gefühlen und experimentieren Sie mit neuen Methoden, wie Sie das Problem lösen können. Berichten Sie über das, was Sie herausfinden, und laden Sie andere ein, sich an der Diskussion zu beteiligen. Wenn Sie auf eine neue Lösung stoßen, kann dies ein schneller Weg zu Ruhm sein.

Der britische Zeitmanagementguru Mark Forster entwickelte ein radikal neues System mit dem Namen Autofocus, mit dem man alle seine Aufgaben nur mithilfe eines linierten Notizbuches und einigen einfachen Anweisungen erledigt. Er experimentierte damit in der Öffentlichkeit und lud Leute ein, es auszuprobieren und ihr Feedback in einem Online-Forum und in sozialen Netzwerken zu posten. Obwohl die Teilnahme kostenlos war, machte sich das Projekt bezahlt: Der Traffic auf Forsters Website stieg dramatisch. Die Zahl der Besucher seines Blogs vervierfachte sich und erreichte in einem Monat mehr als 300 000.

MYTHOS 11

Wenn ich eine gute Idee habe, muss ich sie geheim halten, weil sie mir sonst jemand stiehlt

Haben Sie Angst davor, jemandem von Ihrer Idee für ein Projekt oder ein Unternehmen zu erzählen, weil Sie denken, er könnte sie klauen? Ideen sind viel weniger wertvoll, als Sie sich vielleicht einbilden. Es gibt sehr wenige vollkommen neue Ideen: Meistens sind es nur Abwandlungen bekannter Formate. Davon abgesehen ist das, worauf es wirklich ankommt, die Ausführung. Denken Sie an die Reality-TV-Show *Big Brother;* wenn jemand Ihnen davon erzählen würde, klänge das vermutlich nicht besonders spannend: »Wir stecken einen Haufen gewöhnlicher, unbekannter Menschen zusammen in ein Haus und nehmen einige Monate lang alles, was sie tun, auf Video auf.« Das hört sich nicht wie etwas an, das in mehr als 60 Ländern zum Primetime-Quotenhit wurde, und das liegt daran, dass es hier wirklich auf die Ausführung ankommt. Die Art, wie Sie Ihre Idee umsetzen, wird Ihre eigene sein. Jemand anders, der scheinbar dieselbe Idee hat, würde nicht das gleiche Endprodukt herstellen, weil Sie in Wahrheit unterschiedliche Vorstellungen und Ansätze hatten.

Unterm Strich gilt: Wenn Sie eine tolle Idee haben und es schlimmstenfalls passiert, dass Ihnen jemand diese Idee klaut, werden Ihnen noch mehr tolle Ideen einfallen. Wenn Sie Ihre Idee für sich behalten, besteht das große Problem darin, dass Sie nicht in den Genuss der Hilfe anderer kommen können. Ich begegne oft Menschen, die sagen, dass sie nicht mit mir über ihre Geschäftsidee reden können, und das ist frustrierend, weil ich ihnen liebend gern an Ort und Stelle ein paar Minuten kostenlosen Rat gegeben hätte.

Benutzen Sie einfach Ihren gesunden Menschenverstand. Wenn Sie jetzt nur eine Idee haben und nichts, was diese Idee mit Ihrer Person verbindet (zum Beispiel die richtigen Kontakte, Branchenwissen oder besondere Fähigkeiten, um sie zu realisieren), dann seien Sie vorsichtig, wenn Sie mit anderen darüber sprechen, die Ihre Idee kompetenter umsetzen können.

Sind Sie bereit das Ruhmspiel zu spielen? Mit den folgenden fünf Schritten führen Sie sich erstmalig oder erneut in die Welt ein. Machen Sie es zu einem Ihrer Spielprojekte, diese Schritte umzusetzen. Auch wenn Sie derzeit eher nach einer Festanstellung suchen, als dass Sie ein eigenes Unternehmen gründen möchten, sind diese Strategien extrem wichtig. Wenn Sie sie befolgen, kann Ihnen dies sogar die Möglichkeit eröffnen, die stark eingeschränkte Welt konventioneller Bewerbungen komplett zu umgehen und von jemandem wahrgenommen zu werden, der Ihnen helfen kann, die ideale Stelle für Sie zu schaffen. (Mehr dazu in »Erfolgsrezepte Teil 9: So werden Sie zum Vollzeit-Player«, S. 289)

Schritt 1: Motzen Sie Ihr Projekt auf

Wenn Sie auf dem überfüllten, lauten globalen Markt von heute bekannt werden wollen, müssen Sie sich trauen, aufzustehen und herauszustechen. Finden Sie einen Weg, wie Sie den Dingen mehr Power geben können. Sie sollen sich nicht in eine Mogelpackung verwandeln, bloß in eine größere und lautere Version von sich selbst. Wenn Sie ein junger, dynamischer Finanzberater sind, könnten Sie sich als Rock 'n' Roller unter den Finanzberatern vermarkten. Wenn Sie die ruhige Stimme der Vernunft in einem Metier sind, in dem alle mit sportlichen Designerjeans und ausgefallener Frisur herumlaufen, besorgen Sie sich einen Nadelstreifenanzug. Was auch immer Sie tun, trauen Sie sich eigenwillig zu sein und mit den überkommenen Konventionen in Ihrem Bereich zu brechen.

Fallen Sie aus dem Rahmen. Passen Sie sich nicht an; finden Sie eine skandalöse oder lustige Methode, wie Sie Ihr Spielprojekt (oder Ihr ganzes Unternehmen) benennen oder präsentieren können. Sorgen Sie dafür, dass es bemerkenswert ist; finden Sie den Anreiz, der das, was Sie tun, interessant, originell oder unterhaltsam macht. Je bemerkenswerter Sie sind, desto weniger müssen Sie sich anstrengen, um bekannt zu werden.

Marketing ist eine Steuer, die Sie zahlen,
weil Sie unauffällig sind.
Robert Stephens vom technischen
Serviceunternehmen Geek Squad

Sophie Boss über den Schokoladeneffekt

Wir nannten unser Unternehmen Beyond Chocolate – Jenseits der Schokolade –, weil es darum ging, sich keine Sorgen wegen Schokolade zu machen; wegzukommen davon, dass man etwas zum Feindbild stilisiert oder zu dieser wunderbaren Sache, die man eigentlich nicht besitzen und an die man nicht einmal im Entferntesten denken sollte. Doch wir hätten es ebenso Jenseits der Erdnüsse, Jenseits der Chips, Jenseits des Kartoffelbreis, Jenseits von irgendwas nennen können. Es ging darum, einen Namen zu finden, der keine Angst verbreitete und der medienaffin war. Die Tatsache, dass die Schokolade Teil unseres Firmennamens war, führte dazu, dass die Medien auf uns zukamen und wir der Presse nicht hinterherjagen mussten. So kam es, dass eines Tages auch The Daily Mail, The Independent on Sunday *und* The Observer *über uns berichteten.*

Humor ist ein großartiges Instrument, das Sie immer in Ihrer Arbeit einsetzen können. Die Website onceivegone.com verwendet Humor, um uns eine sehr ernste Sache leichter zu machen: zu kommunizieren, was man sich nach seinem Tod wünscht. Auf der Registrierungsseite werden Fragen gestellt wie »Als was möchtest du wiedergeboren werden?« und »Wenn du ein Geist wirst, wen würdest du dann gern heimsuchen?«

Zeigen Sie Ihre Persönlichkeit, denn Menschen kaufen Menschen, nicht nur Dienstleistungen oder Produkte. Sagen Sie, was

Sie wirklich denken. Wenn Sie etwas hassen, das in Ihrem Bereich üblich ist, sagen Sie das. Andere werden Ihnen zustimmen und sich im Ergebnis von Ihnen angesprochen fühlen. Selbst jene, bei denen das nicht so ist, werden Ihre Meinung interessant finden.

Ich arbeite mit vielen Leuten, die zum ersten Mal allein neue Wege beschreiten. Und ich bin immer wieder erstaunt, dass sie, wenn sie mit einer Website online gehen oder eine Broschüre veröffentlichen, aus ihrem Marketing alles herausnehmen, was sie anders, speziell, interessant und fähig erscheinen ließe! Das Ergebnis ist dann immer eine Website, die genauso aussieht wie alle anderen auch. Damit tut sich niemand einen Gefallen; wie soll ein Besucher Ihrer Website beurteilen können, ob Ihre Persönlichkeit oder Ihr Ansatz gut zu ihm passt? Überlegen Sie, was an Ihnen das Auffälligste ist – Ihre Freundlichkeit, Ihr frecher Sinn für Humor, Ihre brillanten Ideen, Ihre Detailbesessenheit – und bauen Sie Ihre komplette Marke um dieses Merkmal herum auf. Zeigen Sie es auch im Text und im Stil Ihrer Marketingunterlagen.

Heutzutage ist das, was Sie anders, was Sie ungewöhnlich macht, Ihr größtes Kapital. Stellen Sie Ihre Marotten zur Schau. Benutzen Sie Ihre Lebenserfahrung; wir alle hatten in unserem Leben mit Rückschlägen, Herausforderungen und Tragödien zu kämpfen, und oft sind das die Ereignisse, durch die wir das meiste gelernt haben. Benutzen Sie, was Sie gelernt haben.

Das beste Marketing der Welt wird Ihnen nicht helfen, wenn Sie keine gute Arbeit machen. Leben Sie danach und verinnerlichen Sie das, bis Sie wirklich gut darin sind. Das werden Sie nur schaffen, wenn Sie sich für eine Arbeit entschieden haben, die Sie lieben. Bauen Sie alles um Ihren magischen Moment herum auf, und die Leute werden aufgrund der Empfehlungen anderer zu Ihnen kommen. In Ihrem Marketing wird es dann darum gehen, dass die Kommunikationswege für die Mundpropaganda formalisiert werden. Stellen Sie sicher, dass Sie Ihre Leidenschaft für Ihre Arbeit kommunizieren. Der beste Marketingtrick ist der, sich für das zu begeistern, was man tut.

Sollten Sie das hinbekommen, werden Sie feststellen, dass Sie immer öfter Glück haben. Solange Sie da draußen sind und die richtige Arbeit machen, werden Sie über die richtigen Leute und Möglichkeiten stolpern, die Ihnen helfen, die nächste Stufe zu erreichen. Das ist das, was ich als »Chance zu planen« bezeichne. Solange Sie Ihre Augen offen halten, können Sie diese Chance zu Ihrem Vorteil nutzen.

*Wenn Sie die richtige Energie haben, werden Menschen
und Chancen auf Sie zukommen. Wenn diese sich zeigen,
flirten Sie mit ihnen.*
Stuart Wilde, Autor

Viele Menschen verbinden Marketing mit etwas Schlechtem und denken, es gehe dabei darum, hinterlistig zu sein und Menschen hereinzulegen. Das muss nicht so sein. Damit Menschen in irgendeine Art von Beziehung mit Ihnen treten können, ob nun persönlich oder geschäftlich, müssen sie Sie kennen, mögen und Ihnen vertrauen. Im besten Falle besteht Marketing einfach aus verschiedenen Strategien, die bewirken, dass dies schneller passiert.

Ein sehr nützliches Instrument zum Vermarkten Ihrer Arbeit ist es, wenn Sie eine gute Geschichte über sie erzählen können.

Die Macht Ihrer Geschichte

Unterschätzen Sie niemals die Macht einer guten Geschichte über Sie, Ihre Kunst, Ihr Projekt oder Ihr Unternehmen. Sie machte Alex Tew zum Millionär.

Im Jahr 2005 war Alex ein 21 Jahre alter Student und im Begriff, mit einem dreijährigen Business-Management-Studium an der University of Nottingham zu beginnen.

Alex machte sich Sorgen, dass er am Ende mit einem Studiendarlehen belastet wäre, für dessen Rückzahlung er Jahre brauchen würde. Also dachte er intensiv über Ideen nach, mit denen er im Internet Geld verdienen könnte, um seinen Lebensunterhalt zu bestreiten.

Die Idee, auf die er kam, war bestechend einfach. Er beschloss, eine einseitige Website zu erstellen, mit einem Raster von 1000 x 1000 Pixeln, die er als Werbefläche verkaufen würde. Die Kosten lagen bei einem Dollar pro Pixel, und die Werbekunden würden jeweils einen Werbeblock von 10 x 10 Pixeln buchen, um dort ihr eigenes Logo oder ihre Anzeige zu platzieren, zusammen mit einem Link auf die eigene Website. Wenn er alle Pixel verkaufen würde, wäre er Millionär.

Als MillionDollarHomepage.com am 26. August 2005 online ging, entwickelte sich die Website zum Internetphänomen, und sie schaffte es sogar in die Liste der 150 meistbesuchten Websites weltweit.

Doch was machte die Website tatsächlich so erfolgreich? Es war die Geschichte dahinter.

Über die Geschichte eines jungen Studenten, der angesichts drohender Schulden mit dem Internet eine Million verdiente, wollten Hunderte Journalisten auf der ganzen Welt schreiben. Die Story erschien immer wieder in Zeitungen und Zeitschriften und im Internet. Und der Grund, aus dem so viele Leute die Website besuchten (die noch nicht einmal besonders aufregend oder schön anzusehen ist!), war der, dass über die Geschichte so viel berichtet wurde. Und weil so viele Leute die Website besuchten, wollte wiederum jeder die Pixel als Werbefläche für seine Produkte haben.

Alex Tew verkaufte jedes einzelne Pixel, und zum Schluss hatte er Bruttoerträge in Höhe von 1 037 100 US-Dollar erwirtschaftet – mit einer Website, deren Erstellung ihn 50 Euro gekostet hatte. Das war eine Eine-Million-Dollar-Story. Was ist Ihre Geschichte?

Starten Sie eine Bewegung. Wenn das, was Sie mit Ihrer Arbeit zu bewirken versuchen, Ihnen sehr am Herzen liegt, dann wird es größer als Sie – es wird nicht nur zu einem Unternehmen, sondern zu einer Bewegung. In welchem Bereich Ihrer Tätigkeit wollen Sie die größten Änderungen vornehmen? Beziehen Sie Stellung und Sie werden eine Gruppe von Followern gewinnen, die Sie unterstützen. Diese werden andere Follower anwerben, aus denen später zahlende Klienten oder Kunden werden können.

Begrüßen Sie Ihren inneren Streber. Player vertreten ihre Lieblingsthemen leidenschaftlich und sogar zornig, egal, ob es um schlechte Typographie, schlechtgeröstete Kaffeebohnen oder schlechtsitzende Büstenhalter geht. Mag sein, dass die Mehrheit Ihre Obsession merkwürdig findet, aber es besteht die Möglichkeit, dass genug andere Menschen sie mit Ihnen teilen und von Ihrer Leidenschaft für das Thema angesprochen werden. Wenn Sie Ihr Unternehmen über das Internet betreiben, ist die Wahrscheinlichkeit Anhänger zu finden sogar relativ hoch; selbst wenn Sie einen stark eingeschränkten Schwerpunkt haben, steht Ihnen die ganze Welt zur Verfügung, um die Menschen zu finden, die Ihre Interessen teilen. Schaffen Sie Ihre eigene »globale Mikromarke«, wie Comiczeichner und Autor Hugh Macleod es nennt.

Das Eden Project

Seit seiner Errichtung hat das Eden Project in Cornwall mehr als elf Millionen Besucher angelockt. Doch als der frühere Songwriter und Musikproduzent Tim Smit die Idee hatte, aus einer ehemaligen Tongrube in einem entlegenen Teil Englands das größte Gewächshaus der Welt zu machen, meinten zunächst viele, dass das niemals funktionieren könne. Ich fragte ihn, woher er wusste, dass es funktionieren würde.

Seit meiner Zeit im Musikgeschäft weiß ich: Wenn du etwas liebst (und kein Freak bist), gibt es Millionen von Menschen wie dich, und es geht nur um die Frage, wie man sie erreicht. Das ist die Grundlage guten Marketings. Nein, ich hatte niemals Zweifel.

Schritt 2: Wählen Sie Ihren Kommunikationskanal

Der nächste Schritt besteht darin, dass Sie sich den Kanal (oder die Kanäle) aussuchen, über die Sie Ihre Fans, Kunden oder Klienten erreichen wollen. Es war nie einfacher, mit so geringem und völlig ohne finanziellen Aufwand eine Zielgruppe zu erreichen, sein Projekt zu lancieren und eine Community um es herum aufzubauen.

Hätten Sie gern eine Zielgruppe, die begierig auf Ihre aktuellsten Neuigkeiten ist und bereit, alles zu kaufen, was Sie als Nächstes anbieten? Es muss Ihr mittel- bis langfristiges Ziel sein, eine Gruppe von Menschen zu gewinnen, die Ihnen die Erlaubnis erteilt haben, sie zu kontaktieren und sich mit Ihrem Rat, Ihren Ideen und Ihren Neuigkeiten an sie zu wenden. Ihre Fähigkeit dazu kann darüber entscheiden, ob Sie mit Ihrer Mission, fürs Spielen bezahlt zu werden, Erfolg haben oder scheitern. Stellen Sie sich einmal vor, Sie hätten tausend Fans, die Ihren Newsletter abonniert oder sich in Ihrem Blog registriert haben. Das ist eine sehr sinnvolle Sache, wenn Sie demnächst ein neues Produkt, Buch oder Album herausbringen. Schicken Sie ihnen eine Nachricht, in der Sie Ihr neues Werk ankündigen, und es kann sein, dass Sie sofort einige Stücke davon verkaufen. Und wenn Sie 10 000 Fans haben, fängt es an, wirklich interessant zu werden. Es braucht Zeit, sich eine Fanbase aufzubauen, und wie der Zinseszins auf Ihren Ersparnissen braucht es Zeit, bis sich das bezahlt macht, also fangen Sie jetzt damit an.

Es gibt heute viele Kanäle, die Sie nutzen können, um Menschen zu erreichen, von einer einfachen E-Mail bis hin zu interaktiven sozialen Netzwerken. Soziale Netzwerke, darunter Facebook, Twitter, YouTube und Blogs, sind besonders dann sinnvoll, wenn Sie Ihr Projekt durchspielen möchten. Es gibt mittlerweile Experten, die behaupten, dass ein Unternehmen, das sich nicht an sozialen Netzwerken beteiligt, langfristig nicht überleben wird. Das mag nach einer kühnen Behauptung klingen, besonders dann, wenn Sie momentan meinen, dass die Bedeutung von Facebook, Twitter und Konsorten übertrieben wird und diese Dinge Zeitverschwendung sind. Doch ich wette, dass Sie bereits soziale Netzwerke nutzen, selbst wenn Ihnen das nicht bewusst ist: Sie haben auf Amazon eine Rezension gelesen, um eine Entscheidungshilfe beim Kauf eines Buches zu bekommen, Sie haben ein tolles Video auf YouTube entdeckt, weil von dem Video, das Sie sich angesehen haben, darauf verlinkt wurde, oder Sie sind über einen faszinierenden Artikel gestolpert, bei dem Ihnen gar nicht klar war, dass es sich um einen Blogpost handelte. Und das ist erst der Anfang. Soziale Netzwerke werden in Zukunft ein integraler Bestandteil jedes Winkels im Internet sein.

Sie können soziale Netzwerke nutzen, um Leute einzustellen, bekanntzumachen, was Sie tun, sich Input und Feedback zu holen und sogar, um anderen zu erlauben, sich Ihre Sachen vorzunehmen und diese mit anderen Mitteln weiter auszubauen. Wenn Sie es richtig anfangen, werden Sie beiseitetreten können und anderen sowohl das Marketing für Sie, Ihr Unternehmen und Ihre Sache als auch dessen Verbreitung überlassen.

Authentizität und Integrität sind die neuen Währungen. Jeder weiß, wie es wirklich ist, mit Ihnen Geschäfte zu machen: Das gilt für Dachdecker genauso wie für Fluglinien, denn die Diskussionen über Sie finden öffentlich im Internet statt. Es gibt einen wachsenden Trend hin zu Echtzeit-Rezensionen: Die Leute twittern oder bloggen noch von Ihrer Konferenz oder Ihrem Konzert aus darüber. Sie dürfen nicht davon ausgehen, dass Sie damit davonkommen, wenn Sie Ihre Kunden übers Ohr hauen, wie einige große Konzerne vor einiger Zeit überraschend feststellen mussten. Schlaue Unternehmen machen Beschwerden heute zu ihrem Anliegen und beantworten sie auf Twitter. Der Trend geht hin zur Transparenz. Wir alle können heutzutage am Alltag eines Londoner Bürgermeisters teilhaben oder an dem des Rockstars, an den Sie früher nicht näher als 30 Meter herankamen.

Die Frage lautet nun, welchen Kanal Sie nutzen wollen, um Ihr Projekt durchzuspielen. Im Folgenden erfahren Sie, welche Optionen zu den besten gehören und warum.

E-Mail

Das erste Medium, über das die Menschen mit einer großen Anzahl von Leuten übers Internet kommunizierten, war natürlich die E-Mail. Und es ist noch immer sehr sinnvoll, eine Mailingliste mit Personen vorliegen zu haben, die sich für Ihre Arbeit interessieren. Um eine solche Liste zu erstellen, arbeiten Sie mit einem Online-Newsletter-Programm, das die Datenbank managt und Newsletter per E-Mail versendet (fangen Sie gar nicht erst damit an, in Ihrem normalen E-Mail-Programm Hunderte von Leuten auf CC zu setzen). Das Newsletter-Programm sollte Ihnen zeigen, wie Sie ein Kästchen auf Ihrer Website platzieren, in das man sein Häkchen setzen und den Newsletter abonnieren kann. Ermuntern Sie Ihre Fans oder potenzielle Kunden dazu, Ihnen ihre E-Mail-Adresse im Austausch gegen etwas zu geben, das einen gewissen Wert hat, zum Beispiel eine nützliche Anleitung.

Alle ein bis zwei Wochen senden Sie eine E-Mail an die Abonnenten mit einem für sie nützlichen Inhalt. Falls Sie etwas anbieten, fügen Sie am Ende des Textes einen Link hinzu, sofern sinnvoll.

Stellen Sie sicher, dass die Leute sich aus dem Verteiler wieder austragen können, wann immer sie wollen, und setzen Sie niemals jemanden ohne seine Erlaubnis auf die Empfängerliste – das ist schlichtweg unhöflich.

Da gerade von E-Mails die Rede ist, hier eine Anmerkung zu Ihrer eigenen E-Mail-Adresse: Betreiben Sie kein Unternehmen mit einer Hotmail-Adresse oder einer von einem anderen kostenlosen Anbieter – das wirkt unprofessionell. Tatsächlich sollten Sie am besten auch keine E-Mail-Adresse Ihres Internetproviders benutzen, denn vielleicht wollen Sie eines Tages den Provider wechseln, und dann verlieren Sie die Adresse. Kaufen Sie stattdessen Ihren eigenen Domainnamen, damit Ihre E-Mail-Adresse IhrName@IhrUnternehmen.com lautet. (Wenn Sie bereits eine Domain für Ihre Website haben, richten Sie dafür Ihre E-Mail-Adresse ein.)

Mehr über E-Mail-Marketing können Sie nachlesen auf ScrewWorkLetsPlay.com. Fangen Sie noch heute an, E-Mail-Adressen zu sammeln. Sie werden es nicht bereuen.

Bloggen

Bloggen ist ein großartiges Instrument für fast jedes Projekt. Damit können Sie Ihre Idee durchspielen und mit Ihrer Zielgruppe oder Ihren Kunden interagieren. Manchmal ergeben sich auch tolle Möglichkeiten daraus.

Grace Bonney richtete ihren Blog Design Sponge im Jahr 2004 ein, als sie noch im PR-Bereich tätig war. Heute ist die Website mit ihren City-Shopping-Guides, Rezepten und Gestaltungs-

ideen ein Vollzeitjob für sie. Bonney begann auf einer kostenlosen Blogger.com-Seite und verzeichnet heute weltweit 40 000
Leser/-innen pro Tag. Sie beschäftigt 13 freiberufliche Mitarbeiter und verdient Geld mit dem Verkauf von Anzeigenplätzen.

Catherine Sanderson ist die Autorin des populären Blogs Pe-
tite Anglaise über das Leben einer Britin in Paris. Der Blog entstand eines Tages aus einer Laune heraus, nachdem sie im *Guar-
dian* gelesen hatte, wie man Weblogs erstellt. Kurze Zeit später
richtete sie sich ihren eigenen Blog ein. Ihre ersten Blogeinträ-
ge postete sie, als sie noch eine Stelle als Sekretärin hatte, und
sie ergatterte damit einen Vertrag über ein Buch im Wert von
400 000 Britischen Pfund. Vor einiger Zeit kam ihr zweites Buch,
French Kissing, heraus, trotzdem sagt sie: »Wenn ich nicht mit
dem Bloggen angefangen hätte, wäre mir nie in den Sinn gekommen, dass ich Autorin sein könnte.«

Zu den Bloggern, die Buchverträge bekamen, gehören auch
Suzi Brent mit ihrem Blog Nee Naw, in dem sie über ihre Arbeit
in der Rettungsleitstelle des London Ambulance Service berichtet, sowie Gretchen Rubin mit ihrem Blog The Happiness Project, der beschreibt, wie sie ein Jahr damit verbrachte, alle Theo-
rien (alte wie neue) darüber auszutesten, wie man mehr Freude
am Leben hat. Julia Powell bekam nicht nur einen Buchvertrag,
sondern verkaufte auch die Filmrechte für ihren Blog The Ju-
lie/Julia Project, in dem sie chronologisch ihre Versuche fest-
hielt, alle Rezepte aus dem Kochbuchklassiker *Mastering the Art
of French Cooking* nachzukochen. Nach dem daraus entstandenen
Buch folgte 2009 der Film *Julie & Julia* mit Amy Adams und Me-
ryl Streep in den Hauptrollen.

Natürlich sind diese Beispiele die Ausnahme. Die meisten
Blogger werden nie berühmt mit ihren Blogs und verdienen

auch kein großes Geld damit. Sie sollten nicht bloggen, um Geld damit zu verdienen, sondern weil Sie Spaß daran haben (und dadurch wächst ironischerweise die Wahrscheinlichkeit, dass Sie am Ende doch bekannt werden). Doch auch wenn niemand je Ihren Blog liest, außer Ihnen und Ihrer Mutter: Wenn Sie im Verlauf von ein oder zwei Monaten zehn Posts schreiben, wird sich anschließend Ihr Wissen über Ihr Thema vertieft haben, Ihr Schreibstil verbessert sich und Ihre Gedanken zum Thema werden sich weiterentwickelt haben. Und wenn Sie sich mit Ihrem Blog auf etwas konzentrieren, das interessant und in sich einzigartig ist, werden Sie feststellen, dass andere Ihnen folgen wollen, während Sie mit Ihrem Thema spielen.

Täglich werden mehr als 100 000 neue Blogs eingerichtet, und jeden Tag werden eine oder zwei Millionen Blogpostings veröffentlicht. Wie können Sie da überhaupt irgendetwas Neues schreiben? Das brauchen Sie gar nicht. Wenn Sie beim Schreiben authentisch bleiben, sind Sie bereits einzigartig. Es wird nie eine genaue Kopie von Ihnen, Ihren Talenten, Fähigkeiten und Erfahrungen geben. Wenn Sie in Ihrem eigenen Stil gute Inhalte erstellen, werden Sie Leser anlocken, denen das gefällt.

Ein Blog ist außerdem eine schnelle, einfache Alternative zum Erstellen einer eigenen Website. Ein Blog ist sogar besser als eine langweilige statische Website, die sich nie ändert. Und mit den besten Blog-Publishing-Systemen der Welt, wie Wordpress, ist eine Mischung aus Blog und normalen Webseiten möglich, sodass der Blog auch als Ihre Website fungieren kann. Das ist viel vorteilhafter, als eine Website und einen Blog mit unterschiedlichen Adressen zu haben und den Besucher auf verschiedene Seiten zu schicken. Für gewöhnlich lautet daher meine Empfehlung für jeden, der vorhat, seine eigene Website zu erstellen, sich für den Einstieg am besten auf einer beliebten Blogger-Seite wie Wordpress.com kostenlos zu registrieren. Die Leute, denen Ihre Posts gefallen, können sie abonnieren, und erhalten zukünftig alle Posts automatisch in einem RSS-Reader. Oder Sie können einen Service wie Feedburner nutzen, mit dem man sich Ihre Posts per E-Mail schicken lassen kann.

Klingt ein Blog nach zu viel Arbeit?

Probieren Sie es mit etwas Einfacherem wie einem Tumblelog (eine einfache Liste mit Bildern, Videos und Zitaten). Solche Tools sind super, um Bilder, die einem gefallen, zusammenzustellen und kurze Kommentare dazu zu schreiben – ideal, wenn Sie mit Werbung, Fotografie oder anderen Designformen experimentieren.

Mit Facebook-Gruppen und Fanseiten können Sie eine Community von Leuten mit gleichen Interessen aufbauen, Bilder, Ideen und Videos teilen und Veranstaltungen ankündigen. Oder Sie können mit Ning.com Ihr eigenes soziales Netzwerk einrichten, das im Wesentlichen die gleichen Funktionen erfüllt. Das bedeutet, Sie können für Elektronik-Fans oder Besitzer von Labradorwelpen ein voll funktionstüchtiges, privates soziales Netzwerk einrichten, in dem die User Bilder und Videos posten, ihre eigenen Blogs schreiben und miteinander chatten können.

In Social-Network-Kreisen gilt Twitter als führend. Mit dieser Mikroblogging-Anwendung kann man Nachrichten mit einer Länge von maximal 140 Zeichen verfassen. Es ist ein sehr guter Kanal, um kurze Ratschläge zu geben, Witze zu erzählen oder Klatsch und Tratsch zu verbreiten, und der perfekte Ort, um das Fachwissen über Ihr Thema zu teilen und andere in ein Gespräch darüber zu verwickeln. Von Twitter-Usern stammen Interviewfragen, Fallbeispiele und interessante Artikel, die alle zu dem Buch beigetragen haben, das Sie gerade lesen. (Mein Nutzername auf Twitter lautet @johnsw.)

Alternativ können Sie Twitter auch einfach nur nutzen, um andere zum Lachen zu bringen. Justin Halpern zog mit 28 Jahren bei seinem Vater ein. Das ist normalerweise kein Indikator für unmittelbaren Erfolg, aber Justin nutzte es zu seinem Vorteil. Die bärbeißigen Tiraden seines 73 Jahre alten Vaters waren so schockierend und lustig, dass er beschloss, sie auf Twitter mit der Welt zu teilen. Jeden Tag twittert er einen kurzen Auszug der unverblümten Lebensweisheiten, die sein Vater von sich gibt. Inzwischen hat Justin mehr als eine Million Follower für @ shitmydadsays, mehrere Bücher veröffentlicht, und TV-Projekte bei CBS und Fox gab es auch.

Video

Wenn Sie lieber sprechen als schreiben, probieren Sie es doch mal mit dem Erstellen von Videos. Sie lassen sich problemlos mit der eingebauten Webcam Ihres Laptops oder einem Flip-Video-Pocket-Camcorder erstellen. Mit ein paar Klicks haben Sie das Ergebnis auf YouTube hochgeladen, wo alle es sehen können.

Ja, es kommt vor, dass Leute wegen ihres komischen oder musikalischen Talents entdeckt werden, Plattenverträge bekommen und im Fernsehen auftreten. Aber Sie können Videos auch als Vermarktungsmethode Ihres Unternehmens benutzen.

Tom Dickson, CEO des Mixer-Herstellers Blendtec, veröffentlichte auf der Website WillItBlend.com eine Reihe von Videos, in der Gegenstände im Mixer landeten, die dort normalerweise nichts zu suchen haben. Er wollte zeigen, wie stark die Geräte sind. Experimentiert wurde bislang mit Golfbällen, Glühbirnen, Camcordern und einem iPhone. Die Videos entwickelten sich zum viralen Phänomen, und Dickson trat sogar im US-Fernsehen auf. Er erinnert sich noch gut daran: »Innerhalb weniger Tage hatten wir Millionen von Aufrufen. Die Kampagne war sofort ein Erfolg ... Will it Blend hatte eine erstaunliche Wirkung auf unsere Produkte im Groß- und Einzelhandel.«

Wenn Sie kamerascheu sind, versuchen Sie es stattdessen mit einem Audio-Podcast. Machen Sie mit Ihrem Computer eine Tonaufnahme, die 2 bis 20 Minuten lang sein sollte, und laden Sie sie dann auf Ihren Blog hoch, stellen Sie sie bei iTunes ein, oder nutzen Sie für das Ganze einen kostenlosen Dienst wie PodBean.com.

Wie Sie an einem Nachmittag ein Buch veröffentlichen, eine Radiosendung moderieren oder Fernsehbeiträge produzieren

Für jeden Bereich der traditionellen Medien gibt es jetzt eine Online-Alternative, über die Sie selbst die Kontrolle haben. Nichts steht mehr zwischen Ihnen und Ihren Fans. Sie brauchen keinen Sender oder Verlag mehr, der Ihnen die Erlaubnis gibt, an Ihr Publikum heranzutreten. Wir besitzen die Medien, also sollten wir sie auch nutzen. Wenn Sie sich länger nicht damit befasst haben, werden Sie verblüfft sein, was man an einem Nachmittag mit den im Internet verfügbaren kostenlosen oder kostengünstigen Diensten alles machen kann.

Publizieren Sie Ihr eigenes Buch. Mit Print-on-Demand-Websites wie Lulu oder Blurb können Sie Ihr Buch im Selbstverlag veröffentlichen. Sie laden Ihr mit Word erstelltes Manuskript hoch, wählen ein Cover aus und legen einen Verkaufspreis fest.

Wenn jemand ein Buch haben möchte, wird es für ihn ausgedruckt und direkt an ihn gesendet. Und Sie können nach Abzug der Produktionskosten den Gewinn behalten.

Senden Sie Ihren eigenen Radiobeitrag. Erstellen Sie ein Benutzerkonto bei einem Anbieter wie streamplus, myradio24 oder radionomy, moderieren Sie eine Sendung, machen Sie eine Anruf-Sendung oder laden Sie jemanden, den Sie bewundern, zum Interview ein. Mit wenigen Klicks können andere Ihre Sendung live im Web hören oder sich die Aufnahme später in Ihrem Blog anhören.

Starten Sie Ihren eigenen TV-Sender. Gehen Sie zum Beispiel auf make.tv oder die englischsprachigen Seiten livestream.com und ustream.tv. Wählen Sie einen Namen für Ihren Sender aus. Um Ihr Programm zu füllen, laden Sie einige Videos von Ihrer Festplatte oder von YouTube hoch. Diese laufen den ganzen Tag in einer Endlosschleife. Verpassen Sie Ihrem TV-Sender noch ein Logo und ergänzen Sie am unteren Bildschirmrand die Titel. Dann klicken Sie auf den Senden-Button und Ihr Sender ist live im Internet und auf der ganzen Welt von jedem empfangbar. Oder Sie installieren eine Videokamera oder stellen sich einfach vor Ihre Webcam, klicken auf den »On Air«-Button und sind dann für Ihr Publikum live im Internet zu sehen.

Was auch immer Sie tun möchten, es gibt immer eine Lösung, wie Sie das realisieren können. Teilen Sie Ihre Fotos auf Flickr oder machen Sie daraus ein hübsches Fotobuch, das Sie auf Blurb vertreiben; teilen Sie Ihre Musik auf MySpace oder verkaufen Sie sie zum Beispiel über iMusician; Planen Sie über die Facebook-Eventseite oder Meetup.com eine Veranstaltung und werben Sie Teilnehmer an; starten Sie Ihr Importgeschäft mit einem eBay-Shop. Eröffnen Sie noch heute Ihren Einzelhandel:

Laden Sie bei Cafépress oder Zazzle Ihre eigenen Designs hoch und verkaufen Sie diese weltweit als Aufdrucke auf T-Shirts, Bechern, Notizbüchern, Kalendern oder Uhren. Wenn Sie künstlerisch oder handwerklich begabt sind, verkaufen Sie Ihre Werke auf Etsy.com, dem Marktplatz für Selbstgemachtes. Was auch immer Sie tun möchten, Sie können dies in irgendeiner Form an einem Nachmittag realisieren. Worauf warten Sie noch?

Entscheiden Sie, mit welchem Kanal Sie Ihr Projekt durchspielen wollen. Wenn sich Ihr Kopf, angesichts der vielen Möglichkeiten, jetzt dreht, beginnen Sie mit etwas Einfachem, starten Sie zum Beispiel mit einem Blog. Sie können später immer noch andere Elemente wie Ton- oder Videoaufnahmen oder Twitter-Updates hinzufügen.

Schritt 3: Welchen Menschentyp sprechen Sie an?

Während Sie Ihr Projekt in der Welt bekanntmachen, sollten Sie überlegen, wen Sie damit hauptsächlich ansprechen wollen. Letztendlich werden es diese Leute sein, die für das, was Sie tun, bezahlen. Wenn Sie entscheiden, welche Art Kunden, Klienten oder Fans Sie ansprechen wollen, sollte Ihr Ziel darin bestehen, Ihre Produkte an die Menschen zu verkaufen beziehungsweise mit den Menschen zusammenzuarbeiten, die Sie wirklich mögen.

Haben Sie schon Erfahrung damit gemacht, wie es ist, seine Dienstleistungen oder Produkte an jemanden verkaufen zu wollen, mit dem man eigentlich lieber nichts zu tun hätte? Ich schon. Das funktioniert selten, und ist Ihnen tatsächlich ein Abschluss gelungen, sind Sie eine Geschäftsbeziehung mit jemandem eingegangen, mit dem Sie privat keine Zeit verbringen würden. Wenn Sie in Ihren Terminkalender schauen, sollte Ihre Reaktion auf eine Verabredung lauten: »Super, ich freue mich darauf, den Kunden morgen zu treffen.«

Selbst wenn Sie nur ein Mal ein Produkt verkaufen und dann nie wieder etwas mit dem Kunden zu tun haben, ist es besser, an jemanden zu verkaufen, der schätzt, was Sie tun, maximal davon profitiert und Ihnen ein ehrliches, positives Feedback gibt. Gehen Sie Leuten aus dem Weg, die nur aus Spaß an der Freude meckern wollen.

Überlegen Sie, welchen Menschen Sie Ihre Produkte oder Dienstleistungen am liebsten verkaufen würden. Die meisten denken bei dieser Frage an demografische Daten: Wie alt sind sie? Sind es Männer oder Frauen? In welchem Bereich sind sie tätig? Oder für diejenigen, die an Firmen verkaufen: Welche Umsatzgröße? Welche Branche? Es ist genauso wichtig, wenn nicht wichtiger, auch psychografische Kriterien mit einzubeziehen: Welche Werte haben diese Menschen? Wonach suchen sie in einem Produkt? Wollen Sie an Leute verkaufen, die bodenständig und unprätentiös sind, oder an Leute, die den neusten Trends hinterherjagen? Wollen Sie Leute, die die feinen Dinge im Leben schätzen oder solche, die auf Schnäppchen aus sind? Denken Sie über diese Fragen nach und halten Sie Ihre Antworten in Ihrer Spielanleitung fest.

Machen Sie sich aus all dem ein Bild von Ihrem Idealklienten oder -kunden. Es könnte jemand sein, den Sie kennen oder mit dem Sie gern arbeiten würden. Beschreiben Sie ihn in Ihrer Spielanleitung. Wenn es eine bestimmte Person oder Firma ist, ziehen Sie sich ihr Bild aus dem Internet und kleben Sie es in Ihre Spielanleitung. Wenn Sie Ihren Blog oder Ihren E-Mail-

Newsletter schreiben, dann denken Sie dabei an die ideale Person, die Sie ansprechen wollen.

Bedeutet das nun, dass Sie bestimmte Leute ausklammern? Ist das nicht eine verrückte Art, Geschäfte zu machen? Die Wahrheit ist, dass Sie wahrscheinlich jetzt schon auf eine bestimmte Art von Klient oder Kunde ansprechend wirken. Ich möchte nur, dass Sie sich dessen bewusster sind, damit Sie sicherstellen können, dass Sie sich auf konsequente Weise präsentieren und vermarkten.

Konkret geht es hier um das Nischenmarketing. Das Vermarkten der eigenen Arbeit ist ein bisschen wie Daten. Sie können nicht jedem gefallen; selbst George Clooney finden einige Frauen nicht anziehend. Es ist viel besser, eine kleine Gruppe von Personen zu finden, die Sie für unwiderstehlich halten, als eine große Menge, die Sie ganz okay finden, denn es muss eine starke Anziehungskraft bestehen, wenn jemand sein schwer verdientes Geld nimmt und es Ihnen gibt.

Seinen Ruhm zu mehren, ist in einer Nische viel einfacher. Es kostet wirklich Zeit und Mühe, bekannt zu werden. In einem kleineren Gesellschafts- oder Geschäftssegment geht das unkomplizierter, schneller und billiger. Und Sie können auch dieser Nischenzielgruppe eine ganze Bandbreite an Dienstleistungen und Produkten anbieten.

Vor einiger Zeit war ich bei einem Networking-Treffen, als ein Drucker aufstand, um sich in 60 Sekunden den Leuten im Raum vorzustellen. Er sagte: »Ich erledige alle möglichen Arbeiten für alle möglichen Leute.« Was meinen Sie, welches Interesse er damit erzeugte? Ein sehr geringes. Um auf die Analogie mit dem Daten zurückzukommen: Wenn Sie Single sind und jemand zu Ihnen kommen und sagen würde: »Im Grunde bin ich nur auf der Suche nach einer Beziehung, egal mit wem«, wie sehr würden Sie sich davon angesprochen fühlen? Das schmeckt nach Verzweiflung. Die Leute bevorzugen Spezialisten. Wenn Sie jemanden entdecken würden, dessen ganzes Unternehmen darauf abzielt, genau das Problem zu lösen, das Sie haben, dann hätten Sie doch bestimmt Interesse, mit dieser Person zu sprechen?

Wenn Sie gerade erst am Anfang stehen, kann es eine Weile dauern, bis Sie Ihren idealen Klienten und Ihre spezielle Nische gefunden haben. Spielen Sie es durch, und suchen Sie nach Mustern, sobald Sie beginnen, mit verschiedenen Menschen zusammenzuarbeiten und Projekte starten. Wenn Sie schon eine Zeit lang selbstständig arbeiten, denken Sie darüber nach, welches Ihre Lieblingsprojekte sind und mit welchen Klienten Sie am liebsten zusammenarbeiten. Könnten Sie sich darauf konzentrieren, noch mehr solcher Projekte und Klienten zu bekommen?

Wenn Sie immer noch Bedenken haben, Ihren Fokus zu verkleinern, machen Sie sich deutlich, dass Sie vielleicht gar nicht so viele Kunden brauchen. Wenn Sie eine Dienstleistung anbieten und Ihre Zeit in Projekte investieren, dann ist es gar nicht nötig, dass die ganze Welt Sie liebt, Sie brauchen nur ausreichend viele Menschen, die Ihnen Aufträge erteilen. Und es kann sein, dass diese Anzahl Menschen viel kleiner ist, als Sie zunächst meinen. Ein Auftragnehmer, der von seinen Klienten immer wieder Aufträge bekommt, kann auch mit nur einer Handvoll Klienten sehr gut über die Runden kommen.

Selbst wenn Sie Künstler, Musiker, Handwerker oder jemand sind, der Informationsprodukte verkauft, könnten Sie mit einer relativ kleinen Anzahl von Leuten, die verrückt nach Ihnen sind (und alles kaufen, was Sie anbieten), finanziell besser dastehen als mit einer größeren Anzahl von Leuten, die sich nur mäßig für Sie interessieren.

Schritt 4: Beginnen Sie das Gespräch

Wenn Sie sich Ihren Kanal ausgesucht haben und wissen, mit wem Sie es zu tun haben, wie fangen Sie dann an? In Ihrem ersten Blog-Posting, E-Mail-Newsletter oder ihrer ersten Video-Botschaft könnten Sie Ihren Ansatz bei dem Thema erläutern, mit dem Sie sich näher befassen.

Schreiben Sie in Ihrer normalen Sprache; es ist nicht nötig, dass Sie auf eine förmliche Geschäftssprache umschalten. Fassen Sie sich kurz. Je kürzer Ihr Schreiben oder Ihr Video ist, desto mehr Menschen werden sich die Mühe machen, es zu lesen oder sich anzusehen. Sie werden feststellen, dass die besten Blogger manchmal Einträge bloggen, die aus nicht mehr bestehen als einem eingebetteten Video oder einem Link mit einem Satz, der erklärt, was das Interessante daran ist. Bitten Sie am Ende klar und deutlich um Feedback in Form von Kommentaren oder Tweets.

Ihre Aufgabe ist es, dafür zu sorgen, dass Sie bei Ihren Fans immer an erster Stelle stehen, indem Sie mit regelmäßigen Blog-Postings, Tweets oder E-Mails mit ihnen in Kontakt bleiben. Dazu braucht es Durchhaltevermögen, und darum ist es so wichtig, dass Sie sich eine Sache aussuchen, für die Sie sich wirklich interessieren. Es kommt vor, dass Leute erst zwei Jahre, nachdem wir uns zum ersten Mal begegnet sind, Sitzungen mit mir vereinbaren, weil sie seit diesem Zeitpunkt jeden Monat E-

Mails von mir bekommen haben. Wie stehen wohl die Chancen, dass sie sich ohne diese Mails an mich erinnert hätten?

Senden Sie nicht nur Werbebotschaften. Verschicken Sie Informationen von Wert. Im Internet kursieren genug Spam- und Werbemails; verstärken Sie das Signal, nicht das Rauschen. Berichten Sie über aktuelle Neuigkeiten, geben Sie Expertentipps, beziehen Sie Ihre Follower mit ein, werben Sie um ihre Meinung, bieten Sie an, Fragen online zu beantworten, veranstalten Sie Preisausschreiben. Sie könnten auch direkt die Probleme ansprechen, die Sie im vorigen Kapitel identifiziert haben, und verkünden, dass Sie an diesen arbeiten wollen. Fragen Sie, welche Erfahrungen andere mit diesem Problem gemacht haben und welche Lösungen sie gefunden haben. Wenn Sie bereits auf etwas gestoßen sind, was bei diesem Problem hilft, erläutern Sie es näher. An gute Inhalte kommen Sie auch, indem Sie interessante oder bekannte Personen aus Ihrem Bereich interviewen. Haben Sie keine Angst davor, offen über Ihre besten Ideen und Inhalte zu sprechen. Sie werden deswegen kein Geschäftsmodell verlieren, sondern eher noch mehr Interessenten anlocken.

Wenn Sie etwas haben, das sich anzuschauen lohnt, wie bekommen Sie die Leute dazu, es sich auch anzusehen? Das ist eine komplexe Angelegenheit, aber in einem gewissen Umfang wird es von selbst passieren, wenn Sie mit Verve Ihr Thema durchspielen. Zu den Dingen, die die Zahl der Besucher Ihres Blogs oder Ihrer Website erhöhen, gehören: Kommentare, die Sie zu einem ähnlichen Thema in den Blogs anderer abgeben; das Verlinken mit anderen Blog-Postings (es kann sein, dass der Inhaber des betreffenden Blogs es sieht und daraufhin Ihren Blog liest); einen Videohit auf YouTube zu landen; das Verlinken von Websites mit viel Traffic auf Ihre Website; das Verlinken von Websites, die Google als wichtig einstuft, auf Ihre Website (wodurch die Bedeutung der eigenen Website höher eingestuft wird, sodass sie bei der Suche weiter oben erscheint); das Schreiben und anschließende Hochladen von Artikeln – inklusive Link auf Ihre Website – auf Fundgruben wie ezinearticles.com; für die Blogs und Newsletter anderer zu schreiben; und dafür zu sorgen, dass auf Ihre Twitter-Botschaften hin zurückgetwittert wird. Am allerwichtigsten aber ist, dass Sie gute Inhalte erstellen, die es wert sind, gelesen oder angesehen zu werden – und dazu braucht es Übung, Durchhaltevermögen und Leidenschaft.

Schritt 5: Die Kunst der Verführung, oder: Wie Sie aus Fans Kunden machen

Jetzt, da Sie im Gespräch mit den Leuten sind, die Sie erreichen möchten, stellt sich die Frage: Wie bringen Sie sie dazu, Ihre Produkte zu kaufen oder Sie zu engagieren? Versetzen Sie sich, wenn Sie mit Ihren Lesern kommunizieren, als Erstes in deren Lage. Wer sich mit einem Unternehmen selbstständig macht, neigt dazu, darüber zu sprechen, wie er seine Arbeit macht oder welche Merkmale seine Produkte haben, aber für diejenigen, die kaufen wollen, ist das nicht besonders interessant. Sie interessieren sich eher für die Vorteile und Ergebnisse, die sie von Ihrer Dienstleistung oder Ihrem Produkt erwarten können. Doch es existiert etwas noch Wirkungsvolleres, um sich die Aufmerksamkeit Ihrer Leser zu sichern: über die Probleme zu sprechen, die Sie bei ihnen identifiziert haben.

Es gibt in der Werbung den bekannten Spruch, dass man in das Gespräch einsteigen soll, das der Kunde in seinem Kopf bereits führt. Ihr Kunde oder Klient führt oftmals Gespräche mit sich selbst über das, was ihn am meisten plagt, etwa: »Ich habe alles versucht, aber ich werde die Rückenschmerzen einfach nicht los.«, »Warum finde ich kein Fernsehgerät, das ich problemlos bedienen kann?«, »Diese Hypothekenzahlungen bringen mich noch um.«, »Warum sind alle Krawattendesigns so langweilig?« Wenn Sie in einem Blog oder E-Mail-Newsletter die Probleme Ihrer Leser aufgreifen, erregen Sie deren Aufmerksamkeit.

Und wenn Ihnen ihre Aufmerksamkeit sicher ist, versuchen Sie nicht, Ihre Fans in einem Schritt zu bekehren und zu Käufern zu machen. Um wieder zur Analogie mit dem Daten zurückzukommen: Sie können nicht einfach auf einen beinahe Fremden zugehen und sagen: »Hi, du siehst gut aus. Sollen wir heiraten und drei Kinder bekommen?« Genauso wenig sollten Sie in der Geschäftswelt erwarten, dass Sie Fremde in einem Schritt zu Käufern umpolen können. Intensivieren Sie lieber Schritt für Schritt deren Beziehung zu Ihnen.

Vielleicht lesen sie zunächst Ihren Blog und geben dann ihre E-Mail-Adresse preis, im Austausch gegen einen kostenlosen Ratgeber, den Sie erstellt haben. Wenn ihnen der gefällt, geben sie vielleicht etwas Geld aus, um bei Ihnen einen kleinen Artikel zu kaufen oder eine Schnuppersitzung zu buchen. Einige der Leute, die das tun, werden daraufhin etwas Bedeutenderes bei Ihnen erwerben oder Sie engagieren.

In jedem Stadium dieses Verführungstanzes sollten Sie deutlich machen, was Sie von Ihrer »Beute« als Nächstes erwarten; legen Sie den nächsten Schritt mit einem »Aufruf zum Handeln« genau dar. Wenn jemand die Informationen auf Ihrer Website gelesen hat, welchen Schritt soll er dann als Nächstes machen?

Es wäre wohl zu viel erwartet, dass er gleich zum Telefon greift; vielleicht sollte der nächste Schritt darin bestehen, ihn zur Preisgabe seiner E-Mail-Adresse zu verleiten, damit Sie ihn auf Ihre Mailingliste setzen können. Anschließend können Sie ihm eine E-Mail schicken, in der Sie von einem kostenlosen Vortrag erzählen, den Sie halten. Mit jedem Schritt wird die Beziehung zwischen Ihnen intensiver.

Machen Sie deutlich, was Sie von Ihrem potenziellen Kunden oder Klienten wollen. Wenn Sie eine E-Mail rausschicken, in der Sie ihn dazu auffordern Kontakt zu Ihnen aufzunehmen, ist das eigentlich zu vage. Soll er Ihnen eine E-Mail schreiben? Soll er Sie anrufen? Dann schreiben Sie die Nummer direkt in die Nachricht hinein: »Rufen Sie mich an unter 0800 ...« Sie werden erstaunt sein, wie sehr solch einfache Dinge zum Erfolg beitragen. In meiner Stadt gibt es ein inhabergeführtes Kino, das Mittel für eine Renovierung anwirbt. Ich traf auf den Theaterleiter, der sich den Kopf darüber zerbrach, wie er innerhalb von acht Wochen 140 000 Britische Pfund auftreiben könnte. Das Erste, was ich tat, war, mir die Homepage des Kinos anzusehen. Wo war der Spendenaufruf? Er versteckte sich in winzigen Kursivbuchstaben in einer kleinen Textbox, zusammen mit fünf Presseberichten aus jüngerer Zeit. Der Theaterleiter nahm sich meine Anmerkung dazu zu Herzen und fügte ein breites Banner ein, das quer über den oberen Rand der Website verlief. Wenn Sie wollen, dass jemand etwas tut, machen Sie es ihm so einfach wie möglich!

Und zum Schluss noch ein Hinweis, wie Sie mit Kontroversen fertigwerden

Hören Sie auf Ihren eigenen Geschmack.
Seien Sie dazu bereit, sich unbeliebt zu machen.
Abraham Maslow, US-amerikanischer Psychologe,
1908–1970

Nachdem Sie sich getraut haben, Position zu beziehen und aus der Anonymität der breiten Masse herauszutreten, seien Sie nicht überrascht, wenn der eine oder andere von Ihnen genervt ist. Sollte es nicht dazu kommen, halten Sie sich wahrscheinlich noch zu bedeckt (besonders dann, wenn Sie versuchen, den Status quo zu ändern). Denken Sie daran: Was den einen anturnt, turnt den anderen ab. Solange Sie ein formloser Klumpen bleiben, wird sich niemand an Ihnen stören können; wenn Sie sich aber klar definieren, werden Sie die Leute polarisieren und sie werden für oder gegen Sie sein.

Ray Charles sagte einmal, dass seine Mutter ihm zwei ausgezeichnete Ratschläge mit auf den Weg gegeben hätte: »Sei immer du selbst« und »Nicht alle werden dich mögen«. Egal, was Ihr Thema ist oder welche Position Sie beziehen, irgendjemandem wird es nicht gefallen. Ich habe gesehen, wie Leute sich wegen so unterschiedlicher Themen wie Steinmetzarbeiten, Stricken oder dem Weg zu mehr Zufriedenheit an die Gurgel gegangen sind. Dagegen ist keiner gefeit, also sollten Sie akzeptieren, dass es zum Leben eines Players dazugehört.

Jeder hat das Recht, anderer Meinung zu sein als Sie. Schlimm wird es erst, wenn jemand Sie deswegen persönlich angreift.

Denken Sie daran: Wenn es den Anschein hat, dass jemand übermäßig heftig auf etwas reagiert, das Sie getan haben, dann sollten Sie akzeptieren, dass es hier gar nicht um Sie geht oder um das, was Sie gesagt oder getan haben. Wahrscheinlicher ist, dass Sie seinen emotionalen Ballast berührt haben.

Falls jemand Sie auf hässliche Art persönlich angreift, kann die beste Reaktion darauf sein, es einfach zu ignorieren. Vermeiden Sie es, sich auf irgendeine Diskussion einzulassen oder sich zu rechtfertigen. Wenn Sie Energie in etwas stecken, wächst es eher – investieren Sie keine Energie in einen Konflikt. Wir alle laufen Gefahr, dass die negativen Reaktionen sich in unseren Köpfen festsetzen, während wir vom positiven Feedback gar keine Notiz nehmen. Arbeiten sie dagegen an, indem Sie alle Danksagungen, ermutigenden Kommentare und guten Kritiken, die Ihnen über den Weg laufen, sammeln.

Jetzt wissen Sie, wie Sie es anfangen, eine Fanbase für sich zu begeistern. Im nächsten Kapitel erfahren Sie, wie Sie etwas anbieten, das andere unwiderstehlich finden.

Machen Sie ein Spiel daraus

Mit diesen Zutaten gelingen die Erfolgsrezepte:

- Motzen Sie Ihr Projekt auf – trauen Sie sich herauszustechen.
- Machen Sie sich die neuen Kommunikationskanäle zunutze, um Ihre Zielgruppe zu erreichen.
- Beschreiben Sie Ihren idealen Klienten oder Kunden.

😊 Steigen Sie ins Gespräch mit ihm ein und bleiben Sie in Kontakt.

😊 Verleiten Sie Ihre Fans dazu, zahlende Kunden zu werden.

Was Sie jetzt haben sollten:

😊 einen bevorzugten Kanal, um die Kommunikation zu starten;

😊 eine Beschreibung Ihres idealen Klienten oder Kunden;

😊 einige Ideen für den Gesprächseinstieg.

Nehmen Sie sich zehn Minuten Zeit fürs Spielen:

😊 Registrieren Sie sich bei einem Blog, bei Twitter oder bei einem E-Mail-Newsletter-Anbieter.

😊 Wenn Sie bereits registriert sind, fangen Sie an, Posts oder Nachrichten zu verfassen, um sie, wie in Schritt 4 beschrieben, zu versenden.

Exklusive Extras auf ScrewWorkLetsPlay.com

😊 nähere Informationen zu Blogs, sozialen Netzwerken und zum E-Mail-Marketing: welche Anbieter infrage kommen, wie man sich registriert und wie man diese Angebote nutzt;

😊 Links zu einigen der besten Blogs im Internet.

So erzeugen Sie ein unwider- stehliches Angebot

Die Unternehmen, die am längsten überleben, sind diejenigen, die herausfinden, was nur sie allein der Welt geben können; nicht nur durch Expansion oder Geld, sondern durch ihr Qualitätsniveau, ihren Respekt anderen gegenüber und ihre Fähigkeit, Menschen glücklich zu machen. Manche bezeichnen diese Dinge als Seele.

Charles Handy, Managementexperte und Autor

Sie wissen inzwischen, wie Sie die neuesten Onlinesysteme nutzen können, um mit dem, was Sie tun, bekannt zu werden. Sie wissen inzwischen auch, wie Sie die Leute definieren, bei denen Sie bekannt sein möchten. Die Frage ist jetzt, was Sie ihnen anbieten werden. Es ging an anderer Stelle darum, wie wichtig es ist zu wissen, bei welchen Problemen Sie Menschen helfen wollen. In diesem Kapitel erfahren Sie, was für eine Lösung Sie für die Probleme anbieten und in welcher Form Sie diese bereitstellen können. Sobald Sie sich darüber im Klaren sind, werden Sie etwas anzubieten haben, das Ihnen die Möglichkeit gibt, sich fürs Spielen bezahlen zu lassen. Hier das Beispiel des in Großbritannien ansässigen Unternehmens The Money Gym.

The Money Gym – die Millionärsmacher

Das Unternehmen The Money Gym wurde 1999 von Nicola Cairncross gegründet; später kam Judith Morgan als Geschäftspartnerin dazu. Über The Money Gym sagt Cairncross:

Das Unternehmen erklärt Laien, was es mit dem Geld in Immobilien, Aktien, im Internet und in der Wirtschaft auf sich hat. Es informiert darüber, wie Geld arbeitet, wie man finanziell unabhängig wird, wie man den Ausstieg aus einer Vollzeitstelle schafft, finanzielle Integrität erzeugt und wie man sich für die Zukunft finanziell absichert.

Als ich auf die Idee kam, hielt ich bereits Vermögenscoachings unter meinem Namen ab, aber ich wollte alle Themen zu einem Jahresprogramm bündeln und auch die Klienten miteinander in Kontakt bringen. Darüber hinaus wollte ich einen aussagekräftigen Namen kreieren, der nicht speziell mit mir verbunden war, damit ich das Unternehmen eines Tages vielleicht verkaufen konnte, wenn ich das wollte.

Sobald mir die Idee gekommen war, verfasste ich einen Werbebrief, in dem ich das Angebot beschrieb (das ist sehr gut, um sich klar darüber zu werden, was man anbietet, wem man es anbietet und worin die Vorteile liegen), ich erstellte einen »Join Now«-Button im Einkaufswagen und verschickte alles per E-Mail. Für die ersten fünf Bewerber auf eine Mitgliedschaft war die Teilnahme am Jahresprogramm kostenlos. Nach nur einer Stunde hatte ich 27 neue Kunden!!

Wir sprechen oft über folgendes Problem: »Mag sein, dass ich gutes Geld verdiene, aber wenn ich aufhöre zu arbeiten, kommt auch kein Geld mehr rein.« Da viele unserer Mitglieder Frauen sind, machen sie sich sehr viele Gedanken über ihre Unabhängigkeit, sie wollen nicht das Gefühl haben, dass ihre finanzielle Sicherheit von einem Mann abhängt. Und weil die Renten hinter den Erwartungen zurückbleiben, machen sich viele auch Sorgen, dass sie im Alter möglicherweise verarmt sein könnten.

Unsere Lösung besteht darin, jeden Klienten zu bewerten, ihm dabei zu helfen, einen Plan zu erstellen und diesen dann auf Basis seiner Ausgangssituation, seines bestehenden Vermögens und seiner Fähigkeiten umzusetzen. Für unsere Klienten ist dies ein dreistufiger Prozess, bei dem sie die finanzielle Kontrolle übernehmen, mehr Geld verdienen, um es wieder zu investieren (und mehr Lebensqualität für sich zu schaffen), und dann finanziell unabhängig werden.

The Money Gym hatte zum Zeitpunkt des Interviews mehr als 1000 Mitglieder, die, je nach Mitgliedsstufe, pro Monat zwischen 27, 50 und 479,50 Britische Pfund bezahlten.

Im Laufe der Jahre, so Nicola Cairncross, »haben wir mindestens 20 Menschen zu Millionären gemacht und vielen anderen zur finanziellen Unabhängigkeit verholfen, sodass sie nur arbeiten, wenn sie das wollen. Und sowohl Judith als auch ich selbst lieben das, was wir tun, wirklich!«

Mehr über The Money Gym können Sie nachlesen auf *themoneygym.com*.

Fürs Spielen bezahlt zu werden bedeutet, dass Sie etwas tun, was Ihnen wirklich Spaß macht, während Sie damit anderen etwas bieten, wofür sie gern bezahlen. Ihre Aufgabe ist jetzt, etwas zu finden, das Sie anbieten können und das die Leute wirklich wollen. Und was die Leute wirklich wollen, sind Lösungen für ihre Probleme. Sehen Sie sich noch einmal die Liste mit den Problemen an, die Sie in »Erfolgsrezepte Teil 5« geschrieben haben. Was können Sie anbieten, das diese Probleme lösen oder zumindest ein Stück weit zu deren Lösung beitragen würde? Welche Ergebnisse können Sie Leuten versprechen, die dieses Problem haben? Denken Sie daran, dass es im Grunde die Ergebnisse sind, für die die Leute bezahlen, wenn sie Ihr Produkt oder Ihre Dienstleistung kaufen.

> *Die Leute wollen keinen Viertel-Zoll-Bohrer kaufen.*
> *Sie wollen ein Viertel Zoll großes Loch haben!*
>
> Theodore Levitt, Professor für Marketing
> an der Harvard Business School

Je deutlicher Sie sagen können, welche Ergebnisse Sie anbieten, desto einfacher wird es sein, dafür bezahlt zu werden. Hier sind einige Beispiele: Wenn Sie ein virtueller Assistent sind, der Klienten hilft, die zu viel zu tun haben, um ihre geschäftlichen Verabredungen und ihre Verkaufsmeetings zu organisieren, können Sie das Problem lösen, indem Sie ihnen das alles abnehmen. Das Ergebnis für Ihre Klienten könnte dann so aussehen, dass sie mehr Geschäfte machen und mehr Geld hereinkommt.

Wenn Sie ein Hypnosetherapeut sind, könnten Sie sich das verbreitete Problem der Flugangst vornehmen. Das Ergebnis für den Klienten ist, dass er endlich weiter und in wärmere Urlaubsregionen fliegen kann, in der Lage ist, die Reise zu genießen, und deshalb schon entspannt ankommt.

Wenn Sie einen Blog über Innenausstattung betreiben, die von der Insel Bali inspiriert ist, und kunsthandwerkliche Objekte und Möbel von dort importieren, können Sie das Problem derjenigen lösen, die den Bali-Stil lieben, aber nicht wissen, wie sie ihn bei sich zu Hause umsetzen können. Das Ergebnis für Ihre Leser und Kunden könnte ein hübsches Wohn- oder Schlafzimmer sein, in denen einige Ihrer einmaligen Stücke stehen, die es nirgendwo sonst in der westlichen Welt zu kaufen gibt.

Je größer die Bedeutung Ihrer Ergebnisse ist, und je größer Ihr Einfluss auf das Problem, desto wertvoller sind Sie. Und je wertvoller Sie sind, desto mehr Geld können Sie verlangen. Wenn Sie sich mit dem Problem »Langeweile am Arbeitsplatz« befassen, kann es sein, dass Ihre Wirkung nicht allzu groß ist, da Sie zum Beispiel mit einem lustigen Blog die Leute nur für ein paar Minuten zum Lachen bringen – in diesem Fall verdienen Sie pro platzierter Anzeige vielleicht nur den Bruchteil eines Pennys. Wenn Sie jemandem allerdings ein komplettes und sofort umsetzbares Geschäftsmodell anbieten, das es ihm erlaubt, sofort aus seinem Vollzeitjob auszusteigen, können Sie Hunderte oder Tausende von Euros verlangen.

Sobald Sie wissen, welche Ergebnisse sie anbieten, lautet die zentrale Frage, in welcher Form Sie sie anbieten. Sie könnten Ihre Ergebnisse als physischen Gegenstand anbieten, als gedrucktes Buch oder als Informationsquelle im Internet, das Ergebnis kann aber auch in der direkten Zusammenarbeit mit dem Klienten liegen. Sie können auf viele verschiedene Arten ähnliche Ergebnisse anbieten.

The Money Gym bietet das Fachwissen dazu zum Beispiel als gedrucktes Buch an, als Online-Selbstlernkurs für zu Hause und als persönliches Coaching, zu ganz unterschiedlichen Preisen. Die Menschen sind verschieden und entscheiden sich auch für unterschiedliche Lieferformen.

Im Folgenden werden einige simple Arten vorgestellt, wie Sie die Ergebnisse, die Sie gern anbieten möchten, liefern können. Bei keiner von ihnen müssen Sie sich die Mühe machen, eine komplette Firma mit Personal und Firmengebäude einzurichten, und große Investitionen brauchen Sie auch nicht zu tätigen. Selbst wenn Sie momentan eher auf eine Festanstellung als auf Selbstständigkeit aus sind, werden Sie vielleicht feststellen, dass das Experimentieren mit einem dieser Kanäle Ihnen hilft, Ihre nächste Rolle zu kreieren (nähere Informationen hierzu im folgenden Kapitel).

Das Anbieten einer Dienstleistung

Viele Menschen begeben sich auf den Weg in die Selbstständigkeit, indem sie zunächst Einzelpersonen, Gruppen oder Organisationen einen Service anbieten und diesen auf Stunden-, Tages-, Wochen- oder Projektbasis berechnen.

Zu dem Personenkreis derer, die nach Stunden abrechnen, gehören Berater, Life Coachs, Therapeuten, Buchhalter und Klempner. Firmen und Berater erheben oft auch Tagessätze. Andere Berufsgruppen wie Webdesigner und Programmierer können wiederum auf Projektbasis abrechnen. Es gibt heute Personen, die minutengenau abrechnen, und Websites wie Greatvine.com und LivePerson.com sind dazu da, um Sie bei der Umsetzung Ihres entsprechenden Angebots zu unterstützen.

Um bekannt zu werden, sollten Sie die in »Erfolgsrezepte Teil 6: Wie Sie das Ruhmspiel spielen – und gewinnen«, S. 209, vorgestellten Schritte praktizieren. Teilen Sie Ihre Gedanken über Ihr Themengebiet in Ihrem Blog, auf Twitter oder über einen anderen Kanal mit anderen. Dies gibt potenziellen Klienten die Möglichkeit, Ihre Perspektive und Ihren Ansatz zu verstehen.

Vorteile: Wenn Sie über entsprechende Fähigkeiten verfügen, kann dies der schnellste Weg sein, um Geld damit zu verdienen. Sie müssen nicht erst einen komplexen Businessplan erstellen, keinen Firmensitz anmieten und auch keine Systeme organisieren. Es kann ein guter Ausgangspunkt sein, weil Sie in direkten Kontakt mit Ihren Zielkunden treten, sodass Sie eine Vorstellung davon erhalten, was in ihnen vorgeht, was für Probleme sie haben und was sie wollen. Dieses Wissen kann Ihnen später dabei helfen, ein Produkt zu erzeugen oder ein Unternehmen zu gründen, mit dem Sie die gleichen Ergebnisse erzielen, ohne direkt mit den Kunden arbeiten zu müssen. Wenn Sie über spezielle Fähigkeiten verfügen, die sehr gefragt sind, können Sie damit ähnlich gute Einnahmen erzielen wie in einer vergleichbaren Festanstellung. Wenn Sie genug verdienen, können Sie es sich leisten, sich zwischen Projekten auch mal eine Auszeit zu nehmen.

Nachteile: Das Bezahltwerden nach Zeit hat etwas von einem Hamsterrad: Sie können sofort loslaufen; das Geld fließt, solange Sie arbeiten, aber sobald Sie stehen bleiben, bleibt auch das Geld aus. Außerdem kann es schwierig sein, während eines laufenden Projekts noch Zeit zu finden, den nächsten Kunden zu werben. Am Ende kann sich das anfühlen wie ein gewöhnlicher

Job. Wenn Sie noch unbezahlte Urlaube, krankheits- oder fortbildungsbedingte Fehlzeiten oder Zeiten einbeziehen, in denen Sie keine Aufträge haben, werden Sie feststellen, dass Ihr Jahreseinkommen nicht so toll ist, wie es zunächst den Anschein hatte. Und wenn Sie wirklich reich werden wollen, ist es kein guter Weg, weil Sie nur eine begrenzte Anzahl von Stunden pro Monat haben, die Sie in Rechnung stellen können. In den jährlich erscheinenden Listen der reichsten Menschen werden Sie niemanden finden, der sein Geld nur mit dem Verkauf seiner Zeit verdient.

Methoden, mit denen es bei Ihnen funktioniert

Hier kommt ein guter Tipp, falls Sie sich auf Stundenbasis bezahlen lassen möchten. Wenn Sie jede Stunde einzeln verkaufen, kann es sein, dass Sie 30 Minuten lang mit einem potenziellen Kunden sprechen, nur um ihm am Ende eine Stunde Ihrer Zeit zu verkaufen. Stattdessen sollten Sie lieber eine mehrere Stunden umfassende Paketlösung anbieten und diese durch andere Artikel wie physische Produkte oder Informationsprodukte ergänzen. Anstatt eine einstündige Massage für 60 Euro zu verkaufen, kann ein Masseur zum Beispiel ein »Ultimatives Relax-Paket« anbieten, bestehend aus drei Massagen, einer Entspannungs-CD, einem gedruckten Anti-Stress-Ratgeber und einem entspannenden Badeöl für zu Hause – alles zusammen für rund 200 Euro. Nicht jeder wird darauf anspringen, aber der eine oder andere wird das Paket genauso bereitwillig kaufen wie das einstündige Angebot. Wenn Sie Ihre Dienstleistungen auf diese Weise mit Produkten verbinden, verkaufen Sie sie möglicherweise viel leichter, besonders dann, wenn Sie die Resultate, die ein Klient davon erwarten kann, genau quantifizieren können.

Falls Sie auf Projektbasis arbeiten, können Sie, sofern Sie ausreichend viel für Ihre Projekte verlangen, damit anfangen, sich zwischen Ihren Aufträgen freizunehmen. Es gilt also nicht »Zeit ist Geld«, sondern vielmehr »Geld ist Zeit«; je mehr Sie in Rechnung stellen, desto länger können Sie sich freinehmen. Wenn Sie das Vierfache Ihrer Lebenshaltungskosten einnehmen, können Sie für jeden Monat, in dem Sie gearbeitet haben, drei Monate freinehmen, in denen Sie andere Dinge tun – Reisen, einen Roman schreiben, ein Album aufnehmen.

Es gibt Leute, die mit diesem Modell sehr gut fahren, etwa Auftragnehmer im IT-Bereich, die einen Sechs-Monate-Auftrag annehmen, um anschließend sechs Monate in der Welt herumzureisen. Letztlich werden Sie jedoch, wenn Ihnen die bezahlte Arbeit keinen Spaß macht, nicht fürs Spielen bezahlt. Der Gedanke, wieder arbeiten zu müssen, wird Sie bloß mit Schrecken erfüllen! Schlimmer noch: Sie werden auch noch Zeit damit verbringen müssen, eine Arbeit zu vermarkten und zu vertreiben, die Sie eigentlich gar nicht machen wollen. Denken Sie daran: Das Ziel besteht darin, einen Einkommensstrom zu finden, der Spaß macht.

Beratertätigkeit

Berater werden wegen ihres speziellen Fachwissens engagiert. Sie können kurze Aufträge für ein paar Tage übernehmen, aber auch längere, die sich über mehrere Monate hinziehen. Berater haben häufig Tagessätze und können pro Tag 1200 Euro oder noch mehr verlangen. Als unabhängiger Berater habe ich die Erfahrung gemacht, dass ich zwar wegen meines Spezialistenwissens von den Leuten engagiert wurde, mir dieses Wissen aber viele Male einfach nur erlaubte, ihre Sprache und ihr Unternehmen zu verstehen. Vieles von dem, was ich weitergab, war im Grunde gesunder Menschenverstand. Ich fragte die Leute, was falsch lief und was ihrer Meinung nach anders besser funktionieren würde, und schrieb alles in einem Bericht auf. Die Antworten auf die Probleme eines Unternehmens finden sich oft im Unternehmen selbst, also denken Sie nicht, dass Sie immer grundlegende, neue Einsichten präsentieren müssten.

Es ist nicht immer die fähigste Person, die den Auftrag bekommt. Unterschätzen Sie nie den Wert des Umstands, einfach zur richtigen Zeit am richtigen Ort zu sein, und ein netter und zuverlässiger Mensch, mit dem man gern arbeitet. Einmal verriet mir jemand, dass ich nur deshalb engagiert wurde, weil er wusste, dass ich »die Arbeit pünktlich erledige« (die Person wusste nicht, dass ich bis spät in die Nacht arbeiten musste, um fertig zu werden).

Wenn Sie in einer Branche gute Fachkompetenz besitzen und es Ihnen Spaß machen würde, bei innovativen Projekten mitzuarbeiten, besuchen Sie Konferenzen und Networking-Events, um dort Leute zu treffen, die Sie engagieren könnten. »Berater« ist ein sehr dehnbarer Begriff; es macht sich wirklich bezahlt zu wissen, bei welchen Problemen Sie helfen und was für Lösungen Sie anbieten können, damit Sie genau kommunizieren können, was Sie für Klienten tun. Eine gute Methode, um reinzukommen, besteht darin, erst einmal eine anerkannte Aufgabe wie die eines Projektmanagers oder eines technischen Architekten zu übernehmen.

Wenn Sie darüber nachdenken, eine Beratertätigkeit auszuüben, wäre ein gutes Spielprojekt für Sie, ein White Paper zu verfassen – einen Artikel, mit dem Sie Ihre innovativen Gedanken zu einem aktuellen heißen Thema zum Ausdruck bringen.

Jetzt kommt ein wirklich spannendes Thema. Wie würde es Ihnen gefallen, in der Lage zu sein, einen Teil Ihres Einkommens zu verdienen, ohne dabei selbst in Erscheinung treten zu müssen?

Wie Sie Geld im Schlaf verdienen, oder: Das Wunder des passiven Einkommens

Wenn Sie Ihr ganzes Leben damit verbracht haben, irgendwo zu erscheinen, um bezahlt zu werden, kann es eine dramatische Veränderung bedeuten, darüber nachzudenken, ohne persönliche Anwesenheit bezahlt zu werden. Passives Einkommen ist Einkommen aus einem Projekt, das, nachdem Sie es eingerichtet haben, ohne weiteres Zutun weiterhin Einnahmen abwirft – denken Sie an Tantiemen für ein Buch oder einen Song, den Sie geschrieben haben. Wir werden uns gleich verschiedene moderne Methoden ansehen, wie Sie Ihr erstes passives Einkommen generieren können.

Wenn Sie zum ersten Mal Geld bekommen, ohne selbst anwesend zu sein, ist das eine ziemlich tolle Sache. Ich erinnere mich daran, wie ich eines Morgens aufwachte und in einer E-Mail las, dass jemand, während ich schlief, 15 Britische Pfund für eine Tonaufnahme bezahlt hatte, die man von meiner Website downloaden konnte. Die Aufnahme war dem Käufer automatisch geliefert worden, ohne dass ich etwas dafür tun musste. Es war eine kleine Summe, aber es waren ohne Zweifel die besten 15 Pfund, die ich je verdient habe. (Zum Glück sind die Beträge seitdem etwas gestiegen!)

Passives Einkommen ist ein Thema, um das ein großer Hype entstanden ist. In Wahrheit gibt es kaum ein zu 100 Prozent passives Einkommen. Wenn Sie Ihr Buch geschrieben haben, müssen Sie es promoten. Selbst wenn Sie eine Immobilie besitzen, die Sie vermieten, und eine Verwaltung sich um die Mieter kümmert, werden Sie trotzdem gelegentlich mit ihnen reden müssen, wenn etwas Unvorhergesehenes passiert. Ich bezeichne das lieber als »wartungsarmes Einkommen«, aber ich würde mich jederzeit eher dafür entscheiden, anstatt tagein, tagaus an demselben Ort erscheinen zu müssen, um dieselben Dinge zu tun. Es ist auch eine tolle Methode, um über die Runden zu kommen, während Sie etwas machen, womit Sie vielleicht kein Geld verdienen (zum Beispiel malen, schreiben oder reisen).

Mithilfe des Internets lässt sich wahrscheinlich am einfachsten und risikoärmsten ein wartungsarmer Einkommensstrom generieren. Nachfolgend finden Sie vier Möglichkeiten, wie Sie starten können.

1. Informationsprodukte: Die neue Art, sein Wissen zu verkaufen

Wenn Sie in irgendeinem Bereich über gute Fachkompetenz verfügen und eine Gabe dafür besitzen, diese weiterzugeben, gibt es heute verschiedene Möglichkeiten, wie Sie damit Geld verdienen können, ohne selbst zu erscheinen. Bei allen wird das Internet als Kanal genutzt, und das Vehikel sind Informationsprodukte. Ein Infoprodukt ist einfach Ihre Expertise, festgehalten in Form eines Textes, als Tonaufnahme, Video oder Grafik und vertrieben über verschiedene verfügbare Formate – eBook, MP3, Videodatei, Live-Video-Broadcast oder Telekonferenz.

Das Wunderbare an Informationsprodukten ist, dass es fast

nichts kostet, sie zu produzieren und zu vertreiben. Alles, was Sie dafür brauchen, ist Zeit. Das bedeutet, Ihre Gewinnspanne liegt bei fast 100 Prozent. Nicht nur das: Da Infoprodukte sehr speziell und an einen sehr eingeschränkten Personenkreis gerichtet sind, lassen sie sich oft für viel mehr Geld verkaufen als ein Buch oder eine CD! Wenn man bedenkt, dass Sie an einem über einen Verlag verkauften traditionellen Buch für 10 Euro oder mehr vielleicht gerade mal 1 Euro verdienen, hört sich ein eBook plötzlich sehr verlockend an. Und viele Informationsprodukte werden für das Zehnfache verkauft. Damit wird es wesentlich reizvoller, Infoprodukte anzubieten, als physische Produkte, die mit dem Problem der Herstellung und des Vertriebs behaftet sind.

Über welches Thema können Sie ein Infoprodukt schreiben? Über jedes Thema, das ein Problem behandelt, das viele Menschen haben. Sehen Sie sich noch einmal Ihre Liste mit den Problemen an, bei denen Sie anderen helfen wollen, und machen Sie es zum Inhalt Ihres Infoprodukts, wie man eines dieser Probleme löst.

Damit sich das Informationsprodukt bezahlt macht, brauchen Sie eine große Anzahl von Menschen, die über Ihr Produkt sprechen. Das bedeutet eine lange Liste mit E-Mail-Adressen von Leuten, die sich für Ihr Thema interessieren, oder viel Traffic auf Ihrer Website oder eine große Zahl von Followern in den sozialen Netzwerken. Im vorigen Kapitel haben Sie gesehen, wie man das bewerkstelligt, aber wenn Sie noch keine große Zahl von Followern haben, können Sie eine Vereinbarung mit Leuten treffen, die bereits darüber verfügen, und ihnen eine Verkaufsprovision zahlen. Wenden Sie sich zum Beispiel an jemanden, der über eine E-Mail-Liste mit mehreren Tausend Adressen von

Leuten verfügt, die sich wahrscheinlich für das interessieren, was Sie anbieten (Leute, die ein ähnliches Profil haben wie die in Ihren Augen idealen Klienten). Bitten Sie die Person, eine E-Mail an diese Leute zu schicken, in der Ihr Informationsprodukt angeboten wird. Aus den daraus resultierenden Verkäufen bezahlen Sie dieser Person bis zu 50 Prozent Provision.

Im Internet wird ein großer Hype darum gemacht, wie sich mit Infoprodukten sehr schnell sehr viel Geld verdienen lässt. Die Wahrheit ist, dass es sehr viel Zeit und Mühe kostet, ein Infoprodukt zu erstellen, das wirklich von Wert ist.

Man benötigt auch Fachwissen, um die Leute davon zu überzeugen, es zu kaufen. Infoprodukte sind aber eine tolle Ergänzung zu Ihren anderen Einkommensströmen. Wenn Sie sich als Hypnosetherapeut einen Namen gemacht haben, könnte eine downloadbare Tonaufnahme zur Entspannung eine gute Ergänzung und ein schöner Einblick in Ihre Arbeitsweise sein und dazu führen, dass die Leute eine Session bei Ihnen buchen.

Sie betrachten sich nicht als Experten?

Sie müssen noch nicht einmal ein Experte sein, um Informationsprodukte zu erstellen. Wenn Sie sich leidenschaftlich für ein Thema begeistern und es dabei einen Aspekt gibt, den Sie näher beleuchten wollen, können Sie nützliche Inhalte mit hohem Stellenwert einfach dadurch erzeugen, dass Sie Personen interviewen, die anerkannte Experten sind. Die Befragten werden Ihnen für gewöhnlich ihre Zeit kostenlos zur Verfügung stellen, weil sie mit dem Interview ihre eigene Arbeit promoten können.

Es gibt Internet-Anbieter, die einfach ein bestimmtes Problem aufgetan haben, das die Menschen beschäftigt, und dann jemanden damit beauftragen, ein eBook darüber zu schreiben.

Wie wichtig es ist, das Problem zu kennen

Daniel Wagner ist heute ein anerkannter Fachmann für Internetmarketing. Zum Zeitpunkt unseres Interviews war es aber noch gar nicht so lange her, dass er selbst ein Neuling auf diesem Gebiet war. Er erzählte mir, wie alles angefangen hatte:

2006 führte ich im Internet einige simple Recherchen durch (wie das geht, könnte ich jedem innerhalb von zehn Minuten zeigen) und entdeckte das Hundetraining als Markt, der sich sehr gut für das Erstellen von Informationsprodukten eignete. Um eins klarzustellen: Ich habe keinen Hund, ich weiß nichts über Hunde, eigentlich mag ich Hunde auch gar nicht. Aber ich wusste durch meine sehr einfache Recherche, dass dies ein Markt war, mit dem ich Geld verdienen könnte.

Also richtete ich eine einseitige Website ein, um diesen Menschen auf dem Hundehaltermarkt eine einfache Frage zu stellen: »Auf welche dringende Frage zum Hundetraining brauchen Sie sofort eine Antwort?« Sobald mir die Rückmeldungen vorlagen, engagierte ich jemanden (der mit dem Thema vertraut war), der mir für 500 US-Dollar ein eBook schrieb, in dem diese Fragen beantwortet wurden. Innerhalb von drei Monaten machte ich mehr als 23 000 US-Dollar Umsatz in einem Markt, über den ich gar nichts wusste, in dem ich niemanden kannte, über den ich keine Fachkenntnisse besaß; und selbst heute, drei Jahre später, verdiene ich immer noch Geld mit diesem Markt, indem ich den

> Leuten, die sich für Hundetraining interessieren, Neuheiten anbiete.
>
> Inzwischen habe ich mehr als 27 Websites erstellt, mit denen ich Geld verdiene, und mehr als 100 Informationsprodukte in Form von eBooks, Audiointerviews, DVDs und Onlinevideos. Und ich habe mehr als 600 Leuten dabei geholfen das zu tun, was ich getan habe.
>
> Mehr über Daniel Wagners Arbeit können Sie nachlesen in seinem Blog auf *danielwagner.com*.

Einfache Methoden, um ein Informationsprodukt zu erstellen

Es gibt viele verschiedene Arten von Infoprodukten. Nachfolgend einige einfache Methoden, wie Sie diese erstellen können.

- eBooks: Fassen Sie Ihr Fachwissen zu einem Thema in einem Word-Dokument zusammen und machen Sie eine PDF-Datei daraus, die sich leicht herunterladen lässt. Diese können Sie dann auf Ihrer Website verkaufen oder sie auf einer Plattform wie Clickbank.com einstellen, die die Bestellabwicklung für Sie erledigt. Die Preise von eBooks variieren je nach Thema, Umfang und ergänzenden Features wie downloadbare Aufnahmen.
- Audioaufnahmen: Dazu zählen downloadbare Interviews, Audiokurse und Ähnliches, meist im MP3-Format. Es gibt zwei einfache Arten, diese zu erstellen. Sie können ein Inter-

view mit einem Experten führen und dieses aufnehmen (oder jemanden bitten, mit Ihnen ein Interview zu Ihrem Fachwissen zu führen), oder Sie halten per Telefonkonferenz einen Kurs ab und nehmen diesen auf. Dabei sind Sie per Konferenzschaltung mit Ihren Teilnehmern (vielleicht 10 bis 20 Personen oder mehr) verbunden. Sprechen Sie 20 Minuten über Ihr Fachthema und beantworten Sie anschließend Fragen. Sie können von den Teilnehmern eine kleine Gebühr verlangen oder den Kurs für potenzielle Kunden auch gratis abhalten. Anschließend können Sie die Aufnahme kostenlos abgeben, sie eigenständig verkaufen oder sie mit anderen Produkten zu einem größeren Paket schnüren. Wichtiger Hinweis: Sie sollten Teilnehmer vorab immer darauf hinweisen, wenn sie Teil einer Aufnahme sind.

2. Affiliate-Marketing, oder: Wie Sie ein Produkt verkaufen, ohne es produzieren zu müssen

Wenn Sie kein eigenes Produkt haben, können Sie Geld damit verdienen, dass Sie die Produkte anderer promoten und jedes Mal eine Provisionszahlung erhalten, wenn jemand ein Produkt kauft. Es gibt Leute, die allein davon gut leben können. Wenn Sie sowieso die Angewohnheit haben, die guten Sachen anderer zu empfehlen, warum nicht auch die Provision nehmen, die sie im Gegenzug anbieten? Hört sich gut an, oder? Viele Leute scheinen dieser Ansicht zu sein. Im Ergebnis herrscht im Bereich Affiliate-Marketing ein ziemlicher Konkurrenzkampf, also müssen Sie, wie sonst auch, die geforderten Fähigkeiten gut beherrschen – Sie müssen sich mit Online-Werbung auskennen (um

Website-Traffic zu generieren), gut texten können, um das Produkt zu beschreiben, und sich die richtigen Produkte heraussuchen, die Sie anbieten. Aber wenn es Ihnen Spaß macht, im Internet herumzuturnen, kann es auch Spaß machen, all das zu lernen. Und die Fähigkeiten sind nützlich, um auch Ihre anderen Einkommensquellen zu vermarkten. Affiliate-Marketing kann eine großartige Ergänzung zu Ihren anderen Tätigkeiten sein.

Wenn Sie ein Produkt sehen, das bei den Problemen hilft, mit denen Sie sich für andere beschäftigen, suchen Sie nach einem Link zu »Unsere Partnerprogramme« oder Ähnliches. Oft können Sie durch Ausfüllen eines einfachen Formulars sofort teilnehmen. Sie erhalten dann einen eigenen Link zu diesem Produkt. Verschicken Sie eine E-Mail oder verfassen Sie einen Blogeintrag, in dem Sie erklären, warum Sie das Produkt empfehlen, und fügen Sie Ihren Partnerlink dort ein. Wenn jemand auf den Link klickt, um das Produkt zu kaufen, werden Sie automatisch eine Provision erhalten, die meist über PayPal bezahlt wird.

Sie können noch einen Schritt weitergehen und mit einem Affiliate-Programm-Portal wie Commission Junction oder Affiliate Window arbeiten. Wenn Sie sich auf solchen Websites registrieren, können Sie anschließend nach jeder Art von Produkt suchen, das Sie promoten möchten, als Affiliate teilnehmen und auf einfache Art die Produkte der Partner promoten. Darunter befinden sich auch große Namen mit ihren Dienstleistungen und Produkten.

3. Bloggen

Wie Sie in »Erfolgsrezepte Teil 6: Wie Sie das Ruhmspiel spielen – und gewinnen«, S. 209, gesehen haben, gibt es viele Gründe, mit dem Bloggen anzufangen – es ist eine Methode, um Ihre Ideen durchzuspielen, und es ist ein großartiges Marketinginstrument. Und ja, Sie können damit auch direkt Geld verdienen. Sehr wenige Blogger erzielen direkt über ihre Blogs hohe Einnahmen, denn man braucht eine riesige Anzahl von Lesern, damit sich diese bezahlt machen. Dennoch lohnt es sich, Blogs als Teil einer größeren Geschäftsstrategie zu begreifen.

Mit Blogs lässt sich auf verschiedene Arten Geld verdienen, die miteinander kombiniert werden können: durch Affiliate-Marketing (wie zuvor erklärt), durch Anzeigen (über einen Service wie Google Adwords), durch das Verkaufen und Promoten Ihrer eigenen Infoprodukte oder dadurch, dass Sie aus Ihrem Blog eine Website für Mitglieder machen, was im Folgenden näher erläutert wird.

4. Mitgliederprogramme

Ein Mitgliederprogramm (beziehungsweise Abonnement) ist ein Einkommensstrom, bei dem Sie Kunden in regelmäßigen Intervallen, meist monatlich oder jährlich, Gebühren berechnen. Im Gegenzug bieten Sie nützliche Informationen, Kurse und Support in Ihrem Fachbereich an. Es könnte dabei um Hundetraining gehen, um die Frage, wie sie sich beruflich verändern können, wie sie Ihren ersten Internetshop einrichten und so weiter.

Durch Mitgliederprogramme erhalten Sie die Chance, mit Ihren Kunden ein intensiveres und längerfristiges Verhältnis aufzubauen. Manchmal arbeiten Sie als Community rund um ein gemeinsames Interessensgebiet. Fans des US-amerikanischen TV- und Filmregisseurs David Lynch zum Beispiel können sich auf seiner Mitgliedsseite DavidLynch.com registrieren, wo sie für 10 US-Dollar im Monat exklusiven Zugang zu seinen Filmen, seiner Kunst, seiner Musik und seinen Animationsprojekten haben. Mitgliederprogramme lassen sich auch um ein verbreitetes Problem oder ein Ziel herum bauen, wie im Fall der zuvor vorgestellten Website The Money Gym.

Mitgliederprogramme sind spannende Geschäftsmodelle, denn wenn Sie erst einmal jemanden davon überzeugt haben, dass sich eine Mitgliedschaft lohnt, bezahlt er Sie so lange, bis die Mitgliedschaft wieder gekündigt wird. Stellen Sie sich vor, Sie berechnen pro Monat 10 Euro, und das Mitglied erhält im Gegenzug ein Trainingsvideo, einen per Telefonkonferenz abgehaltenen Kurs oder eine downloadbare Audioaufnahme. Wenn Sie 100 Mitglieder an sich binden können, macht das 1000 Euro im Monat. Bei 500 Mitgliedern sind es schon 5000 pro Monat. Viele berechnen pro Monat viel mehr als 10 Euro. (Wenn Sie monatlich 25 Euro verlangen und es Ihnen gelingt, 2000 Mitglieder zu bekommen, verdienen Sie über eine halbe Million Euro pro Jahr!) In jedem Fall müssen Sie einen großen Mehrwert bieten, in der Lage sein, eine Menge potenzieller Kunden anzuwerben, und dann effektiv die Ergebnisse kommunizieren, die Mitglieder erwarten können, sodass die Leute dabei sein wollen. Zum Glück sind dies alles Dinge, die Sie im Verlauf Ihres Spielprojekts lernen können.

Eine Mitglieder-Website kann aus einem Blog heraus erwachsen. Wenn Sie regelmäßig hochwertige Inhalte verfassen und eine ordentliche Zahl von Lesern anwerben können, sind Sie in einer guten Ausgangsposition, um exklusive Inhalte für Mitglieder zu erstellen und Geld dafür zu verlangen. Wenn Sie selbst nicht über ausreichend Inhalte oder Fachwissen verfügen, können Sie sich mit jemandem zusammentun.

Vorteile: Der große Vorteil dieser passiven Einkommensströme ist die Möglichkeit, für eine Arbeit, die Sie nur einmal durchführen, immer wieder bezahlt zu werden. Sie sind eine ideale Ergänzung zu anderen Dingen, die Sie vielleicht anbieten, zum Beispiel 60-Minuten-Sessions oder Beratungszeit. Sie sind auch eine gute Methode, um einen »Produkttrichter« aufzubauen: eine Bandbreite der Dinge, die Sie anbieten, und die von kostenlos über niedrigpreisig bis hin zu teuer reicht. Damit erhalten die Leute gegen geringe Kosten einen Vorgeschmack auf Ihre Arbeit und können dann entscheiden, ob Sie etwas Teureres kaufen wollen.

Nachteile: Ein gutes Infoprodukt zu erstellen kostet Zeit, und es geschieht nur allzu leicht, dass man es hinausschiebt, während man sich darauf konzentriert, Geld im Hier und Jetzt zu verdienen. Machen Sie es zu Ihrem Spielprojekt, den für Sie einfachsten und natürlichsten Weg zu finden, um Ihr erstes Infoprodukt zu erstellen; vielleicht nehmen Sie einen Vortrag oder einen Workshop auf, den zu halten Sie bereits versprochen haben. Oder Sie greifen zu einem Text, den Sie für einen anderen Zweck geschrieben haben, und erweitern ihn zu einem eBook.

Weitere Informationen zu all diesen Strategien erhalten Sie auf ScrewWorkLetsPlay.com.

Andere Wege, wie Sie Ihre Lösung anbieten können

Es gibt viele andere Möglichkeiten, Leuten Problemlösungen anzubieten: Sie können ein Produktdesign erfinden und eine Lizenz für dessen Herstellung vergeben; Sie können ein Buch im Selbstverlag publizieren; Sie können Veranstaltungen und Workshops abhalten; Sie können Ihre Fotos an eine Bilddatenbank verkaufen; Sie können eine Software entwickeln (oder auf Freelance.de jemanden beauftragen, der das tut) und diese über das Internet verkaufen; oder Sie können einen Online-Service entwickeln, dessen Nutzung kostenpflichtig ist oder der mit Werbung Geld einbringt. Was auch immer es ist, finden Sie eine Möglichkeit, die Idee durchzuspielen, mit ihr zu experimentieren und die in »Erfolgsrezepte Teil 4: Wie es für Sie garantiert ein Erfolg wird«, S. 145, erworbenen Techniken zu nutzen, um Leute um Rat zu fragen, die die spezifischen Herausforderungen und Strategien bei dieser Art von Projekt kennen.

Denken Sie an die Prinzipien der Wohlstandsdynamik aus »Erfolgsrezepte Teil 2: Wie Sie entscheiden, was Sie als Nächstes tun«, S. 81, und daran, dass Sie nicht alles selbst anbieten müssen. Wenn Ihnen Marketing Spaß macht oder redaktionelles Arbeiten oder das Erstellen von Websites, können Sie dies auch für die Produkte und Dienstleistungen anderer tun, es müssen ja nicht Ihre eigenen sein. Sie können sich mit jemandem zusammenschließen, der über gute Inhalte oder ganz andere Fähigkeiten verfügt, und etwas mit ihm zusammen erschaffen.

Jetzt haben Sie die Grundformel dafür, wie man fürs Spielen bezahlt wird: Wenn Sie eine tolle Lösung für ein drängendes

Problem bieten können, und das zu einem Preis, den die Leute gern bezahlen, werden Sie ein unwiderstehliches Angebot erzeugen. Im nächsten Kapitel erfahren Sie, wie Sie mit Ihrem Angebot den Sprung auf den Markt schaffen und Ihr erstes Spielhonorar einnehmen.

Machen Sie ein Spiel daraus

Mit diesen Zutaten gelingen die Erfolgsrezepte:
- Sie sollten wissen, welche Ergebnisse Sie anderen liefern können.
- Suchen Sie sich einen Weg aus, auf dem Sie diese Ergebnisse anbieten wollen: auf freiberuflicher Basis, als Berater, über ein Informationsprodukt, mithilfe eines Mitgliederprogramms und so weiter.

Was Sie jetzt haben sollten:
- etwas, das Sie den Menschen bieten können, mit denen Sie am liebsten arbeiten möchten.

Nehmen Sie sich zehn Minuten Zeit fürs Spielen:
- Fangen Sie an, Ihr Angebot zu beschreiben (etwas, das oft auch als Werbebrief bezeichnet wird): Beschreiben Sie das Problem, das Sie angehen, die Ergebnisse, die Sie bieten, die Art und Weise, wie Sie diese Ergebnisse liefern, und warum Sie in der Lage sind, dies zu tun – Ihre Ausbildung, Ihre Erfahrung und Referenzen, die dies be-

stätigen. Überlegen Sie auch, wie viel Geld Sie für Ihre Leistung verlangen wollen.

☺ Richten Sie es so ein, dass Sie potenziellen Kunden/ Klienten Ihr Angebot zeigen und sich Feedback holen können. Sobald es gut genug aussieht, stellen Sie das Angebot auf Ihrer Website oder in Ihrer Broschüre vor.

Exklusive Extras auf ScrewWorkLetsPlay.com

☺ nähere Informationen darüber, wie man Dienstleistungen auf freiberuflicher oder Beraterbasis anbietet;

☺ weitere Informationen, wie man passive Einkommen generiert, Informationsprodukte erstellt, Affiliate-Marketing betreibt und eine Mitglieder-Website ins Internet stellt.

So verdienen Sie Ihr erstes Spielhonorar

Das Geheimnis des Lebens liegt darin,
Menschen zu finden, die Ihnen Geld dafür bezahlen,
dass Sie das tun, wofür Sie bezahlen würden,
um es tun zu können, wenn Sie das Geld dazu hätten.

Sarah Caldwell 1924–2006, Operndirigentin
und Gründerin der Boston Opera Group

Sie wissen inzwischen, wie Sie die neusten Onlinesysteme einsetzen können, um bekannt zu werden, und wie Sie etwas anbieten können, was die Leute wirklich haben wollen. Jetzt ist es an der Zeit, all dies in die Praxis umzusetzen und richtiges Geld damit zu verdienen. In diesem Kapitel erfahren Sie, wie Sie Ihr erstes Spielhonorar verdienen. Denken Sie daran: Ein Player zu sein bedeutet, dass Sie sich Ihre Arbeit selbst erschaffen; es gibt keinen Job, den Ihnen jemand geben könnte; keine Standardformel, nach der Sie bezahlt werden. Aber wenn Sie entschlossen und hartnäckig sind und bereit, kreativ zu denken, dann wird es einen Weg geben, um die Erfahrung zu machen, die Sie von Ihrer Arbeit erwarten.

Von der Schule ins Showbusiness

Der Musiklehrer Robert Chalmers erzählt, wie er es schaffte, fürs Spielen bezahlt zu werden. Acht Jahre vor dem Interview beschloss er, dass es Zeit für eine Veränderung sei:

Mir wurde klar, dass das Unterrichten zwar eine unglaublich lohnenswerte Aufgabe, aber auch unglaublich harte Arbeit war, die nie weniger wurde. Der zum Job gehörende Papierkram trübte langsam, aber sicher meine Freude am Beruf. Ich begann mich zu langweilen. Ich war Fachbereichsleiter – womit ich mein Ziel erreicht hatte, als Lehrer wollte ich auf der Karriereleiter nicht höher klettern, es interessierte mich nicht. Das sollte es also für mich gewesen sein: Ich würde für den Rest meines Lebens die gleiche Arbeit machen und wahrscheinlich immer an derselben Schule sein! Das machte mir wirklich Angst. Was hätte ich in meinem Leben dann erreicht? Ich wollte im Showbusiness arbeiten, es war ein alter Traum von mir.

Mit der Unterstützung und dem Zureden meiner Frau beschloss ich, am Ende des folgenden akademischen Jahres meine Kündigung einzureichen. Ich würde die Chance wagen, meine Frau arbeitete, wir würden uns einschränken müssen – aber wir konnten es schaffen.

Alles, was er brauchte, war eine erste Pause ...

Nachdem ich mehr als 300 Theaterproduzenten, Spielstätten und Musikdirektoren angeschrieben hatte, erhielt ich einen An-

ruf von Linda Edwards vom The Landor Theatre (einem freien Theater über einem Pub in London), die mir erzählte, dass sie auf der Suche nach einem Musikdirektor für eine Show wären. Die Show war ein Gewinnbeteiligungsmodell. Wir wurden nur bezahlt, wenn die Spielstätte Gewinn einbrachte.

Das Theater hatte 60 Sitzplätze. Die Show war Side By Side by Sondheim; es gab fünf Rollen und mich am Klavier. So etwas Erhebendes hatte ich seit langer Zeit nicht mehr erlebt.

Sein Rat an andere, die den Sprung wagen wollen?

Sie müssen stark sein. Erwarten Sie nicht, dass die Dinge über Nacht passieren. Die Unterstützung der Familie ist sehr wichtig. Es ist furchteinflößend — kleine Dinge werden zu größeren und besseren Dingen führen. Sie müssen Geduld haben.

Bei Robert Chalmers hat es jedenfalls funktioniert:

Vier Jahre später war ich in Belfast und dirigierte Mamma Mia! vor 3500 Zuschauern in der Odyssey Arena. Als ich in den Orchestergraben trat und eine volle Arena darauf wartete, dass es losging, dachte ich: »Wow — ich habe es geschafft!«

Und inzwischen hat Chalmers in ganz Großbritannien als Musikalischer Direktor gearbeitet, für Shows wie *Joseph and the Amazing Technicolor Dreamcoat, Blood Brothers, Ganz oder gar nicht, Our House* und *Fame*, sowie auf einer internationalen *Mamma Mia!*-Tour.

Sie müssen nicht mit jedem Spielprojekt, das Sie angehen, versuchen Geld zu verdienen; natürlich können Sie einen Teil Ihrer Freizeit in einige stecken. Doch wenn Sie dieses Buch lesen, werden Sie am Ende mehr tun wollen, als bloß ein Hobby zu finden, mit dem Sie sich neben Ihrem Job, in Ihrer knapp bemessenen freien Zeit beschäftigen. Fürs Spielen bezahlt zu werden bedeutet, dass Sie noch mehr spielen können, und dass Sie mit der Zeit immer weniger Gewicht auf die Arbeit legen müssen, die Ihnen keinen Spaß macht, und immer mehr auf die Dinge, die sich wie Spielen anfühlen. Das Geld macht das Spielen nachhaltig – es gestattet Ihnen weiterzuspielen. Wie Comedian Eddie Izzard es ausdrückt: »Ich bin kein Kapitalist, ich bin ein Kreativist. Ich will Geld verdienen, damit ich Dinge kreieren kann.« Solange Sie für etwas anderes bezahlt werden als Ihr Spielprojekt (zum Beispiel einen Hauptberuf), werden Sie immer Ihre Zeit, Aufmerksamkeit und Energie aufsplitten. Sobald die Rede von Geld ist, werden Sie vielleicht in der Versuchung sein, ernst und »praktisch« zu werden und bei der Wahl Ihres Projekts einige schreckliche Kompromisse eingehen. Das ist das Problem beim Thema Arbeit – man hat uns beigebracht, alles anzunehmen, was wir kriegen können; dabei ist das eigentlich gar nicht mehr nötig.

Sie wissen, dass Sie auf dem richtigen Weg sind, wenn Sie den wesentlichen Teil Ihrer Arbeit unentgeltlich machen würden, nur weil es so viel Spaß macht. Welche Tätigkeit das für Sie ist, haben wir uns in »Erfolgsrezepte Teil 1« angesehen. Wenn Sie, während Sie dieser Tätigkeit nachgehen, Probleme von anderen lösen können, wird es einen Weg geben, sie zu Geld zu machen, sprich, ein Einkommen damit zu erzielen.

MYTHOS 12

Sie können kein Geld mit dem verdienen, was Sie wirklich gern tun

Viele glauben dem Mythos, dass Sie mit dem, was Sie wirklich gern machen, einfach kein Geld verdienen können – trotz der Tatsache, dass Menschen auf der ganzen Welt genau das tun. Was auch immer es ist, das Sie gern tun würden, Sie können darauf wetten, dass es irgendwo auf der Welt jemanden gibt, der genau damit seinen Lebensunterhalt verdient. Bei manchen Dingen herrscht natürlich ein größerer Wettbewerb oder es dauert länger, sich zu etablieren. Wenn Sie einen Erfolgsroman schreiben oder ein berühmter Architekt werden wollen, haben Sie einen langen Weg vor sich. Doch es ist so: Wenn Sie auf der richtigen Spur sind, werden Sie den Weg zum Ziel genießen. Das bedeutet, dass Sie angekommen sind, sobald Sie starten; Sie haben Erfolg. Erfolg zu haben bedeutet im Grunde nur, dass Sie einen nachhaltigen Weg finden, etwas tun zu können, was Ihnen wirklich Spaß macht und am Herzen liegt. Um Erfolg zu haben, sollten Sie die Dinge tun, die sich wie Spielen anfühlen, und zwar auf eine Weise, dass Sie die Probleme anderer damit lösen. Und Sie sollten einen Weg finden, wie Sie mit dem Wert, den Sie bieten, Geld verdienen können.

Wenn Sie die Angewohnheit haben, sich in allem Möglichen zu versuchen, was Geld einbringen könnte, aber keine der Ideen bis zum letzten Schritt durchziehen, sodass sie tatsächlich etwas abwerfen, dann ist es an der Zeit, etwas anderes zu machen. Ziehen Sie Ihr Projekt bis zu dem Punkt durch, an dem Sie es wenigstens ein Mal verkaufen können. Vielleicht kommt dabei nur ein kleines Einkommen heraus, aber es ist ein wichtiges Symbol für Ihre Fähigkeit, mit einer Sache, die Sie erschaffen haben, echtes Geld zu verdienen.

Aber ich brauche jetzt sofort etwas Geld!

Es wird wahrscheinlich eine Weile dauern, bis Sie mit einer komplett neuen Tätigkeit Geld verdienen. In der Übergangsphase werden Sie wahrscheinlich noch eine andere Einkommensquelle brauchen. Wenn Sie momentan in einer Position sind, aus der Sie gern raus möchten, halten Sie einen Augenblick inne und überlegen Sie, ob Sie an Ihrem derzeitigen Job Veränderungen vornehmen können, damit er für Sie erträglicher wird, während Sie gleichzeitig anderswo eine neue Tätigkeit für sich aufbauen.

Meine Klientin Susan fasste nach einer Reihe von Sitzungen den Entschluss, dass es das Beste für sie wäre, noch eine Weile in ihrem derzeitigen Job zu bleiben. Wir hatten daran gearbeitet, wie wir für sie etwas Kreativeres finden könnten. Ich fragte: »Haben Sie mit Ihrem Chef darüber gesprochen, welche Art von Arbeit Sie eigentlich machen möchten?«, und sie gab zu, dass sie das nicht getan hatte. Am nächsten Tag sprach sie mit ihrem Chef und erklärte ihm, dass sie ihr Talent für kreatives Schreiben und ihr Verständnis für Design gern stärker in ihre Arbeit einbringen würde. Ihr Chef sagte: »Das ist großartig, wir brauchen jemanden, der die Broschüren und die Website überarbeitet, wäre das etwas für Sie?« Susan war hocherfreut.

Können Sie Ihren derzeitigen Job einer solchen Veränderung unterziehen, damit er besser zu Ihnen passt, während Sie sich gleichzeitig etwas komplett Neues suchen? Können Sie neue Verantwortungsbereiche übernehmen, die später hilfreich sind, wenn Sie schließlich den Sprung in eine andere Tätigkeit wagen? Können Sie in der Übergangsphase in Teilzeit arbeiten?

Wenn Sie bereits selbstständig sind, ist der schnellste Weg, wie Sie Einkommen generieren, der, etwas zu machen, wofür Sie schon qualifiziert sind und worin Sie Erfahrung haben. Das Problem ist, dass Sie in dem Bereich, in dem Sie früher tätig waren, vielleicht plötzlich keine Arbeit mehr zu bekommen scheinen. Diese Erfahrung habe ich selbst gemacht, und ich sehe dies auch oft bei meiner Arbeit mit Klienten. Wenn diese beschließen, zwecks Kontofütterung nur noch einen einzigen Auftrag oder Aushilfsjob anzunehmen, bevor sie endgültig mit ihrer Tätigkeit aufhören, scheinen sie merkwürdigerweise an keinen mehr heranzukommen. Warum? Weil die Leute es spüren, wenn Sie Ihren Enthusiasmus verloren haben und im Geiste schon woanders sind – selbst wenn Sie sich noch so sehr anstrengen, Interesse vorzugaukeln. Enthusiasmus kann man einfach nicht vortäuschen. Und wenn Sie es versuchen, sehen Sie sich in Konkurrenz mit jemand anderem, der den Job wirklich will. Raten Sie mal, wer ihn bekommt?

Selbst wenn Sie in einem Bereich tätig sind, aus dem Sie irgendwann fliehen wollen, nehmen Sie sich einen Moment Zeit, um einen Aspekt zu finden, der Sie daran besonders reizt. Welches ist Ihr Lieblingsprojekt oder Ihre Lieblingsrolle in diesem

Bereich? Konzentrieren Sie sich bei der Suche nach Einkommensmöglichkeiten auf diesen Bereich. Ihr Enthusiasmus wird Ihnen helfen, den Job zu bekommen, und die Begeisterung wird auch dann nicht erlöschen, wenn Sie die Stelle tatsächlich haben. Eine Alternative dazu: Wenn Sie wissen, dass Sie sechs bis zwölf Monate ohne großes Einkommen überleben können, ist es vielleicht an der Zeit, Schadensbegrenzung zu betreiben und damit zu beginnen, sich ein neues Leben aufzubauen.

Lassen Sie sich fürs Spielen bezahlen

Das allererste eigene Einkommen mit etwas zu verdienen, das einem wirklich Spaß macht, ist ein wichtiger Meilenstein; es ist Ihr erstes *Spielhonorar*. Sie werden vielleicht feststellen, dass es mehr Mühe kostet, den ersten Abschluss zu tätigen als die nächsten zehn Aufträge zusammen. Oder vielleicht fällt er Ihnen auch scheinbar mühelos in den Schoß.

Wenn irgendwie möglich, sollten Sie Ihr erstes Spielhonorar verdienen, solange Sie noch in Ihrer alten Tätigkeit sind. Auf diese Weise verfügen Sie während der ersten Monate, in denen Sie mit dem Spielen vielleicht noch nicht so viel verdienen, über eine weitere Einkommensquelle. Das hat auch den Vorteil, dass Sie keinen so verzweifelten Eindruck machen wie jemand, der das neue Einkommen braucht, um zu überleben.

Für Ihr Spielprojekt bezahlt zu werden, ist die beste Art, anderen den Wert dieses Projektes zu beweisen. Das ist eine sehr elementare, aber ehrliche Form, um den Markt zu testen.

MYTHOS 13

Alle meine Freunde haben gesagt, dass sie kaufen würden, was ich anbiete, also muss ich auf der richtigen Spur sein

Wenn Sie Ihre Freunde fragen, ob sie Ihnen etwas abkaufen würden, testen Sie damit nicht den Markt. Bezahlt zu werden ist ein viel besserer Beleg, dass Sie auf der richtigen Spur sind, als die positiven Kommentare Ihrer Familie und Freunde. Es ist wichtig, dass die Menschen, die Ihnen am nächsten stehen, Sie unterstützen, aber das ist nicht die Basis für ein Unternehmen. Der einzige echte Test dafür, ob die Leute etwas kaufen werden, besteht darin, ihnen etwas zu verkaufen – und das zu dem tatsächlichen Preis, den Sie dafür werden verlangen müssen, um Ihren Lebensunterhalt zu verdienen. Die Leute werden alle möglichen netten Dinge sagen, wenn es darum geht, dass sie etwas kaufen würden, was Sie herstellen, aber wenn sie nicht nach ihrem Geldbeutel greifen und Ihnen Geld dafür geben, reicht das nicht.

Es ist angemessen, dass Sie am Anfang, wenn Sie noch nicht so viel Erfahrung haben oder Ihr Produkt noch nicht ganz ausgereift ist, vielleicht weniger verlangen, aber Sie müssen wissen, wie Sie in Zukunft das Geld verdienen können, das Sie brauchen.

Eine Anmerkung zum unentgeltlichen Arbeiten

Wenn Sie noch ganz am Anfang stehen, ist es keine schlechte Sache, ein paar Arbeiten unentgeltlich zu erledigen. Wenn Sie die Chance bekommen, genau das zu tun, was Ihnen am meisten Spaß macht, und im Verlauf besser darin zu werden, dann nutzen Sie sie. Es lohnt sich, früh jede sich bietende Gelegenheit zu ergreifen, um zu erfahren, wie es ist, im Flow zu sein und das zu tun, wofür Sie geboren wurden. Sie sollten darauf achten, dass Sie etwas zurückbekommen, was für Sie von Wert ist; das muss kein Geld sein. Wenn jemand Ihnen die Chance gibt, Ihre Fähigkeiten vor einem größeren Publikum potenzieller Kunden unter Beweis zu stellen, kann dies eine tolle Vermarktungsmöglichkeit für Sie sein. So könnten Sie auf einer Konferenz ohne Honorar einen Vortrag halten oder einen Artikel für eine Zeitschrift schreiben. Sich auf solche Art der Öffentlichkeit zu stellen, kann im Ergebnis effektiver sein als kostenpflichtige Werbung – hier kostet es Sie nur Ihre Zeit.

Wenn Sie weiter unentgeltlich arbeiten, weil Sie Angst haben, richtiges Geld zu verlangen, dann ist es an der Zeit, in den sauren Apfel zu beißen und wie ein Profi aufzutreten. Wenn Sie etwas unentgeltlich anbieten, testen Sie damit nicht den Markt; jeder mag Gratisleistungen! Selbst wenn Sie an Ihren Fähigkeiten zur Ausübung dieser Tätigkeit noch feilen, ist es eine gute Übung, wenigstens einen symbolischen Betrag zu berechnen. Damit begeben Sie sich auf Profiebene. Außerdem wissen die Leute Dinge, die nichts kosten, nicht zu schätzen. Die Ausfallquote bei kostenlosen Veranstaltungen zum Beispiel ist hoch – 60 Prozent oder höher. Selbst wenn Sie nur eine kleine Eintrittsgebühr verlangen, steigert das die Verbindlichkeit der Menschen immens, sodass sie mit größerer Wahrscheinlichkeit auftauchen – und zwar pünktlich!

MYTHOS 14

Für das, was ich mache, kann ich noch kein Geld verlangen – ich muss vorher noch mehr Bücher lesen und mehr Kurse und Workshops absolvieren

Dieser Mythos ist oft nur verkappte Angst. Bücher, Workshops und Fortbildungskurse sind großartig, um Ihre Fähigkeiten auszubauen und motiviert zu bleiben, aber Sie sollten sie nicht als Ausrede dafür benutzen, dass Sie gar nicht erst beginnen. Fangen Sie klein an und versprechen Sie nicht zu viel.

Starten Sie eine Kampagne

Starten Sie eine Kampagne, um Ihr erstes Spielhonorar zu verdienen. Das funktioniert wirklich gut, wenn es Ihr Ziel ist, als Freelancer, Berater oder unabhängige Fachkraft einen Auftrag an Land zu ziehen oder Ihre Dienste anzubieten, lässt sich aber auch so abändern, dass bei Ihnen die erste große Bestellung eingeht oder Sie Ihren ersten Agenten, Wiederverkäufer oder Lieferanten gewinnen. Wenn das, was Sie anbieten, eines der im vorigen Kapitel beschriebenen passiven Einkommensmodelle im Internet ist, zum Beispiel ein Informationsprodukt, wird sich für Ihre Kampagne bestimmt jemand finden lassen, der Ihr Produkt für Sie bewirbt.

Nehmen wir an, Sie wollten als Webdesigner oder virtueller Assistent starten oder Ihre selbstgemachten Kosmetika oder Lebensmittel an einen Supermarkt verkaufen. Im ersten Schritt müssen Sie, wie im vorigen Kapitel (»Erfolgsrezepte Teil 7: So erzeugen Sie ein unwiderstehliches Angebot«, S. 247) dargelegt, klar formulieren, was Sie anbieten, und, wie Sie im Kapitel »Erfolgsrezepte Teil 6: Wie Sie das Ruhmspiel spielen – und gewinnen«, S. 209, herausgefunden haben, Ihren idealen Klienten oder Kunden kennen. Dann sollten Sie es zu Ihrem Spielprojekt machen, alle Energie und Anstrengungen darauf zu verwenden, genau die Art von Arbeit zu bekommen, die Sie machen wollen, für genau die Leute, für die Sie sie machen wollen. Dies ist nicht die Zeit für verwegene Kompromisse. Gehen Sie nicht davon aus, dass Sie Ihre Chancen dadurch verbessern, dass Sie Ihr Netz ausdehnen. Wenn Sie Ihren Fokus erweitern, schwächen Sie damit die Wirkung ab. Vergleichen Sie einen Laserstrahl mit einem Flutlicht. Sie sind beide gleich hell, aber der Laser konzentriert all seine Energie auf einen winzigen Punkt. Das gibt ihm die Kraft, Papier und sogar Metall zu durchschneiden. Wenn Sie viel Energie auf einen einzigen Punkt konzentrieren, werden Sie überrascht sein, was Sie erreichen können.

Mein Ausstieg aus der Arbeitswelt

Zu Beginn meiner beruflichen Laufbahn war ich im Rundfunk im Bereich technische Innovationen tätig. Als ich beschloss, mich als Berater selbstständig zu machen, wollte ich zunächst für die BBC arbeiten. Es schien, als würden sich dort die interessantesten Arbeitsmöglichkeiten für meinen Bereich bieten; ich mochte die freundlichen Menschen, denen ich dort begegnet war; die BBC war der bekannteste Sender der Welt (und ich arbeite gern für die Besten), und es war eine Art Kindheitstraum von mir, für diese Rundfunkanstalt zu arbeiten.

Noch während meiner Anstellung rief ich jeden an, von dem ich wusste, dass er bei der BBC oder in ihrem Umfeld tätig war. Ich rief auch alle meine Branchenkollegen an und fragte sie, ob sie jemanden bei der BBC kennen, der mich vielleicht engagierte. Ich schrieb allen Personen, die mir möglicherweise helfen konnten und deren E-Mail-Adressen ich hatte. Ich las die neusten Nachrichten über Projekte, die die BBC am Laufen hatte, und betrieb manchmal Kaltakquise bei Leuten, die in der Presse erwähnt wurden.

Und nach drei Monaten ... war absolut nichts passiert! Inzwischen war ich raus aus meinem Job und hatte keine Perspektive. Eines Morgens schließlich, als ich noch im Bett lag, erhielt ich per Handy einen Anruf: »Hallo. Ich rufe im Auftrag einer Abteilung der BBC an, können Sie heute zu einem Vorstellungstermin kommen?« Am Montag darauf fing ich mit meinem ersten Auftrag an.

Wenn Sie sich selbstständig machen, kann es trotz intensiver Bemühungen manchmal Monate dauern, bis Sie wahrgenommen werden. Solange Sie von den Personen, mit denen Sie sprechen, ermutigende Reaktionen erhalten, sollten Sie nicht überrascht sein, wenn es so scheint, als würde in der Zwischenzeit nichts passieren.

Nehmen Sie Notiz von dem Feedback, das Sie bekommen, und seien Sie bereit, Ihre Kampagne, je nachdem, was für Reaktionen Sie erhalten, darauf abzustimmen. Seien Sie darauf gefasst, dass Sie mit dem großangelegten Start Ihrer neuen Tätigkeit, selbst wenn Sie die beste Planung der Welt haben, sich Rat bei Experten holen und Ihren eigenen Instinkten folgen, manchmal komplett auf die Nase fallen. Ihr Erfolg hängt davon ab, was Sie als Nächstes tun; werden Sie aufgeben oder Änderungen vornehmen und es noch einmal probieren?

So starten Sie Ihre eigene Kampagne

Verschaffen Sie sich Klarheit darüber, was Ihnen gefallen würde. Seien Sie spezifisch genug, um eine Gelegenheit an Land zu ziehen, die Ihnen Spaß machen wird, aber nicht so spezifisch, dass es beinahe unmöglich ist, diese zu finden.

Als ich seinerzeit als Programmierer für Special-Effects-Software arbeitete, besuchte ich einen Workshop, und einige der Leute dort baten mich, Ihnen bei der Suche nach Jobs in meiner Firma zu helfen. Eine Frau namens Sarah sagte: »Können Sie in Ihrer Firma nachfragen, ob es freie Stellen gibt?« Ich fragte, was für eine Arbeit sie suche, und sie meinte: »Irgendwas.« Ein anderer, der David hieß, erzählte mir, dass er gern als Kreativer im Special-Effects-Bereich arbeiten würde, und bat mich, bei Kollegen herumzufragen, ob es jemanden gäbe, der ihm ein paar Ratschläge geben könnte. Was meinen Sie, wem ich besser helfen konnte? Sarahs Bitte war so vage, dass ich damit nichts anzufangen wusste. Mit Davids Bitte konnte ich mehr anfangen, weil sie spezifischer war. Ich sprach bei der Arbeit mit einigen Leuten, die mit der Special-Effects-Branche zu tun hatten, und bat sie um Rat, den ich dann an David weitergab. Wenn Sie um Hilfe bitten, stellen Sie spezifische Fragen.

So schreiben Sie eine Hammer-E-Mail

Schreiben Sie eine E-Mail, in der Sie Folgendes abdecken:

* welche Tätigkeit Sie ausüben möchten und für wen: Wenn Sie eher selbstständig arbeiten und nicht nach einer Stelle suchen, kann es an diesem Punkt sehr nützlich sein zu wissen, welches Problem Sie lösen können und welche Lösung Sie anbieten;
* was Sie mitbringen, das für die Leute, die Sie engagieren, von Wert ist (Fähigkeiten, Wissen, Erfahrung, Referenzen/Kunden);
* warum Sie besonders gern mit dieser Art von Kunde oder Organisation arbeiten möchten. Manchmal kann es sehr hilfreich sein, dem Adressat ein klein wenig zu schmeicheln!

Halten Sie die E-Mail so kurz wie möglich. Je kürzer die E-Mail, desto wahrscheinlicher ist es, dass die Empfänger sie lesen werden. Schicken Sie sie anschließend an jeden, den Sie kennen und von dem Sie denken, dass er bereit wäre, Sie zu unterstützen. Bitten Sie in der E-Mail darum, diese an Interessierte weiterzuleiten.

Wenn Sie so etwas am Telefon oder bei einem persönlichen Gespräch besser vermitteln können, sollten Sie diese Möglichkeit ebenfalls nutzen. Der Vorteil einer E-Mail allerdings, vorausgesetzt, sie ist gut geschrieben, besteht darin, dass sie weitergeleitet und weit über die Gruppe Ihrer Freunde und Kollegen hinaus verbreitet werden könnte. Wenn es Ihnen gelungen ist, durch die im vorigen Kapitel beschriebenen Strategien Follower zu gewinnen, erzählen Sie auch Ihren Followern, dass Sie etwas haben, das sie interessieren könnte.

MYTHOS 15

Ich kann erst mit jemandem sprechen, wenn ich schicke Visitenkarten und eine Website im Internet habe

Das ist Unsinn. Es ist fast immer möglich, dass Sie Ihr erstes Spielhonorar verdienen, bevor Sie eine Website, Visitenkarten oder sonstige für Selbstständige typische Utensilien zur Verfügung haben. Benutzen Sie diese Dinge nicht als Ausrede. Sie können immer eine einseitige Broschüre in Word verfassen und diese per E-Mail versenden. Denken Sie daran, dass Ihr erster Auftrag wahrscheinlich von einem über einen Freund oder Kollegen hergestellten Kontakt stammen wird, und der wird hoffentlich Verständnis dafür haben, dass Sie noch keine komplette Büroausstattung haben.

Visitenkarten werden sowieso überschätzt. Die meisten Karten, die man ausgibt, werden nie wieder angesehen. Es ist viel wichtiger, dass Sie sich die Visitenkarten der Leute geben lassen, denen Sie gern Ihre Dienstleistungen oder Produkte verkaufen möchten. Zumindest liegt die Kontaktaufnahme dann bei Ihnen.

Wenn Sie es geschafft haben, feiern Sie!

Wenn Sie Ihr erstes Spielhonorar verdient haben, ganz egal womit – ob Sie Ihr erstes Produkt, ein Kunstwerk oder eine MP3-Datei verkauft haben, Ihr erstes Projekt als Freelancer oder einen Auftrag an Land gezogen haben – halten Sie einen Moment inne und feiern Sie das. Sie sind gerade fürs Spielen bezahlt worden. Wischen Sie es nicht einfach so weg, weil Sie noch weit davon entfernt sind, genug Geld zu verdienen, um davon leben zu können. Feiern Sie mit Ihren Freunden oder mit Ihrem Support-Team.

Ihre erste Erfahrung war wahrscheinlich nicht ideal. Sie mag noch nicht ganz dem entsprechen, wofür Sie gern bezahlt werden möchten; vielleicht sind Sie nicht zufrieden mit dem, was Sie produziert haben, oder mit der Bezahlung, die Sie dafür bekommen haben; vielleicht war die Erfahrung ziemlich nervenaufreibend und nicht gerade ein Höhepunkt. Das ist okay. Machen Sie einfach weiter, notieren Sie sich die Resonanz und wie sich die Tätigkeit anfühlt, und richten Sie sie weiter nach dem Ziel aus, das zu finden, was Ihnen am meisten Spaß macht und am einträglichsten ist.

Im nächsten Kapitel erfahren Sie, wie Sie dieses erste Experiment so ausdehnen, dass Sie fürs Spielen in Vollzeit bezahlt werden.

Machen Sie ein Spiel daraus

Mit diesen Zutaten gelingen die Erfolgsrezepte:

- Suchen Sie nach Möglichkeiten, um im Flow zu sein – tun Sie das, was Sie gut können und gern machen.
- Starten Sie eine Kampagne, um Ihr erstes Spielhonorar zu verdienen.
- Wenn Sie es geschafft haben, feiern Sie!

Was Sie jetzt haben sollten:

- einen Plan für Ihre »Hammer-E-Mail«, um sich Ihr erstes Spielhonorar zu verdienen.

Nehmen Sie sich zehn Minuten Zeit fürs Spielen:

- Nehmen Sie sich Ihr im letzten Kapitel erstelltes Angebot vor und erarbeiten Sie damit eine Hammer-E-Mail, die Sie verschicken.

Exklusive Extras auf ScrewWorkLetsPlay.com

- Beispiele für erfolgreiche Kampagnen, die andere lanciert haben, um sich ihr erstes Spielhonorar zu verdienen.

So werden Sie
zum Vollzeitplayer

Ich habe in meinem ganzen Leben nie gearbeitet.
Es war alles Vergnügen.
Thomas Edison

Im vorigen Kapitel haben Sie gelernt, wie Sie Ihr allererstes Spielhonorar verdienen. In diesem Kapitel erfahren Sie, wie Sie Ihre Tätigkeit ausdehnen und an den Punkt gelangen, an dem Sie fürs Spielen in Vollzeit bezahlt werden. Damit dies gelingt, müssen Sie etwas tun, das so gut ist, dass die Leute es per Mundpropaganda weiterempfehlen.

Derek Sivers, Musiker und Unternehmer, über Mundpropaganda

Derek Sivers war Profimusiker, als er CD Baby gründete, woraus später einer der größten Online-Einzelhändler für Independent-Musik wurde. Der Rat, den er Musikern hier gibt, trifft genauso auf Künstler, Autoren und Unternehmer zu.

Wenn die Leute fragen: »Weißt du, wie ich meine Musik auf den Markt bringe?«, dann sage ich: »Was denken deine Freunde darüber? Und finden sie die so gut, dass sie all ihren Freunden davon erzählt haben?« Wenn Freunde Ihre Musik hören, sollten sie sagen: »Oh mein Gott! Das ist wirklich gut. Die muss ich unbedingt einem Freund schicken.« Und sie sollten das für sich selbst tun und nicht Ihnen zum Gefallen. Das ist wichtig. Es kann nicht in Ihrem Sinn sein, dass Sie Freunde bitten, Ihnen beim Rühren der Werbetrommel zu helfen, nur weil sie Ihre Freunde sind. Sie müssen genauso von sich aus Mundpropaganda betreiben wollen, wie jemand, der auf You-Tube den Mentos- oder Diätcola-Clip gesehen hat und den so lustig findet, dass er ihn seinen Freunden schicken will. Der Impuls muss der gleiche sein.

Unterm Strich muss es beim Ausweiten Ihres Projekts darum gehen, dass beide Seiten begeistert sind – Sie tun, was Sie tun, mit Begeisterung, aber Sie begeistern auch andere damit.

Wie sieht Ihr nächster Schritt aus, nachdem Sie Ihr erstes Spiel-honorar verdient haben? Sie wollen es wieder tun und bewei-sen, dass Ihr erster Abschluss nicht nur ein Zufallstreffer war. Suchen Sie sich eine Gruppe von Testkunden oder Versuchs-kaninchen, um das Prozedere zu wiederholen. Wenn Sie zehn Personen finden können, die das, was Sie anbieten, so toll fin-den, dass sie mehr davon wollen und anderen gegenüber spon-tan davon schwärmen, dann haben Sie den Jackpot geknackt. Wie Marketingguru Seth Godin in seinem Blog über genau die-ses Thema schrieb: »Wenn sie es lieben, wird jeder von ihnen zehn weitere Personen für Sie finden (oder 100 oder 1000 oder vielleicht auch nur drei). Dann wiederholen Sie es. Wenn sie es nicht lieben, brauchen Sie ein neues Produkt. Dann fangen Sie von vorn an.« Wenn Sie keine zehn Personen finden, die sich für Ihre Arbeit begeistern, werden alle Marketingtricks der Welt Ih-nen nicht helfen.

Es ranken sich keine großen Geheimnisse darum, wer erfolg-reich sein wird und wer nicht. Erhalten Sie klare Signale, dass die Welt (oder zumindest der kleine Teil von ihr, für den Sie sich interessieren) mehr von dem will, das Sie anbieten? Wenn nicht, nehmen Sie sich einen Augenblick Zeit darüber nachzu-denken, was Sie ändern müssen – gehen Sie immer noch einer Tätigkeit nach, die Ihnen keinen richtigen Spaß macht? Bieten Sie etwas an, das die Leute eigentlich nicht brauchen (haben Sie geprüft, ob Sie ein Problem damit lösen)? Bieten Sie es den fal-schen Leuten an? Oder macht es Ihnen Spaß, aber Sie sind da-rin noch nicht gut genug? Wenn das der Fall sein sollte, bleiben Sie dabei. Denken Sie darüber nach, andere Leute mit ins Boot zu holen, die Sie anleiten oder die Dinge für Sie übernehmen, in denen Sie noch nicht so gut sind. Sie müssen noch nicht einmal die Person sein, die das Produkt herstellt oder die Dienstleistung ausübt. Vielleicht besteht Ihre Fähigkeit darin, die Idee, die Sie hatten, zu vermarkten, oder Systeme aufzubauen, um sie zu unterstützen, oder Aufträge an Land zu ziehen. Dann sollten Sie sich mit anderen zusammentun, um ein Produkt herzustellen oder eine Leistung zu erbringen.

Sie werden wissen, wenn Sie etwas Gutes haben, weil andere Ihnen das sagen werden.

Der Moment, in dem Leslie Scott klar wurde, dass ihr Spiel Jenga ein Hit sein würde

Schon früh spielte ich auf einer Sponsorenveranstaltung Jenga mit Profisportlern, und sie fanden das Spiel toll. Am nächsten Morgen wachte ich mit dem Gedanken auf, dass die Leute, sobald ich ihnen das Spiel zeigte, davon begeistert waren, und ich dachte bei mir, dass ich daraus vielleicht ein Geschäft machen und das Spiel auf den Markt bringen sollte.

Seitdem habe ich 40 Spiele konzipiert und auf den Markt gebracht, keines davon ist kommerziell so erfolgreich wie Jenga, aber sie zu entwickeln hat genauso viel Spaß gemacht und war genauso spannend. Etwas auf den Markt zu bringen, was es vorher nicht gab, ist eine spannende Geschichte. Wäre diese Herausforderung nicht mit Spaß verbunden gewesen, hätte ich damit gar nicht erst angefangen. Und wenn es keinen Spaß mehr macht, ist es Zeit, etwas anderes zu tun.

Wenn Sie Ihr erstes Spielhonorar verdient und die Erfahrung mit zehn Personen wiederholt haben, die toll finden, was Sie tun, können Sie damit anfangen, das Projekt auszuweiten. Werfen wir einen Blick auf die unterschiedlichen Möglichkeiten, wie Sie sich fürs Spielen in Vollzeit bezahlen lassen können. Es gibt keinen Grund, warum Sie sich nur auf eine von ihnen beschränken sollten. Wahrscheinlich werden Sie am Ende sowieso eine Portfoliokarriere mit mehreren Sparten haben. Die Frage ist jetzt einfach, mit welcher davon Sie starten wollen.

Job 2.0

Ein konventioneller Job ist kein gutes Vehikel, um sich fürs Spielen bezahlen zu lassen. Das Problem ist, dass Sie in eine Form hineinpassen müssen, die jemand anderes gestanzt hat. Es ist sehr schwierig, in den Flow zu kommen, weil es bei einem solchen Job nicht sehr gut ankommt, wenn Sie sagen: »Ich mag diese Aufgabe nicht, also werde ich sie nicht machen«.

Die gute Nachricht ist, dass es eine Alternative zum altmodischen Job in Einheitsgröße gibt, nämlich den maßgefertigten Job: sozusagen ein Job 2.0. Ein maßgefertigter Job ist einer, den Sie sich von Anfang an selbst erschaffen oder den Sie zumindest formen. Er ist das, was passiert, wenn Sie der Berufswelt mit der Einstellung des Players begegnen und fragen: »Was will ich für mich selbst erschaffen? Welchen Wert kann ich einbringen?« Und so kreieren Sie sich einen Job: Überlegen Sie, wie die ideale Arbeit für Sie aussähe (basierend auf den Ideen, die Sie bisher zu Ihrer Spielanleitung hatten), und starten Sie wie zuvor beschrieben eine Kampagne, um diese zu bekommen. Gehen Sie

Stellenausschreibungen, Personalvermittlern und Personalabteilungen aus dem Weg.

MYTHOS 16

Ich habe mich auf Stellen beworben und mit Personalvermittlern gesprochen, ohne Erfolg – es ist also unmöglich, an so eine Stelle heranzukommen

Es heißt, dass bis zu 70 Prozent der Stellen gar nicht ausgeschrieben werden. Sie werden über persönliche Beziehungen vergeben. Auf diesem Weg besetzte Stellen sind flexibler als Stellen, die von den Personalabteilungen inseriert und durchleuchtet werden. Es kommt selten vor, dass Personalvermittler Ihnen helfen, sich beruflich zu verändern, denn sie werden dafür bezahlt, leere Stellen so schnell wie möglich zu besetzen, und suchen nach jemandem, der möglichst genau auf die Stellenbeschreibung passt und über die meiste Erfahrung verfügt. Kleine Firmen sind meist flexibler als große. Das bedeutet, dass sie wahrscheinlich offener dafür sind, mit Ihnen auszuhandeln, was für eine Rolle Sie im Unternehmen spielen werden, welche Erfahrungen Sie mitbringen müssen und in welcher Struktur Sie arbeiten werden. Wenn es Ihnen gelingt, einen entsprechenden Eindruck zu machen, sollten Sie in der Lage sein, eine vorhandene Stelle nach Ihren Vorstellungen zu formen oder sich sogar eine eigene Stelle zu erschaffen.

Wenn die Stellen aber gar nicht ausgeschrieben werden, wie erfahren Sie dann von ihnen? Finden Sie Wege, wie Sie mit Leuten aus der Branche zusammenkommen können, besonders mit solchen, die in einer Position sind, dass Sie Ihnen Arbeit geben können. Denken Sie daran: Wenn Sie etwas für die Branche oder diese Art von Arbeit übrighaben, sollten Sie Spaß daran haben, an Networking-Treffen, Konferenzen und anderen Veranstaltungen teilzunehmen. Sorgen Sie dafür, dass Sie gesehen werden. Spielen Sie das Ruhmspiel, damit man Notiz von Ihnen nimmt. Machen Sie ein Spielprojekt daraus, eine Veranstaltung oder ein Networking-Treffen abzuhalten, arbeiten Sie freiberuflich bei einer Ausstellung mit, schreiben Sie einen Blog über diese Welt oder interviewen Sie ihre Vordenker.

Die letzten drei maßgefertigten Stellen, die ich vor meiner Selbstständigkeit hatte, gestaltete ich auf folgende Weise

1. Ich hatte ein Vorstellungsgespräch bei einer kleinen Softwarefirma, die zwei Stellen inseriert hatte, an denen ich interessiert war, und ich bat darum, die zwei Stellen für mich zu einer zusammenzufassen. Dem wurde zugestimmt.
2. Ich lernte jemanden kennen, der gerade dabei war, eine neue Beraterfirma im E-Business-Bereich zu gründen. (Begegnet war ich ihm bei einem Vorstellungsgespräch für eine andere Stelle, die ich nicht bekam und auch nicht

wirklich wollte.) Im Verlauf der folgenden sechs Monate, während die neue Firma Gestalt annahm, blieben wir im Gespräch. Ich habe den Verdacht, dass er meinen Lebenslauf nie gelesen hat. Später meinte er: »Ich wusste einfach, dass Sie ein Gewinn für das Unternehmen sein würden.« Am Ende wurde ich CTO (Chief Technology Officer) in einer Abteilung in einem sehr freundlichen und kreativen Unternehmen.

3. Eine kleine Gruppe von uns wechselte von einem kleinen Unternehmen zu einem globalen Konzern. In diesem Fall arrangierte jemand mit Erfahrung in der Welt der Personalbeschaffung Treffen mit mehreren großen Konzernen unserer Branche. Am Ende wurden wir als Team eingestellt, um einen neuen Dienstleistungsbereich in Gang zu bringen.

Das Tolle an dieser Vorgehensweise ist, dass Ihre Begeisterung während des Einstellungsprozesses durchscheint, wenn Sie sich bewusst Ihren idealen Job suchen. Jetzt stellen Sie sich vor, es wäre andersherum und Sie wären in der Position, jemanden einstellen zu können. Wären Sie nicht eher an jemandem interessiert, der sich genau Sie ausgesucht und Ihnen erklärt hat, warum ihm so sehr daran gelegen ist, gerade für Ihr Unternehmen zu arbeiten?

Mit einem maßgefertigten Job haben Sie selten die gleiche Flexibilität wie in der Selbstständigkeit, Ihr Berufsleben genau nach Ihren Wünschen zu gestalten. Der Vorteil aber ist, dass Sie sich keine Gedanken darüber zu machen brauchen, wie Sie sich vermarkten. Wenn Ihr ultimatives Ziel immer noch die Selbstständigkeit ist, kann der maßgefertigte Job ein gutes Sprungbrett auf Ihrem Weg aus dem Arbeitsmarkt sein. Ein maßgefertigter Job in Teilzeit kann ebenfalls ein sinnvoller Bestandteil einer Portfoliokarriere sein. Oft bekommen Sie hierdurch mehr Teamerfahrung als mit einer selbstständigen Tätigkeit. Und wenn Sie wirklich eine furchtbar schlechte Selbstdisziplin haben, ist ein Chef eine nützliche Einrichtung!

Im Freestyle-Modus

Die traurige Geschichte der Arbeit wird nicht zuletzt durch das uninspirierte Vokabular repräsentiert, das uns zur Verfügung steht, um sie zu beschreiben. Wir brauchen auch ein neues Wort für die Art Leben, die wir jetzt erschaffen. »Selbstständig« ist ein Wort, das Sie auf dem Steuerformular finden, bei »Geschäftsmann« und »Geschäftsfrau« denkt man an eine Person mittleren Alters in einem klassischen Anzug, die über ROI und KPI schwadroniert. »Unternehmer« ist ein Wort, mit dem sich Anfänger schlecht identifizieren können.

Keines dieser Wörter erklärt umfassend, aus welchen Gründen man die reguläre Arbeitswelt verlässt – Freiheit, Individualität, Spaß, die Chance, endlich etwas zu kreieren, was nur man selbst kreieren kann. Autorin Barbara Winter nennt uns die »freudig Arbeitslosen« (Joyfully Jobless); Daniel Pink bezeichnet uns als die »Nation freier Agenten« (Free Agent Nation). In meiner Vorstellung gehen wir in den Freestyle-Modus über.

Wie auch immer man dieses Leben nennt, wenn Sie es noch nicht ausprobiert haben, erscheint es Ihnen womöglich wie ein riesiger Sprung, und es kann sein, dass Sie sich mit den verbreiteten Mythen herumquälen, die es umgeben. Hier die drei gängigsten.

MYTHOS 17

Es ist sicherer einen festen Job zu haben, als selbstständig zu sein

Wenn Sie sich derzeit noch in einer Festanstellung befinden, werden Sie womöglich von Ihren Kollegen gewarnt, die meinen, dass es viel sicherer sei, seine Stelle zu behalten. Doch in Wahrheit können Sie als Mitarbeiter jederzeit betriebsbedingt oder aus anderen Gründen entlassen werden, manchmal mit einer Kündigungsfrist von nur einem Monat und ohne oder mit einer nur geringen Abfindung. Tatsächlich geht es im Job ähnlich zu wie bei der Selbstständigkeit, bloß dass Sie nur einen Klienten haben: Ihren Chef. Wenn Sie selbstständig sind, werden Sie mehrere oder sogar Hunderte von Klienten haben. Es ist sehr unwahrscheinlich, dass Sie von allen Klienten gleichzeitig gefeuert werden. Das Riskante an der Selbstständigkeit ist, mit einem Unternehmen zu starten, ohne es zuvor auszutesten und erst einmal einige Klienten zu gewinnen; an anderer Stelle wurde bereits besprochen, wie sich das vermeiden lässt.

MYTHOS 18

Ich wäre verrückt, mich im jetzigen Wirtschafts-klima in die Selbstständigkeit zu begeben

Bei einem Konjunkturrückgang ist es sicherlich sinnvoll, seine Idee zunächst einmal auszutesten, bevor man aus seiner Anstellung heraus den Sprung in die Selbstständigkeit wagt. Sie sollten jedoch nicht davon ausgehen, dass Sie die Idee von der Selbstständigkeit komplett aufgeben müssen. Auch im wirtschaftlichen Abschwung verdienen die Leute Geld; einigen Wirtschaftszweigen geht es sogar besser. Wenn Leute durch Sie Geld einsparen, indem Sie etwas günstiger anbieten können, das diese brauchen, könnten Sie sogar reich werden. In Krisenzeiten boomen Billigsupermärkte.

Die reichsten Konsumenten am anderen Ende der Skala sind tendenziell immun gegen solche Wirtschaftsschwankungen, daher könnte dies der richtige Zeitpunkt sein, ins Hochpreissegment einzusteigen und den Reichen der Gesellschaft etwas anzubieten. Lernen Sie von den Weisesten Ihres Metiers und beobachten Sie, was diese tun.

MYTHOS 19

Ich brauche eine originelle Idee, um ein Unternehmen zu gründen

Das ist der Mythos der ganz großen Erfindung; warum bilden wir uns, sobald wir ein Unternehmen gründen, ein, wir müssten eine neue Art von Staubsauger erfinden oder ein komplett neues, originelles Konzept für ein Restaurant? Fernsehsendungen wie die Gründer-Show »Die Höhle der Löwen« unterstützen diese Idee. Wenn Sie tatsächlich ein Erfinder sind und schon mit Erfindungen herumspielen, seit Sie denken können, dann erfinden Sie weiter. Der Rest von uns sollte einfach mal einen Blick auf die Haupteinkaufsstraße werfen. Wie viele Friseure gibt es dort? Wie viele Kneipen? Wie viele Zeitungshändler? Sie brauchen keine neue Idee, auf die bisher noch keiner gekommen ist, um ein Unternehmen zu gründen: Sie müssen das, was Sie machen, lediglich gut machen, daraus Profit schlagen und auf kluge Weise das Ruhmspiel spielen.

Wir haben Glück. Noch vor zehn Jahren waren die Chancen, allein ein Unternehmen auf die Beine zu stellen, viel kleiner und das damit verbundene Risiko viel höher. Dank des Internets kann heute jeder binnen eines Tages ein Unternehmen starten. Heute lassen sich Arten von Unternehmen gründen, die es vor zehn Jahren noch gar nicht gab. Das bedeutet, dass Sie heute keine Hypothek mehr auf Ihr Haus aufnehmen müssen, um loszulegen. Sie müssen noch nicht einmal Ihren Job kündigen.

Sie brauchen keinen Laden in 1-A-Lage anzumieten und keinen deutlich fünfstelligen Betrag auszugeben, um ihn einzurichten. Sie können ins Internet gehen und sich an einem Nachmittag einen Shop einrichten – kostenlos. Wie groß Ihre Vision auch immer sein mag, es gibt einen Weg, wie Sie in kleinem Rahmen sofort mit der Arbeit starten, sie austesten und dann ausweiten können. Und es gibt keinen Grund, sich auf eine einzige, gewinnbringende Aktivität zu beschränken.

Gestalten Sie Ihre Karriere nach Ihrem persönlichen Portfolio

Wenn es Sie schnell langweilt, nur eine Sache zu machen – wie das beim Scanner-Typ der Fall ist, von dem an anderer Stelle schon die Rede war –, können Sie sich eine Portfoliokarriere aufbauen, die Ihr Interesse wach hält. Es gibt keinen Grund so zu tun, als würden Sie sich eines Tages strikt nur noch auf eine Sache konzentrieren. Richten Sie sich stattdessen Ihr Arbeitsleben lieber so ein, dass es viel Abwechslung bietet. Bauen Sie sich ein Portfolio aus verschiedenen Einkommensströmen auf. Vielleicht geht es bei einigen um den Verkauf Ihrer Arbeitszeit, bei anderen ums Abhalten von Kursen über Konferenzschaltungen, bei dritten um Affiliate-Marketing oder vielleicht sogar um Anlageobjekte. Wenn Sie verschiedene Einkommensströme haben wollen, achten Sie darauf, dass einige von ihnen mit nur geringem Verwaltungsaufwand verbunden sind, wie in »Erfolgsrezepte Teil 7: So erzeugen Sie ein unwiderstehliches Angebot«, S. 247, beschrieben. Haben Sie diese verschiedenen Sparten erst eingerichtet, werden sie später von allein etwas abwerfen, während Sie sich schon dem nächsten Projekt zugewandt haben.

Vielleicht verdienen Sie mit einigen Einkommensströmen nur einige Hundert Euro im Monat. Aber jeder Einkommensstrom, den Sie hinzunehmen, wird Sie näher an Ihr Wunschziel heranführen, während Sie bei Ihrer Arbeit reichlich Abwechslung haben. Mehr als ein Standbein zu haben, kann für Sie sogar sicherer sein, als sich auf eine Tätigkeit zu stützen. Wenn sich der Markt plötzlich ändert, leiden eventuell einige Ihrer Einkommensströme darunter, während andere davon relativ wenig betroffen sind oder sogar einen Aufschwung erleben.

Eine Portfoliokarriere ist nicht immer leicht zu managen. Sie funktioniert dann am besten, wenn Sie sich im Klaren darüber sind, welches Ihre Haupteinnahmequelle sein soll, und Sie sicherstellen, dass Sie das nie aus den Augen verlieren, egal, wie sehr Sie mit anderen Dingen beschäftigt sind. Selbst wenn Ihr Plan am Ende vorsieht, viele Projekte gleichzeitig laufen zu haben, sollten Sie eines nach dem anderen starten. Projekte verlangen dann die meiste Energie und Aufmerksamkeit, wenn sie angestoßen werden. Bringen Sie ein Projekt bis zu dem Punkt, an dem Ihre ständige Aufmerksamkeit dafür nicht mehr erforderlich ist, bevor Sie darüber nachdenken, das nächste zu lancieren.

Denken Sie daran: Bei den meisten Projekten, mit denen Sie Erfolg haben wollen, ist es notwendig, etwas zu erschaffen und es dazu noch zu vermarkten. Wenn die Projekte sehr unterschiedlich sind und unterschiedliche Zielgruppen haben, werden Sie eine Menge Zeit und Arbeit investieren müssen. Es ist viel einfacher, wenn es bei dem, was Sie tun, einen gemeinsamen Nenner gibt. Machen Sie sich mit einer Sache einen Namen, zum Beispiel als »der Typ mit den Internetideen«, »der Bauunternehmer, der Termine einhält«, »der Programmierer, der auch kommunizieren kann«, »der Technikfreak, der auch mit Menschen umgehen kann«. Wenn Sie herausfinden, welches Thema Ihr wahres Talent ausdrückt, wird es für andere viel einfacher zu verstehen, was Sie tun, und auch viel einfacher, Sie weiterzuempfehlen. Eine gute Methode besteht darin, verschiedene Dinge für denselben Zielgruppenmarkt oder dieselben Firmen zu tun. Haben Sie sich bei Internet-Start-ups oder bei Unternehmerinnen über 40 oder bei Leuten, die gern individuell reisen, erst einmal einen Namen gemacht, können Sie diesen so auch leicht andere Dinge anbieten, mit denen Sie sich beschäftigen. Wenn Sie sich zum Beispiel bei vielbeschäftigten Consultants als virtueller Assistent einen Namen gemacht haben und anschließend lernen, einfache Websites zu erstellen, können Sie Ihren Klienten als besonderen Service anbieten, deren erste Berater-Website zu gestalten.

Beschleunigung durch Kooperation

Um ein großes Projekt schnell zu realisieren oder an mehreren Projekten gleichzeitig zu arbeiten, tun Sie sich am besten mit anderen zusammen und konzentrieren Sie sich auf das, was Sie am besten können (und am liebsten tun).

MYTHOS 20

Ich kann mich nicht selbstständig machen, weil ich nicht gut bin, wenn es um den Verkauf, das Marketing, den IT-Bereich, Finanzen oder kreative Ideen geht

Es ist nicht nötig, dass Sie alle Bereiche Ihres Metiers beherrschen. Finden Sie Leute, die die Bereiche übernehmen, in denen Sie nicht so gut sind. Wenn Sie gern Präsentationen halten, aber Finanzen hassen, arbeiten Sie mit jemandem zusammen, der Spaß an Bilanzen hat, es aber hasst, vor Publikum etwas zu präsentieren. Sie brauchen noch nicht einmal eine eigene Idee, um ein Unternehmen zu gründen: Sie können sich mit jemandem zusammentun, der eine gute Idee hat und dafür Ihr Geschick im Umgang mit Menschen, Ihre technischen Fähigkeiten, Ihr Verkaufstalent oder Ihr Organisationstalent einbringen.

Viele machen den Fehler, dass sie sich mit Leuten zusammentun, die ihnen zu ähnlich sind – etwa wenn beide sehr extrovertiert sind, mit Blick auf das große Ganze, oder es sich bei beiden um introvertierte Computerfreaks handelt. Dadurch bleiben große Kompetenzlücken bestehen. Wenn Sie und Ihr Partner Computerfreaks sind, wer soll dann den Vertrieb und das Marketing übernehmen? Wenn Sie beide voller Ideen stecken, wer soll diese in ein Konzept verwandeln mit einem Zeitplan, nach dem Sie sich richten können?

Um wirklich erfolgreich zu sein, werden Sie mit ganz unterschiedlichen Persönlichkeiten zusammenarbeiten müssen. Auch die als Business Coach tätige Unternehmerin Judith Morgan meint: »Sie müssen mit Leuten arbeiten, die Sie irritieren.« Wenn Sie ein introvertierter Mensch sind, halten Sie den Typ vom Vertrieb wahrscheinlich für einen Angeber, der es übertreibt, und er hält Sie wahrscheinlich für langweilig und zu ernst. Solange ausreichend gegenseitiger Respekt vorhanden ist, könnte dies eine gute Kombination sein. Denken Sie noch einmal an die Wohlstandsdynamik in »Erfolgsrezepte Teil 2: Wie Sie entscheiden, was Sie als Nächstes tun«, S. 81; sehen Sie sich die Beschreibungen der Profile an und halten Sie fest, wo Ihre größten Schwächen liegen. Arbeiten Sie mit jemandem zusammen, der diese Defizite ausgleichen kann.

Der andere große Vorteil einer Kooperation besteht darin, dass Sie schnell an Aufträge herankommen. Sie wissen, dass Sie etwas Gutes anzubieten haben, kommen aber einfach nicht schnell genug an Kunden heran? Dann kommt hier ein toller Trick: Lassen Sie andere Leute das Marketing für Sie machen. Sie wissen, welches Problem Sie lösen und für wen Sie es lösen. Stellen Sie sich jetzt folgende Fragen: Wo sind diese Leute anzutreffen? Was lesen sie? Welche Zeitschriften kaufen sie? Welche Veranstaltungen besuchen sie? Wessen Produkte kaufen sie noch? Sobald Sie das wissen, finden Sie heraus, wie Sie sich vor diesen Leuten positionieren können. Können Sie einen Artikel für eine Website oder eine Zeitschrift schreiben, von der Sie wissen, dass Ihr idealer Klient sie lesen wird? Oder einen Vortrag vor genau dem richtigen Publikum halten? Oder jemanden, der eine Datenbank mit Tausenden von E-Mail-Adressen von genau jenem Personenkreis hat, den Sie ansprechen wollen, bitten, Ihr neues

Produkt zu erwähnen? Sie können anbieten, im Gegenzug das Gleiche für ihn zu tun oder ihm eine Provision auf generierte Umsätze zu zahlen. Auf diese Weise brauchen Sie sich nicht erst Ihren eigenen Markt aufzubauen, indem Sie auf endlos vielen Networking-Events bergeweise Visitenkarten einsammeln. Leihen Sie sich den Markt von jemand anderem aus.

Funktionieren die Zahlen?

Bevor Sie tiefer einsteigen, sollten Sie erst einmal prüfen, ob die Zahlen stimmen.

MYTHOS 21

Ich brauche einen 30-seitigen Businessplan, bevor ich anfangen kann

Wenn Sie sich noch im Anfangsstadium des Fürs-Spielen-Bezahltwerdens befinden, benötigen Sie noch keinen formellen Businessplan. Es ist jedoch zu Ihrem eigenen Vorteil, wenn Sie eine Überschlagsrechnung machen. Ich nenne dies einen »Businessplan in drei Zeilen«.

Hier kommt eine Version für einen solchen Businessplan in drei Zeilen, für den Fall, dass Sie eine Dienstleistung anbieten. Überlegen Sie sich, wie viel Sie im Monat verdienen möchten. Dann geben Sie eine Schätzung ab, was Sie im Durchschnitt pro Klient oder Projekt einnehmen werden. Teilen Sie Ihr Wunscheinkommen durch diese Zahl und Sie wissen, wie viele Klienten/ Projekte Sie pro Monat brauchen. Jetzt überprüfen Sie, ob Sie diese Anzahl von Klienten in einem Monat wirklich stemmen können. Denken Sie daran, dass es Zeit braucht, Klienten zu gewinnen, und Sie sollten auch Zeit für Fortbildung, Bürokram und anderes einplanen.

Falls Sie Produkte verkaufen wollen, finden Sie heraus, wie hoch Ihr Gewinn pro Produkt ist, und berechnen Sie dann die Anzahl der Einheiten, die Sie verkaufen müssen, um Ihr Wunscheinkommen zu erreichen. Sie werden schnell verstehen, warum es so wichtig ist jemanden zu finden, der Ihre Produkte in großer Stückzahl verkauft!

Wenn Sie Informationsprodukte verkaufen, entspricht Ihr Einkommen der Anzahl der Besucher auf Ihrer Website multipliziert mit dem Prozentsatz der Besucher, die etwas kaufen, multipliziert mit dem Preis des Produkts (minus zu zahlender Provision oder Bearbeitungsgebühren). Sie sollten sich nur klarmachen, dass die Zahl der Käufer vielleicht bei 1 Prozent oder weniger liegt! Vergessen Sie nicht, dass es wahrscheinlich zigfache Einkommensströme geben wird, die Sie in diese Kalkulation einbeziehen können.

Da es sein kann, dass Sie am Anfang von einem geringeren Einkommen leben müssen, ist es wichtig zu wissen, welches Mindesteinkommen Sie benötigen, um Ihre reinen Basiskosten zu decken. Danach sollten Sie herausfinden, wie hoch das Einkommen ist, mit dem Sie bequem auskommen und länger durchhalten könnten, und schließlich, wie hoch Ihr Wunscheinkommen ist. Sie wären vielleicht überrascht, wie wenige Menschen solche einfachen Berechnungen anstellen. Es ist wichtig, sich damit zu befassen, denn das wird Einfluss darauf haben, für welches Unternehmen Sie sich entscheiden. Wenn Sie 125 000 Euro brauchen, nur um über die Runden zu kommen, sollten Sie vielleicht Optionen ausschließen, die Sie in Betracht ziehen würden, wenn Sie nur 30 000 pro Jahr bräuchten.

Wann es an der Zeit ist, den bisherigen Hauptjob zu kündigen

Steigen Sie nicht zu schnell aus dem Job aus, mit dem Sie derzeit Ihren Lebensunterhalt verdienen: Es ist besser, zunächst die Dynamik zu verstärken, während man noch ein Einkommen aus dem anderen Job bezieht. Geldsorgen sind für den spielerischen Umgang mit der Arbeit nicht gerade förderlich.

Wenn Sie sicher sind, dass Ihre Zahlen stimmen, und bewiesen haben, dass die Leute das, was Sie anbieten, auch wollen und die Nachfrage danach größer ist als die Zahl der Klienten, die Sie in Ihrer Freizeit bedienen können – dann sind Sie wahrscheinlich bereit für den Ausstieg.

Innocent Drinks

Innocent Drinks ist ein britisches Unternehmen, das 1999 von drei Studienfreunden mit dem Ziel gegründet wurde, Smoothies aus Früchten herzustellen. Zum Zeitpunkt des Interviews hatte es einen Marktanteil von 71 Prozent am 169 Millionen Pfund starken Smoothie-Markt. Das alles hatte, wie die Gründer erzählen, mit nicht mehr angefangen als einem Stand auf einem Musikfestival:

> *Im Sommer 1998, als wir unsere ersten Smoothies-Rezepte entwickelt hatten, aber immer noch davor zurückschreckten, unsere Hauptjobs aufzugeben, kauften wir Obst für 500 Britische Pfund ein, machten Smoothies daraus und verkauften sie auf einem kleinen Musikfestival an einem Stand mit der Aufschrift: »Sind Sie der Meinung, dass wir unsere Jobs aufgeben sollten, um diese Smoothies herzustellen?« Wir stellten einen Abfalleimer daneben, auf dem »JA« stand, und einen, auf dem »NEIN« stand, und baten die Leute, ihre leeren Flaschen in den entsprechenden Eimer zu werfen. Am Ende des Wochenendes war der »JA«-Eimer so voll, dass wir am folgenden Tag unsere Kündigungen einreichten.*

Innocent hatte sechs Monate lang an Smoothie-Rezepten herumgetüftelt und diese getestet, bevor sie auf dem Musikfestival erschienen. Am ersten Geschäftstag verkauften sie 24 Smoothies. Zehn Jahre später waren es zwei Millionen Stück pro Woche.

Sich auf ein vorzeitiges Vertragsende mit Abfindung einzulassen, kann Ihnen beim Ausstieg helfen. Wurde an Ihrem Arbeitsplatz ein Sozialplan eingeleitet (oder gibt es entsprechende Gerüchte), sollten Sie einen klaren Standpunkt beziehen: Wollen Sie gehen oder bleiben? Warten Sie nicht bloß ab und beobachten, was passiert. Treffen Sie eine Entscheidung, und schauen Sie dann, ob Sie sich in die Schusslinie manövrieren können oder aus ihr heraus.

Wenn Ihnen eine Abfindung angeboten wird, denken Sie daran, dass die Bedingungen verhandelbar sein können, selbst wenn es nicht so scheint. Fragen Sie danach, ob sich das Ausstiegsdatum noch ändern lässt oder ob Sie den Firmenwagen noch eine Weile behalten können, wenn Sie das wollen. Sie glauben ja gar nicht, wie oft man Ihnen hier entgegenkommen wird.

Vielleicht denken Sie, Sie haben nichts in der Hand, um zu verhandeln, aber die meisten Unternehmen möchten sich im Guten trennen und sind offen dafür, Ihnen die Trennung so weit es geht zu versüßen. Wenn keine Aussicht auf eine Abfindung besteht, gibt es vielleicht trotzdem die Möglichkeit, vorteilhafte Bedingungen für Ihren Ausstieg auszuhandeln, zum Beispiel eine bezahlte Freistellung bis zum Vertragsende.

Wie lange wird das alles dauern?

Hier kommt eine schlechte Nachricht. Malcolm Gladwell und andere behaupten, dass es 10 000 Stunden oder etwa sechs Jahre Vollzeitarbeit dauert, um es in einem beliebigen Bereich zu Weltklasseerfolg zu bringen – egal, ob als Rockmusiker, Vortragsredner, Schriftsteller oder Programmierer. Aus diesem Grund können Sie davon ausgehen, dass es eine Weile dauert, bis Sie in einem komplett neuen Bereich Fuß gefasst haben.

Hier kommt eine gute Nachricht. Wenn das, was Sie tun, Ihnen überwiegend Spaß macht, dann gehen die sechs Jahre ziemlich schnell vorüber.

Hier kommt eine noch bessere Nachricht. Sie sind bereits ein Weltklasse-Experte. Worin? Sie sind Experte im Sie-selbst-Sein. Niemand ist besser im Sie-selbst-Sein als *Sie selbst*. Sie haben Ihr bisheriges Leben mit dieser Tätigkeit verbracht, und wenn man etwas lange genug tut, wird man gut darin. Was auch immer Ihr magisches Moment ist, Sie beschäftigen sich mit ihm, seit Sie ein kleines Kind waren; mit Menschen reden, Menschen zum Lachen bringen, Menschen aufmuntern, Lesen und Schreiben, Zeichnen, Lernen, Organisieren, Verhandeln, Essen genießen, sich an der Natur erfreuen, Beziehungen kitten. Alle diese praktischen Erfahrungen haben Schaltkreise in Ihrem Gehirn gebildet, über die andere nicht verfügen. Sie sehen die Welt mit anderen Augen. Wenn Sie vor Freunden und der Familie etwas aufgeführt und ihnen Witze erzählt haben, seit Sie denken können, aber noch nie vor Publikum eine formelle Rede gehalten haben, dann müssen Sie sich praktische Fähigkeiten wie das richtige Timing, die Strukturierung einer Geschichte und so weiter aneignen. Aber Sie fangen nicht bei null an. Wenn Sie etwas gern tun, werden Sie es mit ziemlicher Sicherheit bereits in irgendeinem Bereich Ihres Lebens tun, selbst wenn Ihnen das nicht bewusst ist.

Konzentrieren Sie sich darauf, diese naturgegebenen Talente zu fördern, bauen Sie Ihre Fähigkeiten um diese herum aus, und suchen Sie nach einem verbindenden Thema in allem, was Sie tun, mit dem Sie sich wirklich identifizieren können. Bei diesem Thema könnte es sich um eine bestimmte Gruppe von Menschen oder ein bestimmtes Marktsegment handeln, in dem Sie behilflich sein können; es könnte eine Sache sein, von der bekannt ist, dass Sie sie gut beherrschen (wie bereits im Zusammenhang mit Portfoliokarrieren erwähnt); es könnte ein übergreifendes Problem sein, das anzugehen Sie sich vorgenommen haben (in »Erfolgsrezepte Teil 5: So spielen Sie für Profit ... und einen Zweck«, S. 189), oder es könnte eine Marke sein, die Sie erschaffen haben. Wenn Sie Ihr Thema finden und wirklich dahinterstehen, wird den Leuten das auch auffallen, Chancen werden sich für Sie auftun und Sie werden langsam das gewünschte Geld verdienen. Vielleicht werden Sie damit sogar reich, wovon im nächsten Kapitel die Rede sein wird.

Machen Sie ein Spiel daraus

Mit diesen Zutaten gelingen die Erfolgsrezepte:

- 🎲 Testen Sie Ihr Angebot noch einmal an einer Gruppe aus zehn Testpersonen.
- 🎲 Sind die Leute schon verrückt nach Ihnen? Wenn nicht, passen Sie Ihr Angebot so lange an, bis sie es sind.
- 🎲 Bestimmen Sie, wie Ihr Weg hin zum Spielen in Vollzeit aussehen soll: Wollen Sie einen maßgefertigten Job oder eine Freestyle-Karriere?
- 🎲 Tun Sie sich mit anderen zusammen, damit es schneller geht und damit Sie ein Portfolio von Projekten managen können.

☺ Prüfen Sie, ob die Zahlen stimmen, bevor Sie weitermachen.

Was Sie jetzt haben sollten:

☺ eine Strategie, wie Sie Ihren ersten Testlauf zu etwas erweitern können, das auch Ihr ganzes Leben ausfüllen
könnte.

Nehmen Sie sich zehn Minuten Zeit fürs Spielen:

☺ Gestehen Sie sich zu, ein wenig in Tagträumen zu schwel-
gen und sich vorzustellen, wie es ist, fürs Spielen in Vollzeit bezahlt zu werden. Beschreiben Sie in Ihrer Spielanleitung, wie Ihr Arbeitsportfolio aussieht.

☺ Denken Sie darüber nach, auf welche Weise Sie mit anderen Leuten zusammenarbeiten könnten, damit dieser
Tagtraum ein wenig schneller wahr wird.

Exklusive Extras auf ScrewWorkLetsPlay.com

☺ Tonaufnahmen meiner Interviews mit Derek Sivers, dem
Gründer von CD Baby, und Leslie Scott, der Erfinderin
von Jenga.

Ihre Spielmethode für ein Leben im Wohlstand

Sie konnen im Leben alles haben, was Sie wollen,
wenn Sie nur ausreichend vielen anderen Menschen helfen,
das zu bekommen, was diese wollen.
Zig Ziglar, US-amerikanischer Schriftsteller und Redner

Im vorigen Kapitel haben Sie erfahren, wie Sie Ihr Angebot so erweitern können, dass Sie fürs Spielen in Vollzeit bezahlt werden. Ist es denn auch möglich, mit dem Spielen *reich* zu werden? Dieses Kapitel wird Ihnen helfen herauszufinden, was reich zu sein für Sie eigentlich bedeutet, und Sie ein wenig schneller an diesen Status heranbringen, als Sie sich vielleicht vorstellen können.

Es gibt viele Player, die aus ihren experimentellen Projekten Millionengeschäfte gemacht haben. Derek Sivers spielte im Internet herum und generierte darüber mit dem Verkauf von Musik später Umsätze von mehr als 100 Millionen US-Dollar. Leslie Scott spielte mit den Holzklötzen ihres Bruders und entwickelte daraus eines der weltweit meistverkauften Spiele. Mike Southon ist ein Multiunternehmer, der 17 Start-up-Unternehmen gründete, heute als Mentor für andere Unternehmer tätig ist und jedes Jahr überall auf der Welt mehr als 100 Präsentationen hält. Und trotz seiner extrem langen Arbeitszeiten meint er: »Es fühlt sich überhaupt nicht wie Arbeit an, sondern wie Spielen.«

Das Prinzip lautet hier, dadurch zu Wohlstand zu kommen, dass man der Welt einen echten Wert bietet. Wenn Sie bewiesen haben, dass Sie das auf eine Weise tun können, die sich wiederholen lässt (wie in den bisherigen Kapiteln beschrieben), besteht die Herausforderung darin, Ihre Tätigkeit in einem solchen Maße auszuweiten, dass Sie den Leuten einen noch höheren Wert bieten.

Wenn Sie der Meinung sind, beim Reichwerden ginge es ausschließlich darum, um jeden Preis Profit zu machen, dann haben Sie sich die falschen Vorbilder ausgesucht. Basiert Ihr Wohlstand aber darauf, dass Sie einen echten Wert bieten, dann gewinnt jeder. Reicher zu werden geht Hand in Hand damit, dass Sie Ihre positive Wirkung verstärken. Wie Eric Schmidt, der Vorsitzende des Google-Verwaltungsrats, einmal dem *New Yorker* Autor Ken Auletta verriet, besteht »das Ziel des Unternehmens nicht darin, mit allem Geld zu verdienen, das Ziel besteht darin, die Welt zu verändern – und Geld zu verdienen ist eine Technik, mit der man das erreicht.«

Antriebsmotor der Player ist in erster Linie, dass sie etwas erschaffen wollen. Wie Anita Roddick, Gründerin des Body Shop, einmal sagte: »Unternehmer wollen mit einer Idee, von der sie besessen sind, ihren Lebensunterhalt verdienen. Geld sorgt dafür, dass die Räder geschmiert werden, aber das Ziel des wahren Unternehmers ist nicht, Millionär zu werden. Bei den meisten Unternehmern, die ich kenne, ist es sogar so, dass ihnen die Anhäufung von Reichtum völlig schnuppe ist. Das, was ihre kreativen Kräfte mobilisiert, ist zu sehen, wie weit sie mit einer Idee kommen.« Ironischerweise ist es genau diese Einstellung, die oft zu den größten Gewinnen führt. Wie Steve Jobs, ehemaliger CEO von Apple, es formulierte: »Mit 23 war ich mehr als eine Million US-Dollar wert und mit 24 mehr als 10 Millionen Dollar und mit 25 mehr als 100 Millionen Dollar, aber das war gar nicht so wichtig, weil Geld nie mein Antrieb war.«

Es durchs Spielen zu echtem Wohlstand zu bringen, braucht viel Zeit und macht viel Mühe. Wenn Sie aber die nachstehenden fünf Schritte beherrschen, sollte Ihr Weg etwas kürzer und weniger steinig sein.

1. Stellen Sie sich vor, wie Ihr Leben im Wohlstand aussieht

Was bedeutet »reich« für Sie überhaupt? Vielleicht denken Sie dabei an eine bestimmte Menge Geld, aber geht es nicht vielmehr darum, eine andere Art von Lebensstil pflegen zu können, ein reiches Leben? Überlegen Sie, wie ein reiches Leben für Sie aussehen würde. Was wäre anders? Was würden Sie besitzen? Welche Erfahrungen soll der Wohlstand Ihnen ermöglichen können? Schreiben Sie das in Ihrer Spielanleitung auf, und suchen Sie nach Bildern, mit denen Sie es darstellen können. Wenn Sie den Schwerpunkt auf die Erfahrung legen und nicht so sehr auf eine Zahl, ermöglicht Ihnen dies die Suche nach kreativen Wegen, wie Sie das, was Sie wollen, schneller bekommen. Wenn Sie ein Landhaus in Frankreich haben wollen, können Sie vielleicht eine Möglichkeit finden, wie Sie wenigstens einen Teil dieser Erfahrung sehr bald machen können, ohne erst Millionär werden zu müssen. Womöglich können Sie jemanden auftun, der bereit ist, Ihnen ein Haus im Gegenzug dazu zu vermieten, dass Sie es einrichten; oder Sie könnten das Haus mieten, um dort eine Konferenz oder einen Workshop abzuhalten und so dafür zu sorgen, dass andere Menschen dafür bezahlen, dass Sie dort wohnen können.

Schieben Sie Ihre Zufriedenheit nicht auf, bis Sie Ihre finanziellen Ziele erreicht haben. Genießen Sie die Momente in Ihrem Leben, die für das stehen, wovon Sie mehr haben wollen. In London war ich einmal mit einer Freundin zum Mittagessen in einem thailändischen Restaurant. Wir saßen draußen in der Sonne. Während wir unseren Zitronengrastee tranken und über ihren bevorstehenden Umzug in die USA redeten – sie wollte dort ihre Schauspielkarriere weiter vorantreiben –, kamen wir auf Geld zu sprechen und wie es ist, das zu tun, was man liebt. Ich sagte, dass ich mich bereits reich fühlte – denn ich würde, wenn ich eine Million Britische Pfund auf dem Konto hätte, nichts anderes tun wollen als das, was ich gerade tat. Ich würde immer noch in netter Gesellschaft im Sonnenschein sitzen und leckeres Thai-Essen genießen. Man könnte also sagen, dass ich schon reich bin (und für diese Erfahrung haben wir nur 15 Britische Pfund pro Person bezahlt).

Ertappen Sie sich dabei, sich reich zu fühlen. Halten Sie solche Momente fest, in denen es nichts gibt, was Ihnen fehlt, keinen anderen Ort, an dem Sie sein sollten, und keinen anderen Menschen, mit dem Sie lieber zusammen wären, denn das sind die Momente, in denen auch Sie schon reich sind.

Wenn Sie das, was Sie haben, nicht genießen können, können Sie es auch dann nicht genießen, wenn Sie mehr davon haben.

Richard Bandler, Mitbegründer des Neuro-Linguistischen Programmierens (NLP)

Wenn Sie die reichen Momente, die Sie momentan erleben, nicht wertschätzen können, werden Sie vielleicht feststellen, dass Sie sie auch dann nicht wertschätzen können, wenn sich Ihre finanziellen Träume tatsächlich erfüllt haben. Wir alle haben schon von Millionären gehört, die einfach nicht genug bekommen können; egal, wie viel Geld sie haben oder was sie sich kaufen können, es reicht ihnen nie. Das ist keine Zufriedenheit.

Und natürlich gibt es noch einen Grund, warum Sie wertschätzen sollten, wie reich Sie bereits sind: Sie ziehen das Glück dann eher an, was bedeutet, dass Sie Ihre finanziellen Träume umso schneller realisieren können. Menschen umgeben sich gern mit zufriedenen Menschen, und sie vergeben am liebsten Aufträge an Leute, die den Eindruck machen, dass es ihnen gut geht. Tatsächlich ist es so: Je weniger es den Eindruck macht, als würden Sie den Job brauchen, und je schwerer verfügbar Sie scheinen, desto eher wollen die Leute Sie engagieren – sie nehmen an, dass Sie gut sind!

Bedeutet ein reiches Leben für Sie, die Freiheit zu besitzen zu reisen?

Würden Sie gern irgendwo leben, wo die Sonne öfter scheint, oder die Freiheit besitzen, an jeden Ort der Welt zu reisen? Warum fangen Sie nicht gleich damit an? Da es heute möglich ist, ein Unternehmen mit nicht mehr als einem Telefon, einem Laptop und einem Internetanschluss zu führen, ist es da wirklich erforderlich, dass Sie in Ihrem Land bleiben? Wie würde es Ihnen gefallen, die Welt zu bereisen und trotzdem genug Geld zum Leben zu verdienen? Gesellen Sie sich zur neuen Gattung der ortsunabhängigen Unternehmer, die in der Welt herumreisen und vom Laptop aus Geschäfte machen.

Mit dem Laptop auf Reisen

Chris Guillebeau ist Globetrotter und professioneller Blogger. Er verdient seinen Lebensunterhalt mit seinem Blog »The Art of Non-Conformity« (Die Kunst des Unangepasstseins), während er die Welt bereist und es sich zur Aufgabe gemacht hat, jedes Land der Erde zu besuchen. Er ist, was das Geld anbelangt, (noch) nicht so furchtbar reich, aber er hat ein Leben für sich geschaffen, von dem die meisten anderen nur träumen.

Chris Guillebeau gilt als Fachmann für günstige Flugreisen. (»Manchmal fliege ich Erster Klasse, bevor ich für 15 US-Dollar die Nacht in einem Hostel einchecke – irgendwie paradox, macht aber Spaß.«) Und man findet ihn und seinen Laptop oft abseits der Touristenpfade (»Ich habe es wirklich genossen, im vorigen Monat auf dem Weg von Mosambik nach Swasiland der einzige Westeuropäer im Bus zu sein.«)

Das ist nichts Ungewöhnliches für ihn: »Egal, wo ich hinreise, viele Dinge, die ich tue, ähneln sich, und ich persönlich mag das – ich schreibe, lerne Leute kennen, trinke Kaffee, habe Spaß. Hoffentlich hat jeder Tag Momente wie diese – sei es in Bhutan, wo ich als Nächstes hinreise, in Kuwait, wo ich gerade herkomme, oder in Oregon, wo ich arbeite, wenn ich zu Hause bin.«

Auf chrisguillebeau.com und Lea Woodwards Website location-independent.com finden Sie Tipps, wie Sie mit dem Reisen um die Welt Geld verdienen können.

Bedeutet ein reiches Leben für Sie, mehr Freizeit zu haben?

Tom Hodgkinson ist Herausgeber des halbjährlich erscheinenden Magazins *The Idler* und Autor mehrerer Bücher, darunter *How to be Idle* und *How to be Free*. Ich führte mit ihm ein Interview über das Berufsleben, das er für sich geschaffen hat, und er erklärte, dass er von 9 bis 13 Uhr arbeitet, wobei er sich aufs Schreiben konzentriert und seine E-Mails checkt, um sich dann den Rest des Nachmittags freizunehmen. Er hat Zeit zu Mittag zu essen, zu lesen, einen Mittagsschlaf zu halten, spazieren zu gehen, Ukulele zu spielen oder etwas Gartenarbeit zu machen. Anstatt unermüdlich zu arbeiten, um reich zu werden, gibt Tom sich zufrieden mit einem mittleren Einkommen und rät zur Sparsamkeit, also »auf alle Ausgaben für Dinge zu verzichten, die Sie nicht wirklich brauchen. Ihre Kinder werden Sie echt gemein finden, aber am Ende haben Sie mehr Zeit übrig, um Karten mit ihnen zu spielen.«

Wenn Ihre Vorstellung von einem reichen Leben sich eher um jede Menge freie Zeit und Entspannung dreht als um Yachten und Landhäuser, haben Sie die Wahl, Ihr Leben entsprechend zu strukturieren. Und wenn Sie anfangen wirklich zu genießen, dass Sie von Tag zu Tag leben können, werden Sie vielleicht gar nicht mehr das Bedürfnis haben, so viel Geld für Dinge auszugeben, die Sie früher als Wiedergutmachung dafür gekauft haben, dass Sie mit Ihrer Arbeit unzufrieden waren. Als ich einmal alles zusammenrechnete, stellte ich mit Schrecken fest, dass ich während der Zeit, als ich bei einem Konzern tätig war, mehrere Hundert Britische Pfund pro Jahr für Cappuccinos ausgab – nur um durch den Tag zu kommen.

Bedeutet ein reiches Leben für Sie, so viel Einfluss zu haben, dass Sie die Welt verändern können?

Wenn das so ist, könnte die Gründung eines sozialen Unternehmens das richtige Modell für Sie sein: eine Organisation, die sich kommerzieller Strategien bedient, um soziale oder Umweltziele zu erreichen. Die Stärke dieses Modells ist die finanzielle Nachhaltigkeit; anstatt sich auf ständige Spendenkampagnen oder Regierungsgelder zu verlassen, generiert das Unternehmen Profite, die in den Ausbau der Mission reinvestiert werden können. Hier gelten die gleichen Regeln: Sie müssen einen echten Wert generieren und einen Weg finden, um diesen zu Geld zu machen. Dann können Sie, wenn das Unternehmen größer wird, umso positiveren Einfluss nehmen.

2. Managen Sie Ihr Geld wie ein Millionär

Ein Klient, der eine berufliche Veränderung durchmachte, meinte einmal zu mir: »Ich wünschte, ich hätte einfach eine Million Euro auf meinem Konto, damit ich mir über Geld keine Gedanken mehr machen muss.« Das Problem ist, dass Sie, selbst wenn Sie eine Million haben, immer noch pleite wären, wenn Sie eineinhalb Millionen ausgeben (wie viele Lotteriegewinner am eigenen Leib erlebt haben). Sie werden nie einen Punkt erreichen, an dem Sie sich keine Gedanken mehr über Geld machen müssen, und darüber, wie man klug damit umgeht. Also lernen Sie das am besten jetzt gleich. Es ist unwahrscheinlich, dass Sie die Eine-Million-Marke ohne kluges Geldmanagement erreichen. Es gibt heute ausgezeichnete Bücher und Kurse, mit denen das Thema, ob Sie es glauben oder nicht, auch noch Spaß macht!

Richten Sie einen Spielfonds ein

Gut wäre es, die Disziplin zu haben, Ihre Einkünfte aufzuteilen und für verschiedene Zwecke verschiedenen Konten zuzuweisen. Legen Sie einen gewissen Prozentsatz für langfristiges Sparen beiseite. Vielleicht entschließen Sie sich auch dazu, 5 bis 10 Prozent für einen guten Zweck Ihrer Wahl zu spenden. Es wird Ihnen Freude bereiten zu wissen, dass mit steigendem Einkommen auch die Spendenbeträge höher werden. Und vergessen Sie auch das Spielgeld nicht. Legen Sie 10 Prozent für Ihren Spielfonds beiseite. Das ist ein Sparfonds für Ihr Spielprojekt und für alles andere, das Spaß macht und sich wie Spielen anfühlt. Nutzen Sie Ihren Spielfonds, um Geld für eine wichtige Anschaffung anzusparen, die Sie für Ihr Spielprojekt brauchen: einen qualitativ hochwertigen Fotodrucker, eine Musiksoftware oder auch einen Kurs, damit Sie in Ihrem neuesten Interessengebiet vorankommen. Verwenden Sie Ihren Spielfonds auch, um sich hin und wieder etwas zu gönnen: mal schick auszugehen oder sich mit etwas anderem zu verwöhnen, wenn Sie das Veröffentlichungsdatum für ein Projekt eingehalten haben. Das ist etwas, was Sie für sich tun und womit Sie Ihr Unterbewusstsein konditionieren: zu wissen, dass es eine Belohnung gibt, wenn Sie alles gegeben haben, um ein Projekt fertigzustellen.

Als mein erster Artikel in einer landesweit veröffentlichten Zeitung erschien, hob ich das ganze Honorar von meinem Konto ab und steckte es in den seinerzeit neuesten tragbaren Musik-

Player. Das kam mir damals extravagant vor, aber letztlich hatte ich das Gerät überall dabei. Und jedes Mal, wenn ich den Player ansah, erinnerte ich mich daran, dass er mit meiner eigenen Kreativität und mit meiner Initiative bezahlt wurde.

Löst all das Gerede vom Geldausgeben und Sich-Verwöhnen schon etwas in Ihnen aus? Gut. Dann lesen Sie weiter.

3. Befreien Sie sich von Ihren inneren Blockaden gegen den Wohlstand

Ist Ihnen schon aufgefallen, dass manche Menschen immer Geld zu haben scheinen und andere mit ähnlichen Talenten und Chancen immer pleite sind? Wo auf dieser Skala befinden Sie sich? Welches ist Ihr Muster? Haben Sie immer zu kämpfen? Kommen Sie immer gerade so über die Runden? Oder haben Sie meistens ein gutes Auskommen?

Wenn Geld für Sie oft ein Problem ist oder Sie finanziell zwar klarkommen, aber keine Perspektive für einen weit höheren Verdienst für sich sehen, dann tragen Sie vielleicht einige negative Überzeugungen in puncto Geld und was es bedeuten würde, reich zu sein, mit sich herum. Wenn Sie der Meinung sind, dass Verkaufen schäbig ist, man mit Marketing Leute hereinlegt, reiche Menschen egoistisch sind oder einen guten Preis zu verlangen bedeutet, dass man andere übers Ohr haut – dann wird es sehr schwierig für Sie, sich für das, was Sie tun, gut bezahlen zu lassen.

Ich habe einmal mit einer Klientin gearbeitet, die nie viel Geld verdient hatte, obwohl sie jede Menge Talent und tolle Ideen hatte und einen gewissen Bekanntheitsgrad besaß. Wir saßen in meinem Garten, und ich fragte sie: »Wie denken Sie über reiche Menschen?« Sie brach in Gelächter aus und musste zugeben, dass ihr dabei sofort alle möglichen negativen Symbole für den Wohlstand einfielen: der egoistische, Zigarre rauchende Magnat, der Unternehmer, der auf allen herumtrampelt, um voranzukommen. Das Problem besteht dabei darin, dass es sehr schwierig ist, etwas zu werden, was Sie verachten. Ich bat die Klientin, stattdessen an drei finanziell erfolgreiche Personen zu denken, die sie respektierte. Es dauerte eine Weile, aber ihr fielen drei ausgezeichnete Vorbilder ein. Ich gab ihr die Hausaufgabe, Bilder dieser Personen im Internet zu finden, diese auszudrucken und sie dort zu platzieren, wo sie sie während der Arbeit sehen konnte. Das ist eine prima Übung für jeden. Welche drei Vorbilder hätten Sie? Betrachten Sie diese als Ihre virtuellen Mentoren.

Unsere Überzeugungen und Angewohnheiten in puncto Geld haben einen großen Einfluss darauf, wo auf der finanziellen Skala wir uns befinden. Wenn Sie damit prahlen, dass Geld Ihnen nichts bedeutet, haben Sie wahrscheinlich auch keins.

Denken Sie daran, dass Geld Ihr Spielen nachhaltig macht; Sie gewinnen keinen Preis für ein Leben als Hunger leidender Künstler oder Unternehmer. Wenn Sie sich wohl damit fühlen, ein moderates Einkommen zu haben, und dann anfangen mehr zu verdienen, kann es sein, dass Sie sich unbewusst sabotieren, um wieder auf die Einkommensstufe zu kommen, die sich normal anfühlt. Und was sich normal anfühlt, wird stark von Ihrem sozialen Umfeld beeinflusst.

Sie sind der Durchschnitt der fünf Personen,
mit denen Sie die meiste Zeit verbringen.
Jim Rohn, US-amerikanischer Unternehmer,
Autor und Vortragsredner

Hier kommt ein kleines Experiment. Addieren Sie das Einkommen der fünf Personen, mit denen Sie die meiste Zeit verbringen. Teilen Sie es durch fünf, um einen Durchschnittswert zu erhalten. In der Regel werden Sie feststellen, dass Ihr Einkommen ziemlich nah an dieser Zahl liegt. In »Erfolgsrezepte Teil 4: Wie es für Sie garantiert ein Erfolg wird«, S. 145, haben wir gesehen, wie sehr wir von den Vorstellungen, Angewohnheiten und Überzeugungen beeinflusst werden, von denen wir täglich umgeben sind. Daher überrascht es nicht, dass unsere engsten Freunde unser Denken beeinflussen und das, was wir vom Leben erwarten.

Stellen Sie sich vor, Sie verbringen Ihre Zeit mit Leuten, die halb so viel verdienen wie Sie. In diesem Fall könnte es sein, dass Sie sich ziemlich wohlhabend fühlen. Es kann sogar passieren, dass Sie sich in der Nähe Ihrer Freunde unwohl oder sogar schuldig zu fühlen beginnen. Jetzt stellen Sie sich vor, Sie würden in einem anderen sozialen Umfeld landen, in dem Sie Ihre Zeit mit Menschen verbringen, die mindestens das Doppelte verdienen wie Sie. Es kann sein, dass Sie sich wegen Ihres Einkommens schämen und sich fragen, ob Sie wohl einige Techniken der anderen übernehmen können, um dorthin zu gelangen, wo diese sind. Sehen Sie, wie diese zwei sehr unterschiedlichen Erfahrungen möglicherweise Ihre finanziellen Erwartungen beeinflussen?

Menschen, die aus eigener Kraft ungewöhnlich wohlhabend geworden sind, haben andere Strategien und Angewohnheiten als wir; diese werden mit der Zeit unweigerlich auf Sie abfärben. Wenn es Ihnen ernst damit ist, fürs Spielen bezahlt zu werden – und gut bezahlt zu werden –, sollten Sie darüber nachdenken, Ihren gesellschaftlichen Kreis zu erweitern und Menschen darin aufzunehmen, die Ihre Werte teilen und Sie vielleicht zu einem anderen Ansatz in puncto Wohlstand ermutigen.

4. Trauen Sie sich, das zu berechnen, was Sie wert sind

Es ist unmöglich reich zu werden, wenn Sie nicht bereit sind, für den Wert, den Sie bieten, ausreichend viel zu berechnen (oder einen anderen Geldwert als Gegenleistung zu fordern). Die Vergütung für Ihre Arbeit auszuhandeln, kann eine Herausforderung sein, besonders dann, wenn das, was Sie verkaufen, Ihr eigenes Fachwissen oder Ihr künstlerisches Werk ist. Wenn Sie die Angewohnheit haben, für das, was Sie tun, zu wenig zu verlangen, dann nehmen Sie sich einen Tipp von Pablo Picasso zu Herzen.

Ein echter Picasso

Vor mehreren Jahrzehnten soll in Paris eine Frau eine Straße entlanggeschlendert sein, als sie plötzlich auf Picasso stieß, der in einem Straßencafé saß und zeichnete.

Die Frau fragte Picasso, ob er sie für Geld zeichnen würde, und Picasso stimmte zu.

Innerhalb weniger Minuten hatte sie einen echten Picasso von sich.

»Und was schulde ich Ihnen?«, fragte sie.

»5000 Francs«, antwortete der Künstler.

»Aber Sie haben nur drei Minuten dafür gebraucht!«, sagte die Frau.

»Nein«, entgegnete Picasso, »mein ganzes Leben.«

Denken Sie daran, dass unser Wert für andere auf allem basiert, was wir mitbringen – unseren angeborenen Talenten, den Fähigkeiten, die wir entwickelt haben, und den Erfahrungen, die wir gemacht haben. Denken Sie an all das, was Sie in sich und Ihr Unternehmen investiert haben. Nehmen Sie sich Ihre Spielanleitung vor und addieren Sie all das – die Ausbildung, die Workshops, die Kosten der Unternehmensgründung. Beziehen Sie alles mit ein, auf das Sie Ihrer Meinung nach bei Ihrer Arbeit zurückgreifen. Hier geht es nicht nur um eine formelle Ausbildung; wenn Sie auf Ihrer Weltreise eine Menge Dinge über Menschen, Budgetplanung und Organisation gelernt haben, setzen Sie das auf die Liste. Tragen Sie eine Zahl für all die Jahre ein, in denen Sie mit weniger Geld auskommen mussten, als Ihnen lieb war, weil Sie etwas Neues aufgebaut haben. Und: Spiegelt das, was Sie derzeit für Ihre Leistung berechnen, diesen Wert wider? Wenn nicht, überlegen Sie, wie eine dem Wert Ihrer Leistung angemessene Berechnung aussehen könnte, die über den investierten Zeitaufwand hinausgeht. Vielleicht werden Sie feststellen, dass Sie dadurch bessere Klienten oder Kunden anlocken; wenn Sie sich unter Wert verkaufen, werden Sie auch eher Klienten anlocken, die Ihren Wert nicht zu schätzen wissen. Wenn Sie sich zu billig anbieten, bleiben die guten Leute manchmal ganz weg.

Würden Sie gern schnell reich werden?

Um fürs Spielen bezahlt zu werden, müssen Sie wissen, wie man mit dem Kapitalismus spielt. Der Kapitalismus mag seine Probleme haben, aber momentan ist er nicht mehr wegzudenken, also können Sie sich ebenso gut mit ihm anfreunden. Das Interagieren mit Ihrem Markt ist Teil des Spiels, in dem Sie Player sind.

Eines der Modelle, das die Grundlage für die freie Marktwirtschaft bildet, ist das von »Angebot und Nachfrage«. Ich bin sicher, Sie haben davon gehört, und dennoch scheinen es viele von uns komplett zu vergessen, wenn es darum geht, auf eigene Faust für seinen Lebensunterhalt zu sorgen.

Für Sie bedeutet das, dass zwei Dinge dazu beitragen können, mehr Geld mit Spielen zu verdienen: eine kleinere Anzahl von Personen, die das anbieten können, was Sie anbieten, oder eine größere Zahl von Personen, bei denen Bedarf für Ihr Angebot besteht. Wenn Sie Ihre Projekte danach auswählen, dass sich die Zahl auf beiden Seiten der Gleichung erhöht, wird Ihnen das bessere Ergebnisse einbringen: Bieten Sie etwas an, das Mangelware ist, und wählen Sie Sachen aus, bei denen die Nachfrage stark steigt.

Durch Angebot und Nachfrage erklärt sich auch, warum es keinen wirklichen Weg gibt, wie man schnell reich werden kann. Wenn es einen einfachen Weg geben würde, etwas von Wert herzustellen und damit Geld zu verdienen, würden ihn viele Leute gehen. Doch dann wäre das Produkt nicht mehr wertvoll, weil ein Überangebot herrschen würde. Als die Leute feststellten, dass sich Geld damit verdienen lässt, auf Google Anzeigen für die Produkte anderer zu platzieren und dafür Provisionen zu kassieren, war der Run darauf zunächst groß. Das Ergebnis: Die Anzeigenpreise stiegen, der Markt wurde überschwemmt und es wurde zunehmend schwerer, damit Geld zu verdienen. Es ist noch immer möglich (ich mache das), aber es kostet Zeit, entsprechende Fähigkeiten zu entwickeln, um sich von der Konkurrenz abzuheben.

Die Ausnahme von dieser Regel sind die in jeder Branche gelegentlich auftretenden entscheidenden Momente, in denen sich

Chancen auftun. Eine Verordnung ändert sich, eine neue Technologie tut sich auf oder ein Markt erreicht einen Wendepunkt. Wenn Sie bereit sind zuzuschlagen, sobald sich solche Momente auftun, können Sie sehr schnell Geld verdienen. Um sich früh Vorteile zu verschaffen, bevor andere auf den fahrenden Zug aufspringen, müssen Sie bereits in diesem Bereich tätig sein und über das Fachwissen verfügen, die Chance zu erkennen und sie zu nutzen. Wenn Sie mitbekommen, dass jemand ein Buch darüber schreibt oder einen Workshop hält, wie sich mit einer neuen Chance schnell Geld verdienen lässt, können Sie sicher sein, dass der Markt wesentlich wettbewerbsintensiver sein wird. Das bedeutet nicht, dass Sie die Finger davon lassen sollten. Wenn es Ihnen Spaß machen würde, in diesen Bereich einzusteigen, sollte Ihre Begeisterung Ihnen dabei helfen, die nötigen Fähigkeiten zu entwickeln, um sich von den Nachahmern abzuheben. Und wenn Sie ein Spielprojekt auf dem Markt haben, halten Sie immer die Augen offen, ob sich Momente ergeben, in denen sich gute Chancen auftun.

Wie Sie schnell (ein kleines bisschen) reicher werden

Wahrscheinlich gibt es keine einfache Formel, mit der man über Nacht zum Millionär wird, aber es gibt einige simple Methoden, wie Sie sofort ein kleines bisschen reicher werden. Verlangen Sie mehr für das, was Sie tun, indem Sie meiner P.R.I.C.E.-Strategie folgen. Einige meiner Klienten haben mithilfe dieses Systems ihre Preise mehr als verdoppelt.

P steht für: Produkt

Verkaufen Sie die richtige Sache. Die richtige Sache ist die, nach der große Nachfrage besteht, insbesondere eine, die ein bedeutendes Problem für andere löst. Allgemein gilt: Je größer das Problem ist, das Sie lösen, und je mehr Leute es haben, desto mehr Geld können Sie verdienen. Sie können Ihren durchschnittlichen Verdienst pro Kunde auch dadurch schnell steigern, dass Sie Produkte und Dienstleistungen zu einem Paket bündeln.

Wenn Sie über spezielle Fähigkeiten verfügen, die Sie gern einsetzen, kann dies dazu beitragen, dass Angebot und Nachfrage sich zu Ihren Gunsten neigen. Investieren Sie hier, um wirklich gut in dem zu werden, was Sie tun. Wenn Sie etwas finden, das Sie gern tun und wozu Sie befähigt sind, haben Sie keine Angst davor, sich in diesem Bereich zu spezialisieren. Die Leute können dann leichter verstehen, was Sie anbieten, und anderen davon erzählen. Stellen Sie sich vor, Sie hätten Rückenschmerzen: Wenn es beides in Ihrer Nähe gäbe, wen würden Sie als Erstes ausprobieren: einen gewöhnlichen Osteopathen oder einen Spezialisten in einer »Klinik für Schmerzen im Lendenwirbelbereich«?

R steht für: die Richtigen Leute

Sie können das beste Produkt der Welt anbieten, aber wenn der Markt, an den Sie sich richten, es sich nicht leisten kann, werden Sie nicht viel Geld damit verdienen. Konzerne zum Beispiel können sich leisten, viel mehr für Ihr Angebot zu bezahlen als die Allgemeinheit, weil von dem, was Sie tun, womöglich viele Mitarbeiter oder Kunden profitieren und die Kosten über das gesamte Unternehmen verteilt werden. Ist das, was Sie anbieten, für Ihren idealen Klienten zu teuer, finden Sie einen anderen Weg es zu verkaufen. Dieser sollte es preisgünstiger machen, Ihnen aber gleichzeitig die Möglichkeit geben, einen größeren Personenkreis damit anzusprechen. Können Sie Ihren Wert vielleicht zum Teil über das Internet vermarkten, mit den in »Erfolgsrezepte Teil 7: So erzeugen Sie ein unwiderstehliches Angebot«, S. 247, vorgestellten Strategien?

I steht für: Immer stärker werdendes Vertrauen

Es ist viel einfacher, Ihr Angebot an den Mann zu bringen, wenn Sie Vertrauen aufbauen und das vermeintliche Risiko für den Käufer verringern können. Konzentrieren Sie sich darauf, eine gute Erfolgsbilanz zu erzielen, und kommunizieren Sie diese, indem Sie andere dazu ermuntern, Mundpropaganda für Sie zu betreiben, und sich dessen bedienen, was als »soziale Bewährtheit« bezeichnet wird, darunter Referenzen und Fallbeispiele.

Eine Garantie kann das vermeintliche Risiko für Ihre Käufer erheblich verringern. Wenn Sie eine bedingungslose Geld-zurück-Garantie für Ihr Produkt oder Ihre Dienstleistung anbieten, führt dies häufig zu einer solchen Umsatzzunahme, dass die Verluste mehr als wettgemacht werden, die Ihnen durch die merkwürdigen Menschen entstehen, die diese Garantie ausnutzen.

C steht für: »Communication« des Werts.

Lernen Sie, wie Sie den Wert dessen, was Sie tun, wirkungsvoll kommunizieren können, und stehen Sie dazu. Entschuldigen Sie sich nicht dafür, dass Sie hohe Preise verlangen. Gewinnen Sie die Leute für sich, indem Sie das Problem identifizieren, das Sie lösen, anschließend die Vorteile erläutern, die sich für Ihre Kunden daraus ergeben, und wie sehr sich deren Situation verbessern wird, nachdem sie Ihre Dienste in Anspruch genommen oder Ihr Produkt verwendet haben. Wenn Sie Ihr Fachwissen verkaufen, berechnen Sie Ihren Preis nach Resultaten, nicht nach Zeit. Ich berechnete einmal über 1000 Britische Pfund für ein einstündiges Telefonat und bekam keine Beschwerden, weil ich bei einer kritischen Entscheidung mein Expertenwissen an den Kunden weitergab.

E steht für: Erwarten und verlangen Sie es!

Der Hauptgrund, warum ich es geschafft habe, für viele Dinge so gut bezahlt zu werden – sei es, dass ich mein Honorar verdoppelt oder 1300 Britische Pfund für meinen ersten Artikel in einer Zeitschrift bekommen habe –, ist der, dass ich mich einfach getraut habe, das zu verlangen. Hier hilft es, deutlich zu sagen, warum Sie diesen Preis fordern und auch verdienen.

Wenn Sie Angst haben Kunden zu verlieren, weil Sie Ihre Preise erhöhen, versuchen Sie, die neuen Preise erst einmal nur bei einem speziellen Produkt oder nur bei neuen Kunden einzuführen. Wenn Sie gut sind, werden Sie vielleicht überrascht sein, was die Leute zu zahlen bereit sind. Und wenn es Sie dazu ermuntert, die Qualität Ihrer Arbeit weiter zu verbessern, ist das keine schlechte Sache.

Falls Sie sich Sorgen machen, dass Sie sich mit Ihren hohen Preisen ums Geschäft bringen, halten Sie Ausschau nach anderen Anbietern in Ihrem Bereich, die gute Preise erzielen. Wie stellen sie das an? Was können Sie sich von ihnen abschauen? Oft lautet die Antwort, dass Sie sich neu definieren müssen, damit Sie nicht mehr mit günstigeren Mitbewerbern verglichen werden. Wenn Sie ein Webdesigner sind, der sich auch gut mit dem Markenaufbau auskennt, positionieren Sie sich neu als Markendesigner und werden Sie so die mit Ihnen konkurrierenden 08/15-Webdesigner los.

Was tun, wenn einer sagt: »Das kann ich mir nicht leisten«?

Mag sein, dass es Ihnen schwerfällt, das zu glauben, aber: Es geht dabei nie ums Geld. Wenn jemand sagt »Das kann ich mir nicht leisten«, meint er damit eigentlich, dass er den Wert darin noch nicht erkennen kann. Vorausgesetzt, Sie haben sich die richtige Kundschaft ausgesucht, haben Sie in einem solchen Fall den wahren Wert einfach noch nicht ausreichend gut kommuniziert.

Hätten Sie 6000 Euro für dieses Buch bezahlt? Wahrscheinlich nicht. Was aber, wenn es das einzig existierende Exemplar eines von Richard Branson geschriebenen Buches wäre, in dem er seine Geheimformel verrät, wie man garantiert innerhalb von zwölf Monaten zum Millionär wird? Dann vielleicht schon – selbst wenn Sie Ihr Auto hätten verkaufen müssen, um es zu bekommen! Nicht der Preis ist das Problem.

Wenn Sie wirksam kommuniziert haben, wie Sie jemandes Problem lösen können und er Ihr Produkt trotzdem nicht kauft, gibt es letztlich nichts, was Sie noch tun können. Dann probieren Sie es beim Nächsten. Manche Menschen werden nie mehr Geld für gute Qualität ausgeben.

5. Entscheiden Sie sich für eine Strategie des Wohlstands

Denken Sie daran, die beste Methode, um seinen Lebensunterhalt zu verdienen, ist, der Welt echten Wert zu bieten. In diesem Fall wird reich werden bedeuten, dass Sie noch mehr Leuten einen noch höheren Wert bieten. Wenn Sie eine Million verdienen wollen, müssen Sie eine Million an Wert bieten. Und wenn Sie das erreicht haben, werden andere davon genauso profitiert haben wie Sie. Ich werde richtig sauer, wenn ich sehe, dass Menschen einer sehr kleinen Anzahl von Personen einen großartigen Wert bieten, es aber nie schaffen, ihren Aktionsradius zu erweitern. Diese Menschen haben für sich nie eine Strategie geschaffen, wie sie sich vergrößern können, oder sich nie getraut, das Ruhmspiel zu spielen, um wahrgenommen zu werden. Das ist für alle ein Verlust.

Wie an anderer Stelle erwähnt ist es schwierig, wirklich reich zu werden, wenn Sie sich für Ihre Arbeitszeit bezahlen lassen oder handgefertigte Produkte verkaufen: Der Tag hat nur eine begrenzte Anzahl von Stunden. Letztlich brauchen Sie etwas, das sich jenseits Ihrer eigenen Arbeitsleistung vergrößern lässt. Sie brauchen eine Firma.

Ihre Rolle verlagert sich dann: Ihre Arbeit besteht nicht mehr in der Lieferung eines Produkts oder einer Dienstleistung, sondern in der Arbeit an Ihrem Unternehmen.

Um wirklich reich zu werden, müssen Sie schwerwiegende Probleme lösen. Genau das hat Google gemacht – das Unternehmen stieg in einen gesättigten Markt ein und erstellte eine deutlich überlegene Version einer Suchmaschine. Jetzt, da Microsoft ihnen mit der Suchmaschine Bing auf den Fersen ist, interessiert sich Google für ein noch schwerwiegenderes Problem – das Unternehmen sucht nach dem wahren Sinn von Informationen, sodass es eines Tages in nicht allzu ferner Zukunft möglich sein wird, Google zu fragen: »Was soll ich heute machen?«

Gibt es ein schwerwiegendes Problem, das Sie sehr beschäftigt und mit dem Sie gern spielen würden? Was könnte Ihr Interesse lange genug fesseln, um wirklich etwas zu bewirken? Es wird wahrscheinlich viel Zeit und Mühe kosten, bis Sie damit Erfolg haben, also ist es wichtig, dass Sie sich für eine Sache entscheiden, an der Sie dauerhaft Spaß haben.

Wenn Sie in Ihrem jetzigen Unternehmen bereits finanziell erfolgreich sind, stellen Sie sich die Frage: »Wie kann ich diesen Wert noch viel mehr Menschen bieten?« Gibt es eine Möglichkeit, das, was Sie persönlich anbieten, übers Internet noch viel mehr Menschen zugänglich zu machen, können Sie anderen Ihre Techniken beibringen oder können Sie einen Deal mit einem größeren Unternehmen abschließen?

Sophie Boss von Beyond Chocolate expandierte mit der Einführung der »Chocolate Fairies«

Meine Schwester Audrey und ich hielten im kleinen Rahmen Kurse ab und machten alles selbst. Heute haben wir 15 Lizenznehmer, die in ganz Großbritannien Beyond-Chocolate-Kurse abhalten. Wir schrieben ein Buch, durch das die Nachfrage in viel größerem Umfang stieg, als wir mit Kursen abdecken konnten, also gingen wir mit einem Onlinekurs und zwei neuen eBooks ins Internet. Meine Devise war immer: »Das kann man nicht übers Internet machen. Auf gar keinen Fall. Das muss über die persönliche Schiene laufen. Wie soll das überhaupt gehen, dass man Frauen über dieses Medium die Unterstützung anbietet, die sie brauchen?« Aber wir fanden einen Weg, der funktioniert! — Wir bildeten sogenannte Chocolate Fairies aus, die auf der anderen Seite des Bildschirms sitzen und E-Mails innerhalb von 48 Stunden persönlich beantworten. Derzeit bemühen wir uns um finanzielle Mittel, damit wir weiter wachsen können.

Arbeiten Sie mit anderen zusammen, um expandieren zu können. Sobald Sie den Leuten etwas anbieten können, was diese wirklich haben wollen, ohne es selbst liefern zu müssen, halten Sie Ausschau nach Kooperationsmöglichkeiten, durch die Ihr Unternehmen schnell wachsen kann.

Schon mit einem guten Einzelhändler oder Handelsagenten oder Vertriebler können Sie ganz anders Geld verdienen, weil diese mit dem, was Sie anbieten, einen völlig neuen Markt versorgen können. Und wenn Sie so verfahren, wie bisher im Buch beschrieben, kann es sein, dass diese sich mit Ihnen in Verbindung setzen, noch bevor Sie nach ihnen suchen!

Fangen Sie noch heute damit an, sich eine Strategie des Wohlstands zurechtzulegen. Lernen Sie von den Geschichten anderer, die in Ihrem Bereich tätig sind, um herauszufinden, auf welche Weise diese ihre ersten Experimente ausgedehnt und so ein Unternehmen auf die Beine gestellt haben. Wenn Sie entschlossen genug sind, können Sie sich auf den gleichen Spiel-Weg machen und Ihre eigene Version eines Lebens im Wohlstand erschaffen.

Machen Sie ein Spiel daraus

Mit diesen Zutaten gelingen die Erfolgsrezepte:

- ☺ Beschreiben Sie Ihre Version eines Lebens im Wohlstand und seien Sie kreativ, wenn es darum geht, einen Teil dieser Erfahrung schon jetzt für sich zu realisieren.
- ☺ Managen Sie Ihr Geld wie ein Millionär und richten Sie einen Spielfonds ein.

☺ Arbeiten Sie an Ihren inneren Blockaden gegen das Reichwerden.

☺ Wenden Sie die P.R.I.C.E.-Strategie an, um das zu berechnen, was Sie wert sind.

☺ Erarbeiten Sie sich eine Strategie des Wohlstands mit etwas, das sich ausdehnen lässt.

Was Sie jetzt haben sollten:

☺ eine Strategie, um Ihr Spielhonorar zu maximieren und den Weg dorthin zu genießen.

Nehmen Sie sich zehn Minuten Zeit fürs Spielen:

☺ Richten Sie für Ihren Spielfonds ein Konto ein.

☺ Denken Sie intensiv über eine Möglichkeit nach, wie sich die Erfahrung eines Lebens im Wohlstand im Kleinen schon jetzt realisieren lässt.

☺ Skizzieren Sie einige Ansätze hin zu einer Strategie des Wohlstands in Ihrer Spielanleitung.

Exklusive Extras auf ScrewWorkLetsPlay.com

☺ Audioaufnahmen von Interviews mit erfolgreichen Unternehmern wie Mike Southon, Leslie Scott (Erfinderin von Jenga) und Derek Sivers.

☺ Zugang zu Links mit den neusten Ressourcen, um mehr darüber zu lernen, wie man Geld managt, sich sein Unternehmen so einrichtet, dass man unterwegs arbeiten und davon seine Reisen bezahlen kann, und Workshops zum Wohlstandsdenken.

Machen Sie Ihr Ding

Eines sollte ganz klar sein: Sie können bei Ihrer Arbeit immer die Erfahrung machen, die Sie wirklich anstreben, solange Sie flexibel sind, in welcher Form das passiert. Sie können sofort damit anfangen, und Sie werden Ihr Ziel auch *garantiert* erreichen, vorausgesetzt, *Sie hören einfach nicht vorher auf.*

Solange Sie im falschen Job sind oder es versäumen, das Beste aus Ihren Talenten zu machen, betrügen Sie damit nicht nur sich selbst, sondern auch den Rest der Welt. Wie ich vor einiger Zeit zu einem Klienten sagte, der ständig Ausflüchte hatte, wenn es darum ging, was er als Nächstes tun sollte: »Wissen Sie, es geht nicht immer nur um Sie. Hören Sie auf, obsessiv darüber nachzudenken, was Sie tun sollen und ob Sie es tun können, und fangen Sie einfach an es zu tun – denn ich würde gern sehen, dass einige der interessanten Ideen, die Sie haben, wirklich umgesetzt werden.«

Wir warten darauf, dass Sie Ihr Ding machen. Wenn Sie noch keine Maßnahmen ergriffen haben, ist es an der Zeit, damit anzufangen. Suchen Sie sich ein Spielprojekt aus, das drei bis vier Wochen dauert und das Sie einen Schritt näher an das Ziel heranbringt, für das bezahlt zu werden, was Ihnen Spaß macht. Schnappen Sie sich Ihre Spielanleitung (oder ein Blatt Papier) und schreiben Sie eine Liste mit fünf Sachen auf, die Sie auf den Weg bringen. Jede davon sollte nicht länger als eine halbe Stunde dauern, vielleicht noch weniger. Suchen Sie sich eine Sache aus, die Sie jetzt sofort in Angriff nehmen können. Legen Sie das Buch zur Seite. Los, erledigen Sie diese eine Sache. Halten Sie die Resultate fest und justieren Sie Ihre Richtung entsprechend. Suchen Sie sich die nächste Aufgabe aus, und notieren Sie einen Termin in Ihrem Kalender, wann Sie diese angehen. Machen Sie so weiter. Hören Sie nicht auf.

Machen Sie Ihr Ding. Und ich denke, jetzt sind Sie dran.

Bonus-Inhalte auf ScrewWorkLetsPlay.com

Auf der englischen Begleit-Website zu diesem Buch finden Sie zusätzlich jede Menge exklusive Inhalte, die Ihnen helfen, fürs Spielen bezahlt zu werden:

- Audioaufnahmen und Transkripte der mit zehn erfolgreichen Playern geführten Interviews, darunter Unternehmensgründer, aber auch Millionäre.
- Weitere Informationen und Website-Links zu allen Themen, die in den einzelnen Kapiteln besprochen werden.
- Die Möglichkeit, Kontakt mit einer globalen Online-Community von Playern aufzunehmen.
- Weitere Informationen für »Scanner« und Näheres zu den monatlich stattfindenden Meetings.
- Arbeitsblätter zum Downloaden, in denen Sie eintragen können, wofür Sie sich als Nächstes entscheiden.
- Tipps, wie Sie an Coaches herankommen, die Experten auf ihrem Gebiet sind und Ihnen persönlich bei der Entscheidung helfen können, was Sie als Nächstes machen, und wie daraus ein Erfolg wird.
- Weitere Informationen zur Wohlstandsdynamik und zum Onlinetest.
- Mehr zu Ihrem Topdog und wie Sie ihn zähmen können.

- Eine Audioaufnahme, die sich im Detail damit befasst, wie Sie Probleme erkennen, die gelöst werden müssen.
- Weitere Informationen über Blogs, soziale Netzwerke und E-Mail-Marketing: welche Anbieter hier infrage kommen, wie man sich dort registriert und wie man sie nutzt.
- Weitere Informationen, wie man passives Einkommen generiert und Informationsprodukte erstellt.
- Beispiele für erfolgreiche Kampagnen, die andere lanciert haben, um sich ihr erstes Spielhonorar zu verdienen.
- Links zu einigen der besten Blogs im Internet.
- Links mit den neusten Ressourcen, um mehr darüber zu lernen, wie man Geld managt, sich sein Unternehmen so einrichtet, dass man unterwegs arbeiten und davon seine Reisen bezahlen kann, und Workshops zum Wohlstandsdenken.
- Informationen, wie Sie per E-Mail oder über Twitter Kontakt mit mir aufnehmen können.
- Besuchen Sie ScrewWorkLetsPlay.com jetzt gleich und tauchen Sie ein in die Welt des Spielens.

Über War Child UK

10 Prozent der laufenden Autorentantiemen für dieses Buch gehen an War Child UK, eine internationale gemeinnützige Einrichtung, die Kinder unterstützt, die in Kriegsgebieten leben – dazu zählen der Irak, Afghanistan, die Demokratische Republik Kongo und Uganda.

War Child schützt Kinder vor den brutalen Auswirkungen des Krieges und seinen Folgen. Durch die Arbeit der Organisation erhalten ehemalige Kindersoldaten, Kinder in Gefängnissen und Kinder, die auf der Straße leben und arbeiten, Hilfe, Schutz und Chancen.

Die Mitarbeiter von War Child helfen vor Ort Tausenden von Kindern, sich ein neues Leben aufzubauen. Durch die Kooperation mit ortsansässigen Partnern helfen sie in verschiedenen Bereichen. Die Einrichtung ...

- baut im Krieg zerstörte Schulen wieder auf, damit Kinder wieder unterrichtet werden können;
- trennt die im Gefängnis befindlichen Kinder von erwachsenen Insassen und stellt Rechtsbeistand;
- gliedert Kindersoldaten wieder in ihre Familien ein;
- holt Kinder, die durch den Krieg gezwungen waren, ihr Heim zu verlassen, von der Straße;
- hilft Kindern, mit den Folgen des Krieges fertigzuwerden;
- bietet Möglichkeiten zur beruflichen Aus- und Weiterbildung, um Kindern Zukunftschancen zu geben;
- stellt sicher, dass Kinder Nahrungsmittel erhalten.

Bei War Child spielt die Musik eine große Rolle – sowohl bei der Geldmittelbeschaffung durch den Verkauf ausgezeichneter Coveralben, produziert mit namhaften Künstlern, als auch in der eigentlichen Arbeit mit den Kindern. In Bosnien wurde die Musiktherapie unter anderem dazu eingesetzt, Kindern bei der Verarbeitung ihrer traumatischen Erfahrungen zu helfen. Und in Kinshasa in der Demokratischen Republik Kongo veranstaltete War Child einen Rap Battle für die Straßenkinder, denen dort geholfen wird. Einige der Kinder durften auch mit ins Studio, wo sie mit einem kongolesischen Rapper einen Song über ihr Leben und ihre Zukunftsträume aufnahmen.

Auf www.warchild.org.uk können Sie mehr über War Child erfahren, die exzellenten Coveralben kaufen oder auch spenden.

21 Mythen übers Arbeiten

Danksagung des Autors

Nichts, was von Bedeutung ist, wurde je von einem Menschen allein erschaffen, und dieses Buch bildet keine Ausnahme. Als Erstes möchte ich Samantha Jackson von Pearson für ihre Leidenschaft für das Thema Spielen danken, dafür, dass sie mir die Chance gegeben hat, meine eigene Leidenschaft fürs Spielen mit anderen zu teilen, und auch dafür, dass sie mir geholfen hat, meine Ideen in die bestmögliche Form zu bringen. Ein Dankeschön geht auch an meine Agentin und Freundin Jacqueline Burns von Free Agents, weil sie nicht nur eine großartige Agentin ist, sondern mich bei der Entstehung dieses Buches weit mehr unterstützt hat, als es ihre Aufgabe gewesen wäre. Es ist an der Zeit, dass wir die Fertigstellung dieses Spielprojekts feiern – schnall die Schlittschuhe an, Mädchen, wir gehen Eislaufen!

Vielen Dank auch den Coaches, bei denen ich das Glück hatte, aus erster Hand lernen zu dürfen: Business Coach, Kollegin und Freundin Judith Morgan, die als Erste vorschlug, dass ich mir ein Jahr freinehmen sollte; Jerry Hyde, ein Kreativitätsguru, der meinte, ich sollte ein Buch schreiben, und auf dessen Rat (wie auf die meisten seiner Ratschläge) ich erst zwei Jahre später gehört habe – danke für jede Menge Inspiration in den vergangenen sieben Jahren. Ich bedanke mich auch bei Jerrys sehr kreativer Männergruppe, deren Mitglieder mir während des gesamten Schreibprozesses Mut zusprachen.

Ein Dankeschön auch an Nick Williams, der Erste, von dem ich etwas über Informationsprodukte lernte, und an Daniel Wagner, der sein Wissen über Internetmarketing an mich weitergab und mich herzlich dazu einlud, eine Unterrichtseinheit seines Workshops zu übernehmen. Bedanken möchte ich mich ebenfalls bei Suzy Greaves, Mark Forster und Barbara Winter, die mich inspiriert und mir geholfen haben herauszufinden, in welche Richtung ich mich bewegte. Ein besonderes Dankeschön geht an Suzy Greaves und Nina Grunfeld dafür, dass sie frühe Entwürfe des Manuskripts gelesen haben.

Dieses Buch ist all den großartigen Büchern zu Dank verpflichtet, die mich in den vergangenen vier Jahrzehnten inspiriert und gebildet haben. Besonders danke ich Barbara Sher, deren Buch ich das erste Mal vor 15 Jahren las und von der ich erfuhr, dass ich ein Scanner bin – was für ein Vergnügen, dass ich so viele Jahre später an Ihrem »Scanners Retreat« teilnehmen durfte. Dieses Buch wäre ein anderes, wenn Sie mir nicht den Weg gezeigt hätten.

Dank schulde ich auch Pat Kane, der uns mit *The Play Ethic* gezeigt hat, dass es mit dem Spielethos eine Alternative zum müden, alten Arbeitsethos gibt. Danke auch Seth Godin für seine sehr menschliche Genialität in Sachen Marketing und Dan Pink für seine erfrischenden Ansichten zum Thema Arbeit und Karriere. Mein Respekt gebührt auch Roger Hamilton für das Verfassen seines bemerkenswerten *Wealth Dynamics.*

Durch die Beobachtung der 20 Teilnehmer, die jeden Monat beim Careershifters Workshop mitmachen, gaben mir Richard, Selina, Cath und Neil von Careershifters Gelegenheit zu erkennen, womit der durchschnittliche arbeitende Mensch zu kämpfen hat (und welche Mythen ihn umgeben).

Mein Dank gilt auch den Mitgliedern meiner Arbeitsgruppe und guten Freunden Liz Rivers und Candy Newman. Besonders Candy möchte ich dafür danken, dass sie mich während des Schreibens so sehr unterstützt hat. Ebenso ihrem Sohn Ben

Dixon, einem Player in spe, der mir in unserer Autorenklause in Cornwall ein guter Gesellschafter war. Ich danke meinen Freunden Natasha, James und Jay für all ihre Aufmunterungen und klugen Worte. Ich bedanke mich bei Jacqui Loran: Du kannst jetzt endlich aufhören zu sagen: »Du solltest ein Buch schreiben, John.« Und ich danke Teresa für ihre Unterstützung bei der Veranstaltung der »Scanners Night« sowie Julian Bolt für sein immenses Wissen über Kunst und Künstler.

Viele liebe Grüße gehen an meine Mutter Diane Williams, die mir beibrachte, dass Spielen genauso wichtig ist wie Arbeiten, und die noch immer jede Menge Spielprojekte laufen hat. Und an meinen Bruder David für sein unternehmerisches Denken und dafür, dass er der Erste war, der mir zeigte, wie man einen Job auf sich persönlich zuschneidet. Danke auch an meinen immer zum Spielen aufgelegten Onkel Roger Taylor, der während der Entstehung dieses Buches verstarb. Und es geht ein Dankeschön an die drei Generationen von Wissenschaftlern, Ingenieuren und Unternehmern, die vor mir gingen; ich hoffe, ich habe euch stolz gemacht.

Dank an alle meine Klienten, die mir so mutig von allen Träumen und Herausforderungen in ihrem Arbeitsleben berichteten, und auch den »Testpiloten« im »Mach, was dir gefällt! Und verdien Geld damit«-Sommerkurs 2009.

Bedanken möchte ich mich außerdem bei meinen vielbeschäftigten Interviewpartnern, die mir freundlicherweise ihre Zeit für dieses Buch schenkten: Tim Smit, Initiator des Eden Project (und seine persönliche Assistentin Jo Gale); Leslie Scott, Erfinderin von Jenga und Autorin von *About Jenga;* Derek Sivers, Gründer von CD Baby; Unternehmer, Mentor und Vortragsredner Mike Southon; Nic Roope von der Digitalmedienagentur Poke; Sam Bompas und Harry Parr von Bompas & Parr; Chris Guillebeau von The Art of Non-Conformity; Tom Hodgkinson, dem Herausgeber von *The Idler;* dem verspielten Autor Dixe Wills; Sophie Boss von Beyond Chocolate; Petra Barran von Choc Star; sowie Robert Chalmers und Lindsey Mountford. Ein Dank geht auch an Spectrum Therapy, dafür, dass sie mich mit meinem Topthema und so vielen anderen großartigen Ideen und Praktiken vertraut gemacht haben. Ich danke Chris Wild für seine Begeisterung für dieses Buch und dafür, dass er mir die Möglichkeit eröffnet hat, es zu schreiben.

Und schließlich danke ich Ihnen dafür, dass Sie dieses Buch lesen. Ich hoffe, Sie werden da draußen noch mehr Menschen fürs Spielen gewinnen.

Sie können auf ScrewWorkLetsPlay.com Kontakt mit mir aufnehmen und Twitter-Follower finden mich unter dem Account @johnsw.

Danksagung des Verlags

Der Verlag dankt Roger Hamilton für die Genehmigung zum Abdruck des Abschnitts über »Wealth Dynamics«, S. 89–95, Quelle: www.rogerhamilton-wealthdynamics.com

In einigen Fällen ist es uns nicht gelungen, die Inhaber von urheberrechtlich geschütztem Material zu ermitteln, und wir wären Ihnen dankbar für jegliche diesbezügliche Information.